DAS GROSSE BILDERLEXIKON DER TIERE

DAS GROSSE BILDERLEXIKON DER TIERE

LOEWE

Texte: Michel Cuisin / Pierre Pellerin / Charles Roux
Zeichnungen: Éric Alibert / Carl Brenders / John Barber /
André Buzin / Jim Channel / John Francis / José Olivier /
Alexis Oussenko / Pierre Probst
Deutsche Bearbeitung: Otto v. Frisch / Klaus Ruge /
Sabine Wächter
Übersetzung aus dem Französischen: Sabine Dieskau /
Sabine Hinkelbein / H. Schöck

Die Deusche Bibliothek - CIP - Einheitsaufnahme

Das große Bilderlexikon der Tiere
Texte: Michel Cuisin ... Zeichn.: Eric Alibert ...
Dt. Bearb.: Otto v. Frisch ... Übers. aus dem Franz.: Sabine Dieskau ...
1. Aufl. – Bindlach: Loewe, 1995
ISBN 3-7855-2758-6
NE: Cuisin, Michel; Alibert, Éric; Frisch, Otto von [Bearb.];
Dieskau, Sabine [Übers.]; Bilderlexikon der Tiere

ISBN 3-7855-2758-6 – 1. Auflage 1995

Umschlagtypographie: Karin Roder

Inhalt

Der afrikanische Elefant

Der afrikanische Elefant ist das größte aller auf dem Land lebenden Tiere. Er wird bis zu 4 m hoch und erreicht ein Gewicht von 7 Tonnen. Seine Ohren messen maximal 1,50 m in der Höhe und 1,20 m in der Breite. Wenn ein Elefant einmal angreift, kann er mit ziemlicher Geschwindigkeit herbeistürmen. Der afrikanische Elefant hat außer den beiden Stoßzähnen in jeder Kieferhälfte 6 Backenzähne, von denen aber stets nur zwei in Funktion sind. Sie wachsen nach vorne aus und brechen ab, während die hinteren Zähne nachschieben. Je nach Größe frißt der Elefant pro Tag zwischen 150 und 300 kg Nahrung. Er lebt fast so lange wie ein Mensch. Die ältesten Elefanten wurden 80 und 85 Jahre alt. Der afrikanische Elefant und sein Verwandter, der indische Elefant, sind die letzten Vertreter dieser Rüsseltiere. Die Mammuts, die schon vor Tausenden von Jahren ausstarben, gehörten auch dazu. Ursprünglich war der afrikanische Elefant überall südlich der Sahara verbreitet. Aber in den heute bewohnten Gebieten wurde er ausgerottet und konnte nur in wenigen Ländern überleben. Oft sind Nationalparks die letzte Zufluchtsstätte für diese großen Säugetiere. Wenn sie zu zahlreich werden und die ganze Pflanzenwelt zerstören, müssen sie auch hier geschossen werden. Die Zahl der heute lebenden Elefanten wird auf rund 350 000 geschätzt.

Sie halten sich vorwiegend in der Baumsavanne auf, doch trifft man sie zum Teil auch in dichteren Wäldern an.

Länge (mit Rüssel): 6 bis 7,50 m
Schulterhöhe: 3,30 m und mehr
Gewicht: 6 t und mehr
4 t für die weiblichen Tiere
Körpertemperatur: 36,5 °
Lebenszeit: 60 Jahre, manchmal 80 (in der Natur)

Um seinen Durst zu stillen, nimmt der Elefant jeden Tag viele Liter Wasser auf. Es wird mit dem Rüssel aufgesogen und dann in das Maul gespritzt. In Dürrezeiten gräbt der Elefant mit seinen Stoßzähnen und mit seinem Rüssel auf dem Grund der Wasserstellen, um an die kostbare Flüssigkeit zu gelangen.

In den Parks, in denen die Elefanten zu zahlreich wurden, haben die Tiere die Landschaft verändert. Bäume wurden abgebrochen und deren Rinde und Blätter gefressen. So sind weite Flächen verwüstet worden.

Der Elefant liebt Wasser- und Staubbäder. Der Rüssel wird dabei wie eine Dusche verwendet. Wasser- und Schlammbäder sind zum Wohlergehen der Elefanten äußerst wichtig. Der trockene Schlamm auf der Haut schützt auch vor Parasiten.

Der Rüssel ist außerordentlich beweglich. An seinem Ende sind zwei Fortsätze, die wie zwei Fingerspitzen gegeneinander greifen. So kann der Rüssel zu vielen verschiedenartigen Zwecken benutzt werden. Er ist eigentlich nichts anderes, als eine Verbindung von Nase und Oberlippe, die sehr stark verlängert wurde. Die Beine des Elefanten sind säulenartig, an den Füßen hat er meist drei, selten vier große Nägel.

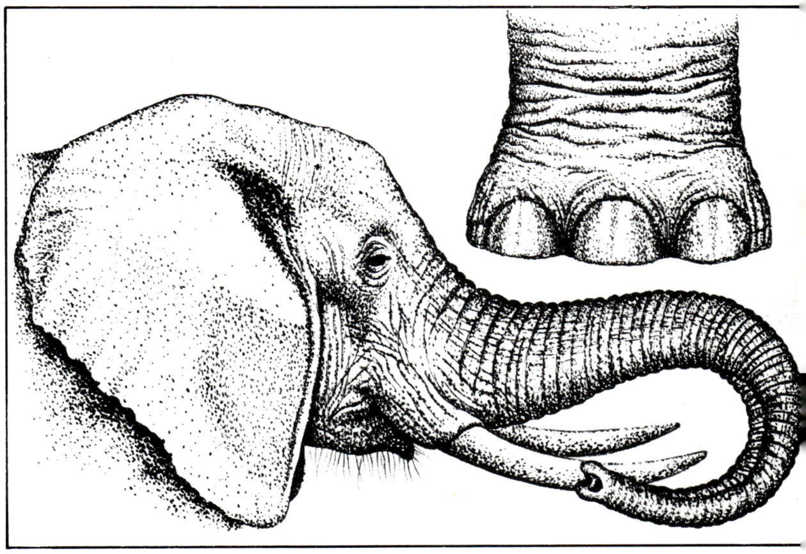

Etwa im Alter von 10 Jahren können Elefanten sich fortpflanzen. Die weiblichen Tiere bringen dann alle vier Jahre ein Junges zur Welt. Bei der Geburt ist das Elefantenbaby mit spärlichen dunklen Haaren bedeckt. Es ist etwa 1 m groß und wiegt 120 bis 130 kg. Wenn es bei der Mutter trinkt, nimmt es die Zitzen in sein Maul und biegt den Rüssel seitlich nach rückwärts.

Der Ameisenbär und das Schuppentier

Ameisenbären kommen in Südamerika vor, Schuppentiere in Afrika, Indien und Ceylon. Beide sind sogenannte Nahrungsspezialisten. Ihre Nahrung besteht nämlich so gut wie ausschließlich aus Ameisen und Termiten. Äußerlich sehen sie allerdings völlig unterschiedlich aus. Während der Ameisenbär ein ganz normales Fell trägt, bedecken den Körper des Schuppentieres Schuppen aus Horn, die dachziegelartig übereinander liegen und einen harten Panzer bilden.

Wenn ein Ameisenbär ein Ameisennest oder einen Termitenbau gefunden hat, so kratzt er mit den scharfen langen Krallen seiner Vorderpfoten das Nest auf. Das gelingt ihm auch bei der harten Hülle aus Erde und Lehm, die von den Termiten um ihren Bau errichtet wird. Anschließend setzt der Ameisenbär seine Zunge ein. Sie ist sehr lang und klebrig und kann weit aus dem spitzen Maul ausgestreckt werden. Die Zunge taucht in das Nest der Ameisen oder Termiten und befördert Hunderte von ihnen mitsamt Eiern und Larven in das Maul.

Die Kieferknochen der Ameisenbären sind lang ausgezogen und tragen keine Zähne. Sie werden nicht gebraucht, denn die winzigen Insekten können verschluckt werden, ohne daß sie vorher zerkleinert werden. Das Maul läßt sich auch nicht weit öffnen und bietet gerade der Zunge Platz, vor und zurück zu schnellen. Mit den spitzen Krallen kann sich ein Ameisenbär auch gegen Feinde wie den Jaguar verteidigen. Er stellt sich dann auf die Hinterbeine, breitet die Arme aus und versucht den Feind mit den Krallen zu schlagen.

Er klettert gut, ist aber am Boden langsam und kommt hier nur mühsam vorwärts. Besonders in der Dämmerung und nachts geht er auf Nahrungssuche und schläft tagsüber in einem Versteck.

In der Bildreihe oben ist ein Schuppentier, das auch Pangolin genannt wird, von einem noch nicht ausgewachsenen Leoparden überrascht worden und stellt sich zum Kampf.

Es zeigt drohend seine scharfen Krallen, rollt sich aber dann zusammen zu einer gepanzerten Kugel, und der Leopard kann es nicht überwältigen. Er trollt sich davon, um nach leichterer Beute zu suchen.

Unten links sieht man den langen, schmalen Schädel eines Ameisenbären mit der kleinen Öffnung des Maules. Rechts der Fuß eines Ameisenbären, der drei lange, spitze Krallen besitzt. Darunter der Kopf mit der langen, weit ausfahrbaren Zunge, die eine wurmartige Gestalt hat. Daneben ein Ausschnitt aus dem Schuppenpanzer eines Schuppentieres.

Junge Schuppentiere sehen bei der Geburt schon aus wie die Alten, nur sind sie viel kleiner. Sie klammern sich am Schwanz oder am Rücken der Mutter fest und können sich bei Gefahr genauso zusammenrollen wie diese.

Zu den Feinden des Ameisenbären gehören auch die Harpyien. Sie jagen ihn, Affen und Faultiere. Wenn der große Greifvogel mit seinen Fängen erst einmal zugreifen kann, ist der Ameisenbär meist verloren.

Die Anakonda

Das nördliche Südamerika ist der Lebensraum der Anakonda, einer ungiftigen Boaschlange, die sich gerne im Wasser und in seiner Nähe aufhält.
Geschichten von Anakondas, die 12 oder 15 Meter lang sein sollen, sind nicht wahr.
Bis 10 Meter Länge kann diese Schlangenart allerdings ausnahmsweise heranwachsen. Und Schlangen wachsen eigentlich zeitlebens, wenn auch die Längenzunahme in den Jugendjahren rascher vor sich geht als im Alter.
Die Anakonda verbringt viel Zeit im Wasser, besonders wenn es warm ist, oder sie liegt am Ufer in dichtem Pflanzenwuchs. Oft sonnt sie sich auch auf einem Ast über dem Wasser und läßt sich bei Gefahr hinabgleiten, um schwimmend und tauchend zu flüchten.
Anakondas töten ihre Beute, die bei schon größeren Schlangen vor allem aus Wirbeltieren besteht, indem sie das Opfer mehrmals umschlingen und es durch Zusammendrücken ersticken. Zuerst aber wird die Beute mit dem Maul, in dem zahlreiche spitze Zähne stehen, ergriffen.
In Südostasien kommt eine andere sehr große Schlange vor, die Netzpython. Auch diese Art ist ungiftig und tötet ihre Beutetiere auf die gleiche Art wie die Anakonda.
Schlangen können lange Zeit fasten, und wenn sie ein größeres Tier verschlungen haben, sind sie anschließend recht träge. Es kann Wochen dauern, bis sie wieder fressen. In bestimmten Abständen, abhängig davon, wie rasch die Schlange wächst, findet eine Häutung statt. Die alte, oberste Hautschicht platzt am Kopf auf und wird abgestreift. Die Schlange schlüpft aus ihrer alten Haut meist in einem Stück heraus und stülpt sie dabei um wie einen Strumpf.
Solche Schlangenhäute von Ringelnattern oder Äskulapschlangen kann man im Sommer auch ab und zu bei uns finden.

Anakondas machen Jagd auf kleine Nagetiere, auf junge Wildschweine, Wasservögel und manchmal auch auf andere Reptilien.

Hier hat die Anakonda einen jungen Kaiman erbeutet, den sie an Land zieht und mit ihren Körperschlingen erstickt.

Oben links ist eine Flugechse dargestellt, die in Südostasien vorkommt und beim Gleitflug von Baum zu Baum eine seitliche Körperhaut zwischen verlängerten Rippen wie einen Fallschirm oder ein Gleitsegel ausspannt. Daneben sieht man die Zehen eines Geckos von unten. Die einzelnen querliegenden Lamellen bestehen aus zahlreichen winzigen Borsten mit Häkchen an den Spitzen, die selbst in den winzigsten Unebenheiten der Unterlage Halt finden. So können die Geckos auch an Blättern und glatten Wänden laufen. Das Chamäleon kann die Farbe seines Körpers je nach Stimmung verändern.

Netzpythons legen Eier, die sie bebrüten. Das Weibchen legt seinen Körper um das Gelege und kann die Temperatur während der Brutzeit um mehrere Grad erhöhen.

Im nördlichen Südamerika lebt die merkwürdig aussehende Matamata, eine Wasserschildkröte mit fransenartigen Fortsätzen an Kopf und Hals. Liegt dieses Tier am Boden des Gewässers und verhält sich still, so ist es kaum zu sehen. Kleinere Fische, die ahnungslos vorbeischwimmen, werden mit einem plötzlichem Zuschnappen des Maules gepackt und verschlungen.

Die Aspisviper

Eine ganze Reihe von Tieren besitzt Gifte, mit denen sie sich gegen Feinde verteidigen können. Manchmal dient das Gift auch zum Töten einer Beute. Zu diesen Gifttieren gehören auch einige unserer heimischen Schlangen. In Deutschland und in nördlich gelegenen Ländern ist allerdings nur die Kreuzotter zu Hause. Die Aspisviper lebt in Süd- und Südwesteuropa. Mit einem einzigen Giftbiß kann diese Schlange ein Tier töten, das wesentlich größer und schwerer ist als sie selbst. In den Alpen findet man die Aspisviper unterhalb 1800 m. Sie hält sich an Waldrändern auf, in steinigem und buschigem Gelände, wo die Temperaturen schnell ansteigen und wo sie auch Schatten findet. Die Körpertemperatur der Viper richtet sich nach der Umgebungstemperatur. Dies ist bei allen Reptilien so. Im Herbst zieht sich die Viper in ein Mauseloch oder unter Felsen zurück und hält einen Winterschlaf. Dieser Winterschlaf dauert etwa 5½ Monate. Erst wenn die Frühlingssonne kräftig genug ist, kommen die Vipern aus ihren Verstecken wieder hervor. Zwei- bis dreimal im Jahr streift die Viper ihre alte Haut ab. 14 Tage vor der Häutung nimmt sie keine Nahrung mehr zu sich, weil sie dann schlecht sieht. Die Haut über den Augen hebt sich ab und wird trüb. Die beiden vorderen Zähne im Maul der Vipern sind besonders lang und von einem feinen Kanal durchzogen. Durch diesen Kanal fließt das von einer Drüse abgesonderte Gift in die Beute. Bei geschlossenem Maul liegen die Giftzähne flach nach rückwärts geklappt dem Gaumen an. Erst wenn die Schlange zubeißen will, werden sie nach vorne aufgestellt. Im Beutetier bewirken die Gifte eine Gerinnung des Blutes und innere Blutungen. Schließlich tritt der Tod ein. Für den Menschen sind die Bisse der Aspisviper nur in seltenen Fällen tödlich.

Länge: Männchen 70 cm Weibchen 80 cm
Lebenszeit: 25 Jahre in Gefangenschaft

Die Aspisviper ernährt sich von kleinen Nagetieren. Feldmäuse, Waldmäuse, aber auch Eidechsen, Frösche und Jungvögel, die noch im Nest sind, werden getötet. Hier verschlingt die Viper eine Spitzmaus, eine seltene aber nicht ungewöhnliche Beute. Die Viper beobachtet die Beute, die nah an ihr vorbeikommt, dann schlägt sie plötzlich zu. Das gebissene Tier kann zunächst noch eine kurze Strecke flüchten, bevor es stirbt. Mit Hilfe ihres Geruchsinns verfolgt die Schlange nun die Spur der Beute. Wenn sie sie gefunden hat, beginnt sie, das Tier kopfvoran zu verschlingen.

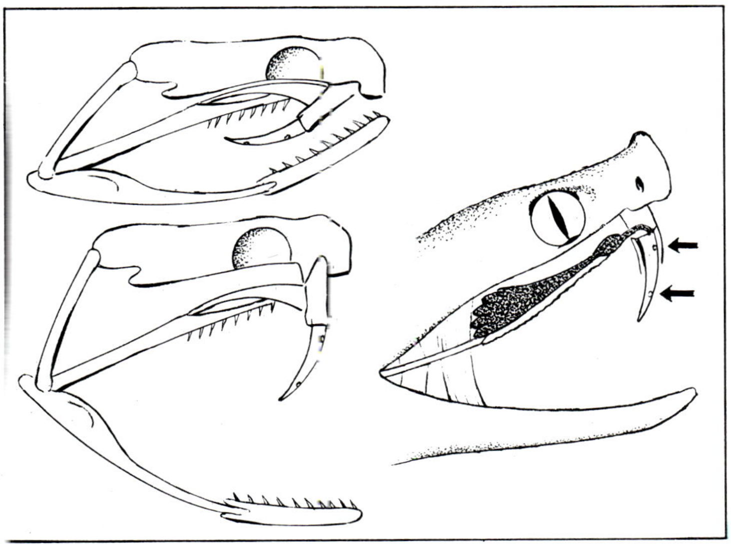

Bei geschlossenem Maul ist der Giftzahn gegen den Gaumen zurückgeklappt (oben links). Wenn die Schlange zubeißt, wird der Giftzahn nach vorne aufgerichtet (links unten). Die Giftdrüse ist mit dem Giftzahn durch einen Kanal verbunden. Kleine Löcher in den Giftzähnen sorgen für den Austritt des Giftes in die Wunde (rechts).

Die Aspisviper paart sich im Frühjahr. Etwa 4 bis 6 Monate später bringt das Weibchen lebende Junge zur Welt, die ungefähr 15 cm lang sind. Die Eier entwickeln sich also im Mutterleib, und die Jungen schlüpfen im Moment des Eierlegens aus der Eihaut heraus.

Natürlich haben Giftschlangen auch Feinde. Hier verschlingt eben der Schlangenadler eine Viper. Der Name des Vogels deutet schon darauf hin, daß Schlangen zu seiner Hauptbeute zählen. Sobald er eine Schlange mit seinen Fängen gepackt hat, zerquetscht er den Kopf der Viper mit seinem Schnabel und macht damit die Wirkung der Giftzähne unschädlich. Etwa zwei Schlangen benötigt der Schlangenadler täglich als Nahrung.

Der Baumfalke

Enorme Beschleunigung. Obwohl er mit 100 Stundenkilometern fliegt, gelingt es dem Mauersegler nicht, dem Baumfalken zu entkommen. Der Räuber, der 150 Stundenkilometer erreicht, fängt ihn dank seiner unwahrscheinlichen Beschleunigungskraft ziemlich schnell. Viel kleiner als der Wanderfalke, dem er sehr ähnelt, soll der Baumfalke (oben) nach Auffassung mancher Experten bis zu 240 Stundenkilometer auf kurze Entfernungen erreichen, also vier Kilometer in der Minute zurücklegen! Ihm entgeht keine Beute.Sogar Schwalben werden schnell durch diesen außergewöhnlichen Jäger gefangen, der die warme Jahreszeit in Europa verbringt und von September an Richtung Zaire, Elfenbeinküste, Gambia und Niger fortzieht. Im Frühling kommt er im Laufe des Aprils zu uns zurück. Allein oder in kleinen Gruppen fliegt er tagsüber. Er überfliegt die über 2000 m hohen Gipfel in den Pyrenäen und den Alpen. Die Baumfalken überqueren das Mittelmeer an seinen engsten Stellen bei Gibraltar im Westen und dem Bosporus im Osten. Indes sieht man sie auch auf Zypern und auf Malta. Zwischen Finnland und Ostafrika legen die Falken aus dem Norden Europas, sowohl beim Hin- als auch beim Rückflug, ungefähr 10 000 Kilometer zurück.

Bevorzugtes Jagdgebiet. Dieses Baumfalkenpaar fliegt über einen Teich, sein am Abend bevorzugtes Jagdgebiet. Der Baumfalke, der in der Lage ist, eine Libelle in 200 Meter Entfernung auszumachen, fängt auch Insekten wie Eintagsfliegen oder Maifliegen, die in großer Zahl am Ufer vorkommen. Gegen Ende des Sommers treffen sich die Rauchschwalben im Schilf, und die Baumfalken versäumen die Gelegenheit nicht, die am Niedrigwasser versammelte Beute zu fangen. Die Warnrufe der Schwalben verraten einem Dorf häufig das Erscheinen eines Baumfalken. Obwohl sie sich kaum verteidigen können, versuchen sie zu kämpfen und ihn zu verfolgen. Dabei schreien sie, wenn er eine von ihnen ergriffen hat. Seine Mahlzeit dauert meist nicht lang: Man sah schon, wie ein Baumfalke eine Schwalbe in 18 Minuten gerupft und gefressen hat!

Länge: 34 cm
Gewicht: 150-240 g je nach Geschlecht
Spannweite: 72-84 cm
Lebenserwartung: 11 Jahre (in Freiheit)

Dieser Baumfalke jagt eine Rauchschwalbe. Da er schneller ist als sie, hat er sie bald erreicht und mit seinen Krallen gepackt (Mitte). Er wird sie mit seinem Schnabel töten, dessen Oberseite zwei Haken besitzt. Rechts hat der Jäger sein Mahl schon fast beendet. Die Feldschwalbe, die Bachstelze und der Star werden häufig gefangen. Insgesamt ernährt der Baumfalke sich in Europa von 70 Kleinvogelarten. Im Frühjahr fängt er auch die ersten Fledermäuse.

Die Silhouette des Baumfalken (oben) wirkt sehr gedrungen. Er hat einen viel kürzeren Schwanz als der Turmfalke, der bei uns heimisch ist. Rechts: Die Krallen sind annähernd gleich lang, während beim Sperber zwei größer sind als die übrigen. Links: Der schwarze »Schnurrbart« ist charakteristisch für ihn.

Der Baumfalke frißt nicht nur Vögel. Die großen Insekten, Eintagsfliegen, Libellen, Falter, Käfer, fliegende Ameisen sind für ihn auch interessant. In Afrika (unten) profitiert er von den Termiten, die am Abend nach dem Regen ausschwärmen. Er frißt sie im Fluge. Er fängt auch Heuschrecken.

Der Baumfalke baut, wie die anderen Falkenarten, kein Nest, sondern begnügt sich mit dem, das die Krähen verlassen haben. Er vermehrt sich spät im Jahr: Im Juni legt das Weibchen drei Eier. Die Jungen schlüpfen nacheinander aus. Das Jüngste (in der Mitte) hat noch seine Flaumfedern.

Der Baummarder

Der Baummarder ist ein Bewohner großer Waldgebiete. Im Winter, wenn das Angebot an Beutetieren knapp ist, muß er in der Nacht oft große Strecken zurücklegen. Er wandert dann bis zu 25 km, wobei er etwa 38000 einzelne Sprünge machen muß. Im Sommer aber, vor allem in der Zeit der Jungtiere, entfernt er sich nur 4 bis 5 km von seinem Bau. Am Boden im Schnee kann man die Spur des Baummarders gut verfolgen. Wohin und wie weit er aber oben in den Wipfeln der Bäume wandert, läßt sich nicht feststellen. Da er sehr gewandt klettert, springt er wie das Eichhörnchen häufig von Baum zu Baum.
Der Baummarder liebt Nadel- und Laubwälder, die er selten verläßt. Er ist im Gegensatz zu seinem Verwandten, dem Hausmarder, ein Kulturflüchter. Der Hausmarder lebt gerne in der Nähe des Menschen in Dörfern oder in einsam gelegenen Gebäuden. Außerhalb der Paarungszeit haben Männchen und Weibchen eigene Jagdreviere. Sie sind etwa 10 km² groß. In diesem Revier werden keine anderen Baummarder geduldet. Ist der Marder nicht auf Jagd, dann ruht er sich in einem Baumloch oder in einer anderen Höhle aus. In einem solchen Versteck bringt das Weibchen im Frühjahr auch seine Jungen zur Welt. Manchmal wird ein altes Eichhörnchennest dafür benutzt.
Bei schlechtem Wetter verläßt der Marder oft mehrere Tage seinen Bau nicht. Er kann ohne weiteres eine Zeit lang fasten. Die Nahrung des Marders besteht aus kleinen Säugetieren, Vögeln, Insekten und Waldfrüchten. Besonders im Herbst frißt er gerne Beeren oder Obst.

Länge: 45 cm (+ 25 cm Schwanz)
Gewicht: 1 bis 2 kg
Lebenszeit: (in Gefangenschaft) 14 bis 16 Jahre

Im Winter macht der Marder Jagd auf das Eichhörnchen. Da er ein guter Kletterer ist, kann er es meist fangen. Pro Tag nimmt der Marder bis zu 120 g Nahrung zu sich, häufig genügen ihm jedoch 60 bis 80 g. Vögel, die in Baumlöchern übernachten, geraten oft auf seinen Speiseplan. Außerdem frißt er Feldmäuse, Insekten und Beeren.

Auf der Kehle und der Brust trägt der Marder einen gelblichen Fleck, der nicht ganz bis zu den Vorderfüßen reicht. Wie der Hausmarder auch, hat er 38 Zähne. Seine Pfoten enden in spitzen Krallen. Sein Schwanz ist buschig. Seinen Kot, schwarz oder grau, hinterläßt er gerne auf Baumstümpfen.

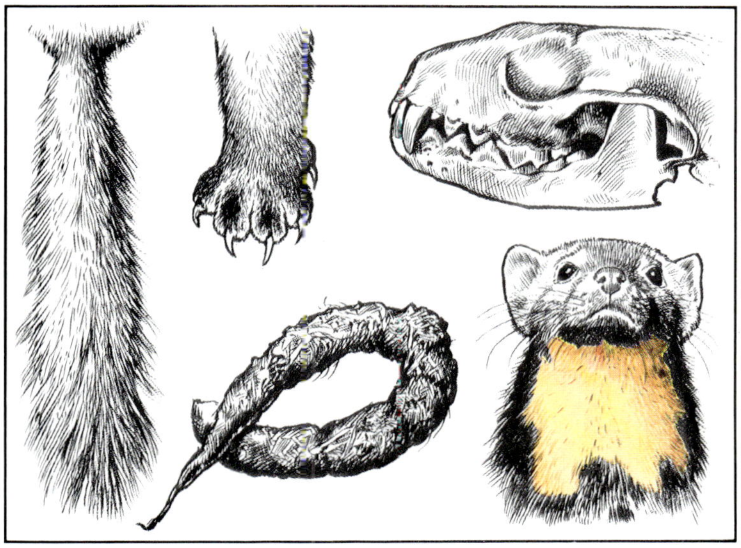

Die Paarungszeit des Marders liegt im Juli oder August. Erst acht Monate später kommen die Jungen zur Welt. Im Herbst und Winter entwickeln sich die Embryos im Leib der Mutter nur sehr langsam. Ein Wurf besteht aus drei bis fünf Jungen, die zunächst etwa 30 Tage lang blind sind und erst im Alter von 8 Wochen anfangen zu klettern und zu springen.

Manchmal findet man Spuren des Marders im Schnee und die Rückstände seiner Verdauung auf einem Stein oder auf einem vom Wind umgestürzten Baumstamm. Oft sind die Spuren undeutlich, denn die Unterseiten der Pfoten sind mit Haaren bedeckt.

Der Biber

In vielen Teilen Europas ist der Biber ausgestorben. In Mitteleuropa kommt er nur noch an der Rhonemündung in Südfrankreich und in einem kleinen Gebiet der Elbe vor. In Skandinavien, wo der Biber an manchen Stellen noch häufig ist, fällt er im Monat zwischen 12 und 47 Bäume, von denen die meisten einen Durchmesser von 1 bis 15 cm haben. Der Biber ist durchaus auch in der Lage, eine Eiche mit einem Durchmesser von 60 cm zu fällen. Für einen Weidenstamm von 6 cm Durchmesser braucht er knapp 30 Sekunden. Jeder Baumstamm wird von unten und oben schräg angenagt, so daß ein sanduhrförmiger Einschnitt entsteht, bis Baumstamm und Baumstumpf einander nur noch mit ihren Spitzen berühren. Schließlich brechen sie auseinander. Der Biber versucht, einen Baum stets so zu fällen, daß er in Richtung des Wassers fällt. Durch den Bau von Dämmen lassen die Biber künstliche Seen entstehen, indem sie einen Flußlauf aufstauen. Durch die entstandene Wasserfläche werden auch andere Tiere wie Wasservögel, Fische und Wasserinsekten angezogen.

Seit einigen Jahrzehnten versucht man, ihn wieder einzubürgern. Biber sind Pflanzenfresser. Sie ernähren sich von allerlei Wasserpflanzen, von Gräsern und Wurzeln, von den Blättern, den Zweigen und der zarten Rinde verschiedener Baumarten. Vor allem sind es Weiden, Pappeln und Espen, die von den Bibern zum Nahrungserwerb gefällt werden. Für den Winter legen sie sich Vorräte an Zweigen an, die sie im Bodengrund der Gewässer verankern. Sind die einzelnen Zweige zu groß, so daß sie vom Biber nicht transportiert werden können, zernagt er sie in einzelne kleinere Teile. Liegt der Baum, den der Biber gefällt hat, weiter vom Ufer entfernt, so gräbt der Biber oft einen Kanal, auf dem er schwimmend die Äste und Zweige zur offenen Wasserfläche transportieren kann. Ein Biberpaar bleibt das ganze Leben zusammen, und die Jungen verlassen ihre Eltern erst im Alter von 2 oder 3 Jahren.

Länge: 1 m und 30 cm Schwanz
Gewicht: 20 bis 30 kg und mehr
Lebenszeit: 15 bis 20 Jahre
Trächtigkeit: 3 Monate

Der Damm des Bibers bewirkt einen Rückstau des Gewässers, so daß die Burg, die eigentliche Biberwohnung, ständig vom Wasser umspült ist. In der Trockenheit wird der Damm abgedichtet, bei starken Regenfällen weiter geöffnet. So bleibt der Wasserstand im eigentlichen See, der die Burg umgibt, stets gleich hoch. Der Damm wird aus Zweigen, Steinen, Schlamm und Blättern gebaut. Ständig müssen die Biber an ihm arbeiten und ihn reparieren. In Kanada kennt man Biberdämme, die eine Länge von 300 m haben. Sie sind so stark, daß man sogar darüber reiten kann.

Der Schwanz des Bibers ist fast nackt und zeigt ein schuppenartiges Muster. Seine Breite beträgt etwa [illegible] cm. Am abgehäuteten Schädel des Bibers erkennt man die kräftigen oberen und unteren Nagezähne. Beim Tauchen kann der Biber Ohren und Nasenlöcher verschließen. Er schwimmt mit Hilfe seiner Hinterpfoten und steuert mit seinem Schwanz.

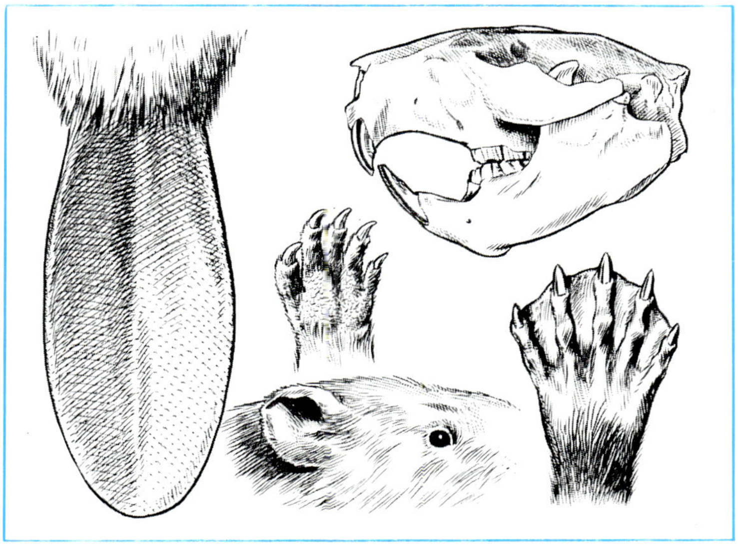

Biber bauen entweder eine Burg mit einem Unterwassereingang oder sie graben sich Wohnhöhlen in steile Uferböschungen. Die Wohnkammer in der Biberburg kann einen oder mehrere Ausgänge haben, die aber stets unter Wasser liegen.

Der Biber ist scheu. Bei Gefahr schlägt er mit seinem breiten Schwanz auf das Wasser, daß es laut klatscht. Dies ist ein Warnsignal für seine Artgenossen. In Europa hat der Biber außer dem Menschen praktisch keinen Feind. In Amerika wird er an Land manchmal von Füchsen oder Bären angegriffen.

Die Bisamratte

Die Bisamratte stammt ursprünglich aus Nordamerika. In Europa wurde sie um 1905 als Pelzlieferant eingeführt. Aus Zuchtfarmen entkommene Tiere haben sich rasch verbreitet und vermehrt. Zwischen April und September wirft die Bisamratte zwei- bis dreimal 6 bis 8 Junge. In Europa hat sie kaum mehr natürliche Feinde, nur der Fuchs stellt ihr manchmal nach. Andere große Räuber sind sehr selten geworden. So vermehren sich die Bisamratten immer weiter, obwohl der Mensch mit allen Mitteln versucht, dies zu verhindern. Bisamratten fügen, wenn sie ihre Baue graben, Deichen und Dämmen beträchtliche Schäden zu. Die Bisamratte verströmt einen moschusartigen Geruch. Vor allem zur Fortpflanzungszeit riechen die Männchen sehr stark. Sie sondern dann aus bestimmten Drüsen ein Sekret ab. Die Bisamratte ist das ganze Jahr über munter, meist in der Dämmerung oder bei Nacht. Sie entfernt sich nur ungern weiter vom Wasser. In die Uferböschungen gräbt sie ihre Baue, deren Eingänge immer unter Wasser liegen. In Gewässern, die sehr flache Ufer haben, errichtet sie, ähnlich wie der Biber, eine kleine Burg aus Pflanzenteilen. Im Innern des Baues befindet sich eine Wohnkammer. Hier werden auch die Jungen geboren. Die Bisamratte ist ein Pflanzenfresser und ernährt sich von allerlei Gräsern und Wasserpflanzen. Im Gegensatz zum Biber legt sie keine Vorräte für den Winter an.

Sie schwimmt ausgezeichnet und taucht vor allem bei Gefahr sehr schnell unter.

Länge: 35 cm und 20 cm Schwanz
Gewicht: 1,2 kg im Durchschnitt
Trächtigkeit: 4 Wochen
Lebenszeit: 19 Jahre

Beim Bauen ihrer Burg benützt die Bisamratte ausschließlich Sumpfpflanzen. Die Burg ragt 50 bis 100 cm über die Wasseroberfläche hinaus und hat einen Durchmesser von 2 bis 3 m. Die Kammer im Innern hat zwei oder drei Ausgänge, die alle unter Wasser münden.

Mit den Vorderpfoten kann die Bisamratte graben und ihre Nahrung festhalten. Mit den Hinterpfoten schwimmt sie. Der Schwanz ist seitlich abgeplattet, die großen Schneidezähne wachsen ständig nach.

Die 6 bis 8 Jungen werden nach 4 Wochen Tragezeit geboren. Sie sind dann blind und nackt und erst am 10. Tag öffnen sich die Augen. Nach etwa 3 Wochen können sie zum ersten Mal den Bau verlassen.

Die Bisamratte ist ein hervorragender Schwimmer und Taucher. Sie kann 12 Minuten unter Wasser bleiben, ohne Luft zu holen. In der Regel taucht sie aber sehr viel früher wieder auf. Sie schwimmt meist mit den Hinterpfoten allein und hält die Vorderpfoten an den Körper angelegt. Der Schwanz dient als Steuer. Die Nasen- und Ohröffnungen können beim Tauchen geschlossen werden.

Die Blaumeise

Zuerst hatte ich mich gewundert, wieso die beiden Blaumeisen immer zu der Laterne vor unserem Haus flogen. Doch dann entdeckte ich das Loch im Laternenpfahl.
Da hinein schlüpften die Meisen, den Schnabel voll mit kleinen Raupen. Als ich mir die Sache etwas näher ansah, hörte ich auch die Jungen piepsen, ja im Dämmerlicht des Laternenpfahls erkannte ich sogar die schwach befiederten Meisenkinder und das weiche Nest.
Blaumeisen polstern ihre Nester innen ganz weich mit Wolle. Teppichwolle suchen sie und bei uns natürlich Haare von den Ponys. Auf dieses weiche Lager legt das Weibchen weißliche Eier mit roten Flecken. Das Brüten übernimmt allein das Weibchen, doch das Männchen bringt dem Weibchen allerlei Leckerbissen. Nach ungefähr zwei Wochen, wenn die Jungen aus den Eiern geschlüpft sind, schleppt das Männchen auch für die Jungen Raupen, Läuse, Fliegen und Mücken herbei.
Blaumeisen sind winzige Vögel. Vom Gewicht her könnte man glatt zwei in einem gewöhnlichen Briefumschlag versenden. Das viele Blau an ihrem Kopf leuchtet fast wie bei einem Tropenvogel.
Wenn die jungen Blaumeisen ihre Nisthöhle verlassen, schlafen sie zunächst im Freien im Gezweig der Bäume. Erst gegen den Herbst zu, wenn es kühler wird, suchen sie sich wieder Schlafhöhlen. Manchmal werden sie von den stärkeren Kohlmeisen vertrieben. Dann müssen sie auf irgendeinen anderen Unterschlupf ausweichen. Eine Blaumeise übernachtete zum Beispiel in dem Rollokasten vor meinem Arbeitszimmer. Da fängt's dann abends, wenn es dunkel wird, zu rumoren an.
Wollen wir, daß bei uns im Garten Blaumeisen brüten, müssen wir Meisenkästen aufhängen, die einen Einschlupf mit 28 Millimeter Durchmesser haben. Da hinein kommen Kohlmeisen nicht, sie sind dafür zu groß.
Manchmal beobachte ich auch, wie Kohlmeisen die kleineren Blaumeisen am Futterplatz wegdrohen mit ausgebreiteten Flügeln. Ich hänge einfach ein paar Futterglocken mehr auf. Übrigens: Ein alter Vogelfreund gab mir einen Tip für preiswertes Vogelfutter. Ein Kilo Rinderfett in einem Topf schmelzen, dahinein ein Kilo Weizenkleie rühren und den fertigen Teig in Blumentöpfe oder in kleine Konservendosen drücken.

Länge: 11,5 cm.
Gewicht: 11 g.
Spannweite: 19–21 cm.
Brutdauer: 14 Tage.
Lebensdauer: 8 Jahre.

Am liebsten wählen Blaumeisen Baumhöhlen zum Nisten. Ist der Durchmesser des Einflugloches nur 28 mm, dann brauchen sie die Konkurrenz der stärkeren Meisen nicht zu fürchten. Sie können es allerdings nicht so wie die Kleiber machen. Finden Kleiber eine Höhle mit einem zu großen Loch, dann kleben sie es so weit zu, daß es gerade noch für sie paßt. Damit sperren sie zugleich Feinde und andere Höhlenanwärter aus. Die Nester sind aus Moos und innen mit feinen Wollhaaren gepolstert. 8, 10 oder 12 Eier legen die Blaumeisen, weißlich und mit roten Sprenkeln. Nach rund 14 Tagen schlüpfen daraus die Jungen. Unermüdlich werden sie mit Raupen und Läusen gefüttert. Trotzdem vergehen 3 Wochen, ehe die jungen Blaumeisen die Höhle verlassen.

Auch wenn in einer Höhle 10 Junge groß werden, bis zum nächsten Frühjahr bleiben von einem Elternpaar und den Jungen nur noch zwei übrig. Die Natur sorgt dafür, daß sich die Blaumeisen trotz der hohen Jungenzahl nicht ins Unendliche vermehren.

Bei der Geburt sind junge Blaumeisen noch blind, ihre Ohren sind geschlossen; sie haben nur ganz wenige Federn und wirken sehr hilflos. Sie müssen von den Eltern gewärmt und gefüttert werden.

Vor allem im Winter brauchen Meisen sehr energiereiche Nahrung. Erdnußkerne, Walnußkerne, Sonnenblumenkerne und Hanf sind ölhaltig und darum energiereich. Wir sollten das Futter stets an einem trockenen Platz anbieten, möglichst so aufgehängt, daß es nicht vom Kot verschmutzt wird. Mit dem

Kot nämlich könnten Krankheitserreger auf andere Meisen übertragen werden.
In unseren Gärten sind Blaumeisen wichtige Helfer. Sie verzehren Spinnen, Läuse und Raupen.

Im Winter wird die Nahrung knapper. Trotzdem sollten wir nicht zuviel füttern, denn dann kämen die Meisen vor allem an das leicht erreichbare Futter am Futterhaus. Wir aber wollen ja, daß sie die schädlichen Insekten fressen.

Der Blauwal

Der Blauwal ist die größte Tierart, die je auf der Erde gelebt hat. Die meisten Tiere erreichen eine Länge von 23 Meter, aber gar nicht so selten wurden auch 30 Meter gemessen. Das Gewicht eines ausgewachsenen Blauwals kommt auf 130 000 Kilo.

Früher wurde der Blauwal neben anderen großen Walarten von Booten aus mit Harpunen gejagt, und da sein Fang wegen der enormen Fleisch- und Fettmengen besonders hohen Gewinn einbrachte, gingen die Bestände rasch zurück. 1962 gab es schätzungsweise nur noch 1000 bis 2700 Blauwale, 1963 zählte man noch rund 1900. Inzwischen ist er überall unter Schutz gestellt.

Blauwale gehören zu den Bartenwalen, die ihre Nahrung mit Hilfe von zahlreichen am Oberkiefer befestigten, herabhängenden Hornplatten aus dem Wasser herausfiltern. Sie ernähren sich hauptsächlich von den kleinen, etwa streichholzlangen Krillkrebschen, die in großen Mengen zusammen mit dem Meerwasser ins Maul aufgenommen werden. Während das Wasser durch die Barten abfließen kann, bleiben die Krebse darin hängen und werden portionsweise verschluckt. Krill kommt besonders zahlreich in den nördlichen und südlichen Eismeeren vor. Dorthin wandern dann auch die Wale im Frühjahr und kehren erst im Herbst in die wärmeren Meeresgegenden zurück, um sich zu paaren.

Ungefähr ein Jahr lang ist ein Walweibchen schwanger und bringt dann meist nur ein Junges zur Welt. Aber es sind auch Zwillinge beobachtet worden. Bei der Geburt wiegt das Junge etwa 2 Tonnen und ist schon an die 3 Meter lang. Es wird sechs oder sieben Monate von der Mutter gesäugt und wächst verhältnismäßig schnell heran. Das mittlere Lebensalter liegt vermutlich bei 25 Jahren.

Ein großer Blauwal wiegt so viel wie 25 Elefanten oder 1600 Menschen. An Land könnte ein derart mächtiges Tier sein eigenes Gewicht niemals tragen. Im Wasser aber, in dem das Gewicht durch den Auftrieb ausgeglichen wird, konnten sich im Laufe der Evolution die großen Wale entwickeln. Um so erstaunlicher, daß diese Tiere sich dann von winzigen Lebewesen ernähren. Aber es gibt sie in solchen Mengen und in so dichten Schwärmen, daß sie für die Wale eine reiche und vor allem mühelos zu erlangende Nahrungsquelle darstellen.

Zum Blauwalfang wurden früher kleinere, wendige und schnelle Boote benutzt, die mit den getöteten Tieren nach der Jagd zu einem Mutterschiff zurückkehrten. Dort wurden die Wale verarbeitet. Auf dem linken Bild bläst ein aufgetauchter Blauwal seine Atemluft aus. Das ist der Augenblick, in dem die Harpune aus einer Kanone abgeschossen werden muß. Anschließend wird der Wal mit starken Tauen am Boot befestigt. Unter seine Haut wird Luft gepumpt, damit er nicht versinken kann. Um Blauwale in den riesigen Meeresgebieten zu finden, wurden sogar Suchflugzeuge eingesetzt.

Hier sind die Wanderwege der Blauwale eingezeichnet. Etwa alle 4 Minuten muß ein Wal zum Atemholen auftauchen, stößt die verbrauchte Luft durch die Nasenöffnung aus, atmet frische Luft ein und taucht dann wieder ab.

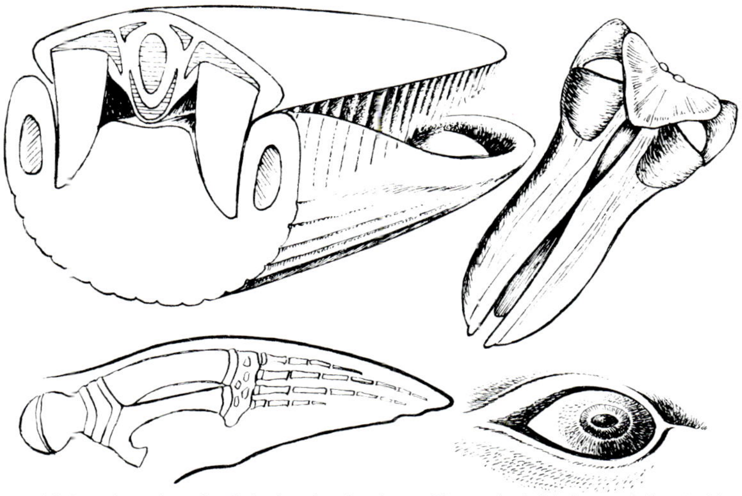

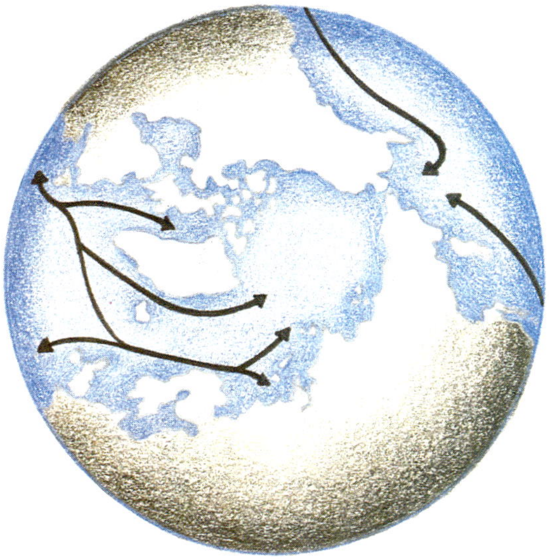

Links oben ist ein Schnitt durch einen Blauwalschädel gezeichnet. Man erkennt die mächtigen Barten im Oberkiefer. Darunter eine Flosse mit dem Skelett der Hand, das dem Handskelett von Landsäugetieren noch durchaus ähnlich sieht. Wale stammen von landlebenden Säugetieren ab. Oben rechts die Ansicht des Schädels und darunter ein Auge mit einem Durchmesser von ungefähr 15 Zentimeter.

Ein erwachsener Blauwal hat keine Feinde außer dem Menschen. Junge Wale werden manchmal von Schwertwalen angegriffen. Diese gehören zu den Zahnwalen, wie die bekannten Delphine auch.

Die Blindschleiche

Die Blindschleiche wird sehr häufig für eine Schlange gehalten und von ängstlichen Menschen getötet. Sie ist aber absolut friedlich, sie beißt selten, und ihre Zähne sind so klein, daß sie nicht durch unsere Haut dringen können. Die Zunge ist viel kürzer und dicker als bei Schlangen. Neben dem Menschen hat die Blindschleiche noch zahlreiche andere Feinde: Igel, Natter, Dachs, Fuchs, Ratte, Storch. Einige Greifvögel, wie der Turmfalke, der Bussard und der Rotmilan, jagen sie häufig. Trotz all dieser Gefahren ist die Blindschleiche keineswegs selten, denn sie verbringt einen großen Teil ihres Lebens im Schutz der Pflanzen, unter einem Stein, in einem Holzhaufen, in einer Hecke, oder sie zwängt sich in ein Loch, das sie sich in lockerer Erde gemacht hat. Meistens verläßt sie ihr Versteck erst in der Dämmerung, um auf Nahrungssuche zu gehen. Im Frühjahr allerdings, zur Paarungszeit, findet man sie häufig auch bei Tageslicht ungeschützt im Freien. Obwohl sie keine rauhen Schuppen auf der Bauchseite hat, kriecht die Blindschleiche; sie ist aber nicht so schnell wie eine Schlange. So merkwürdig das auch scheinen mag, die Blindschleiche ist eine Echse ohne Füße, eine Verwandte unserer Zaun- oder Bergeidechsen also. Wie diese, hat auch die Blindschleiche wenig bewegliche Augen und hinter ihnen ein sichtbares Trommelfell. All diese Einzelheiten des Körperbaus trennen sie klar von den Schlangen. Die Blindschleiche frißt Spinnen, Insekten, Regenwürmer und Schnecken (man hat eine Blindschleiche beobachtet, die hintereinander 17 kleine Schnecken gefressen hat). Sie interessiert sich nur für Beutetiere, die sich bewegen und bemerkt unbewegliche oder tote Tiere nicht. Die Blindschleiche lebt auf Wiesen, in Wäldern, Hecken und Gärten in fast ganz Europa. Im Oktober zieht sie sich unter einem Blätterhaufen in einen Bau zurück, allein oder in Gemeinschaft mit anderen Blindschleichen (man hat schon 20 - 30 zusammen gefunden), und verfällt bis zum Frühjahr in eine Kältestarre.

Größte Länge: 50 cm (Weibchen sind größer als Männchen)
Lebenszeit: unbekannt in der Natur
Bis zu 24 Jahren in Gefangenschaft

Die Blindscheiche erneuert regelmäßig ihre Haut, wie das alle Schlangen und Eidechsen tun. Das ist die Zeit der Häutung. Links: Die alte Haut löst sich zunächst am Maul ab und stülpt sich dann allmählich bis zum Schwanzende um. Das Tier reibt den Körper an der Erde, um das Abhäuten zu beschleunigen (rechts). Die Haut löst sich, wie bei den Schlangen, entweder in einem Stück ab oder wird in größeren Fetzen abgestoßen.

Die Blindschleiche unterscheidet sich von den Schlangen auch durch ihre kleinen beweglichen Augen. Ihre Färbung ist je nach Geschlecht, Alter und Tier unterschiedlich. Die Jungtiere sind goldbraun oder grünlich auf der Oberseite und schwarz an den Seiten und auf der Bauchseite. Dieser Kontrast bleibt bei den Weibchen erhalten, nicht so bei den männlichen Tieren.

Wenn man eine Blindschleiche am Schwanz festhält, kann sie ihrem Angreifer entkommen, indem sie den Schwanz abwirft. Ein Wirbel, der von vorneherein gespalten ist, kann bei der geringsten Spannung auseinanderbrechen. Im selben Moment zieht die Blindschleiche ihre Muskeln zusammen, und der Schwanz löst sich ab. Darum nennt man die Blindschleiche auch oft »Glasschlange«.

Die Blindschleiche ist ovovivipar, das heißt das Weibchen legt die Eier, aus denen sofort die Jungen schlüpfen, sobald sie die häutige Schale mit dem Kopf durchstoßen haben. Die Jungen kommen im August – September auf die Welt, es sind 6–12. Sie wachsen langsam. Beim Schlüpfen sind sie 6–9 cm lang, und erst im Alter von zwei Jahren erreichen sie eine Länge von 22 cm.

Der Büffel

Der Büffel ist südlich der Sahara in Afrika recht weit verbreitet. Er kommt ebenso in der Savanne als auch im dichten Walde vor. Der Kaffernbüffel, der in der Savanne lebt, ist der größte und schwerste Vertreter dieser Wildrinder. Er erreicht ein Gewicht von 1 t. Der Waldbüffel dagegen wird nur 300 kg schwer und nicht über 1,50 m hoch. Man nennt ihn auch manchmal Zwergbüffel. Gefahren drohen dem Leben der Büffel: durch die Jagd durch den Menschen und eine Krankheit, die Rinderpest. Gejagt werden zwar nur Tiere, die außerhalb der Reservate leben, die Krankheit jedoch kennt keine Grenzen. Jedes Jahr werden ganze Büffelherden empfindlich verringert. Große Herden mit Hunderten von Tieren findet man kaum mehr außerhalb der Nationalparks. Der Büffel ist dem Leben sowohl in der Savanne als auch im Wald gut angepaßt. In den Bergen geht er manchmal bis 3800 m hinauf. Große Wanderungen unternimmt er nicht. Trotz seiner plumpen Gestalt ist das Tier recht schnell und kann über mehrere 100 m mit 20 km/h galoppieren. Meist sind in einer Herde ein alter Stier und ein älteres Weibchen die ranghöchsten Tiere. Wenn sie wandern, folgen ihnen die anderen. Wenn die Büffel grasen, halten sich immer einige am Rand der Herde auf: die Wächter, die nach Feinden Ausschau halten.

Auch Vögel, Madenhacker und Kuhreiher, die auf dem Rücken der Büffel sitzen und dort Insekten fangen, warnen, sobald eine Gefahr droht. Büffel selbst sehen nicht sehr gut und verlassen sich dabei auf die Vögel. Ausgewachsene Büffel haben kaum Feinde. Sie sind so stark, daß sich der Löwe nicht an sie herantrauen würde. Tut er es einmal doch, so kann er unliebsame Bekanntschaft mit den starken Hörnern der Büffel machen.

Länge: 2,10 bis 2,60 m + 50 bis 80 cm Schwanz
Schulterhöhe: 1,65 m; Lebenszeit: 16 bis 20 Jahre

Büffel sind Wiederkäuer wie unsere Hausrinder auch. Sie fressen Gräser, Triebe und Blätter. Wenn sie satt sind, suchen sie sich einen Platz im Schatten und käuen wieder. Gerne nehmen sie auch ein Schlammbad. In Reservaten kann man Büffel auch am Tage beobachten, außerhalb der Schutzgebiete jedoch sind sie vor allem nachts unterwegs.

Der Kuhreiher ist einer der treuesten Begleiter der großen Savannentiere. Er fängt die Insekten, die durch die Hufe der Tiere aufgescheucht werden oder sich auf der Haut niederlassen. Auch Schmarotzer, die zwischen dem Fell sitzen, werden von den Kuhreihern und den Madenhackern abgesucht.

Die Hörner der Büffel sind an der Wurzel sehr breit, beim Kaffernbüffel berühren sie sich. Ihre Ausladung beträgt 1,45 bis 1,60 m. Das einzelne Horn wird etwa 90 cm lang. Büffel gehören zu den Paarhufern, die an jedem Fuß zwei große Hufe tragen.

Nach einer Tragzeit von 335 Tagen bringt die Büffelkuh ein Junges zur Welt, das etwa 50 kg wiegt und bereits eine Viertelstunde nach der Geburt auf seinen eigenen Beinen steht. Die Geburt findet in der Regenzeit statt. Dies ist für die Jungtiere günstig, da das Gras dann dichter steht. Im Alter von 3 Jahren bekommt der junge Büffel die schwarze Färbung der Eltern.

Der Buntspecht

Die Schädeldecke des Buntspechts und seiner Verwandten ist sehr fest und ziemlich stoßunempfindlich. Im Frühjahr bearbeiten Spechte mit ihrem Schnabel trockene Äste. Bis zu 30 Mal in der Sekunde schlagen sie zu. Weithin hörbar erklingt dann das Trommeln. So werben sie um ein Weibchen und teilen Artgenossen mit, daß ein Nistrevier besetzt ist. In ruhiger Umgebung kann man den Buntspecht bis zu 800 m weit hören. Oft antworten gleichfalls mit Trommeln andere Spechte, die auch ein Weibchen suchen. Nicht immer ist es ein morscher Ast, den die Spechte benützen. Manchmal sind es auch Regenrinnen oder Fernsehantennen, die ebenso wie Äste einen guten Resonanzboden abgeben. Forscher haben die Schädeldecken der Spechte untersucht und herausgefunden, daß sie sehr viel fester gebaut sind als die Schädel anderer Vögel. Wenn Spechte aber untereinander streiten oder mit voller Wucht gegen eine Fensterscheibe prallen, können sie sich dennoch tödliche Verletzungen zuziehen.
Im Winter verzehrt der Buntspecht große Mengen von Zapfensamen. Besonders liebt er die Samen der Tannenzapfen, die sich am Schuppenansatz befinden. Um an sie heranzukommen, pflückt der Buntspecht einen Zapfen mit dem Schnabel, nimmt ihn an einem Ende und trägt ihn zu einem Baum. Dort legt er ihn in eine Höhlung, die er entweder selbst vertieft hat oder die natürlich entstanden ist. In dieser Höhlung findet der Zapfen einen festen Halt, so daß der Specht mit dem Schnabel ein Samenkorn nach dem anderen herausholen kann.
Buntspechte leben in lichten Wäldern und Parkanlagen, in denen hohe Bäume zu finden sind. In den Stämmen und unter der Rinde dieser Bäume findet er im Sommer seine Nahrung, die aus Insekten und deren Brut besteht.

Länge: 22 cm
Flügelspannweite: 42 cm
Gewicht: 80 g
Lebenszeit: 8 Jahre (in der Natur)

Der Buntspecht zimmert seine Bruthöhle im Stamm eines Baumes. Männchen und Weibchen arbeiten beide daran, aber das Männchen leistet den größten Teil der Arbeit. Im Durchschnitt brauchen die Vögel 15 bis 20 Tage, um ein Nest fertigzustellen. Es ist 20 cm tief und 14 bis 15 cm breit. Der Eingang hat einen Durchmesser von 4 bis 5 cm. Auf dem Boden des Nestes bleiben einige Holzspäne liegen. Darauf werden die Eier gelegt. Oft benutzen die Vögel auch ein schon früher gebautes Nest mehrere Male.

Der Buntspecht kann seine Zunge weit aus dem Schnabel herausstrecken. Seine Füße haben zwei Zehen, die nach vorne und zwei Zehen, die nach hinten zeigen. Sein harter Schnabel dient ihm dazu, das Holz zu bearbeiten. Wenn er senkrecht an den Stämmen nach oben klettert, stützt er sich auf seinen Schwanz, der aus versteiften Federn besteht. Sie unterscheiden sich dadurch von den Schwanzfedern der meisten anderen Vögel.

Der Buntspecht findet einen großen Teil seiner Nahrung auf der Oberfläche der Äste und Blätter, aber auch unter der Rinde und im Holz. Er frißt die Larven der Borkenkäfer: ein Schädling, der Fichten und Tannen befällt. Morsche Bäume, in denen sich viele Insekten aufhalten, sind oft über und über mit Löchern von Spechten versehen.

Im Mai legt das Weibchen 4 bis 7 Eier, die 11 bis 13 Tage bebrütet werden. Die Jungen sind beim Schlüpfen nackt und blind. Sie wiegen 4 bis 6 g. Solange die Jungen noch klein sind, übernachten die Altvögel auch in der Nisthöhle. Nach etwa 11 Tagen wiegen die Jungen 70 g. Der Jungvogel auf unserem Bild ist etwa drei Wochen alt.

Der Dachs

Da der Dachs in unserer Heimat verhältnismäßig selten ist und seinen unterirdischen Bau nur nachts verläßt, weiß man noch nicht viel über sein Verhalten. Ein englischer Beobachter glaubt, daß Dachse einen toten Artgenossen beerdigen würden. Er will beobachtet haben, daß zwei Dachse ein Loch ausgruben und dort einen verendeten Artgenossen hineinzogen, den sie dann anschließend mit Sand und Erde zudeckten. Ein anderer Forscher meint, die Dachse würden im Bau sterben und von Artgenossen unterirdisch eingemauert werden. Zur Unterstützung seiner Theorie erklärt er, mehrere Dachsskelette gefunden zu haben, die beim Bau neuer Gänge mit der herausgeschafften Erde wieder an die Oberfläche gekommen seien.

Mit Büschen bewachsene Böschungen und Abhänge sind für den Dachs in den Wäldern die beliebtesten Wohngebiete. Dort gräbt er sich den Bau, in dem er den Tag und den Winter verbringt. Dieser Bau entsteht gelegentlich auch in einem Steinbruch, oder in einem alten vergrößerten Kaninchenbau. Manchmal lebt der Dachs in Nachbarschaft des Fuchses. Jedes dieser beiden Tiere bewohnt dann im Bau seinen eigenen Teil. Dachsbaue haben mehrere Ausgänge. Sehr alte Baue können bis zu 50 Ausgänge besitzen, aber die meisten von ihnen werden nicht regelmäßig benutzt. Die längsten Gänge dieser unterirdischen Festungen erreichen 100 m. Die Wohnkammer kann bis zu 60 cm hoch sein. Von dort gehen die Gänge strahlenförmig in alle Richtungen.

Der Dachs ist ein Allesfresser: Regenwürmer, Feldmäuse, Waldmäuse, Maulwürfe, Frösche und Weichtiere, Würmer, Pilze, Beeren und Wurzeln sind seine Hauptnahrung.

Länge: 80 cm (+ 10 cm Schwanz)
Gewicht: 10 bis 12 kg
Lebenszeit: mehr als 12 Jahre

Wie ein Labyrinth sieht ein Bau aus, der von einem Dachs mehrere Jahre hindurch bewohnt wird. Im Herbst sammelt das Tier Blätter, Moos und trockenes Gras, um die Wohnkammer auszupolstern, in der es sich am häufigsten im Winter aufhält. Aus dem gesammelten Material macht der Dachs einen kleinen Haufen, den er sich zwischen Vorderpfoten und Schnauze klemmt und mit dem er dann mehr oder weniger auf den Ellenbogen robbend durch die Gänge zur Hauptröhre rutscht. Im August und September verbringt er lange Zeit mit Graben und Einrichten des Winterbaues.

In der Mitte des Schädels befindet sich beim Dachs ein schmaler, hoher Knochenkamm. Der Rücken des Dachses scheint grau zu sein, tatsächlich aber ist jedes einzelne Haar an der Wurzel und am Ende hell und in der Mitte dunkel. Unter dem Schwanz hat der Dachs eine Duftdrüse. Der Pfotenabdruck des Dachses erinnert an den des Bären, denn er tritt auch mit der ganzen Sohle auf. Die Krallen dienen zum Graben der Baue.

Der Dachs hört recht gut und hat einen sehr feinen Geruchssinn, der ihn über alles informiert, was in seiner Nachbarschaft geschieht. Vor dem Eingang zu seinem Bau sieht man einen kleinen Graben, der den Ausgang verlängert. Unter den Pflanzen in der näheren Umgebung sind häufig Brennesseln und Holunder.

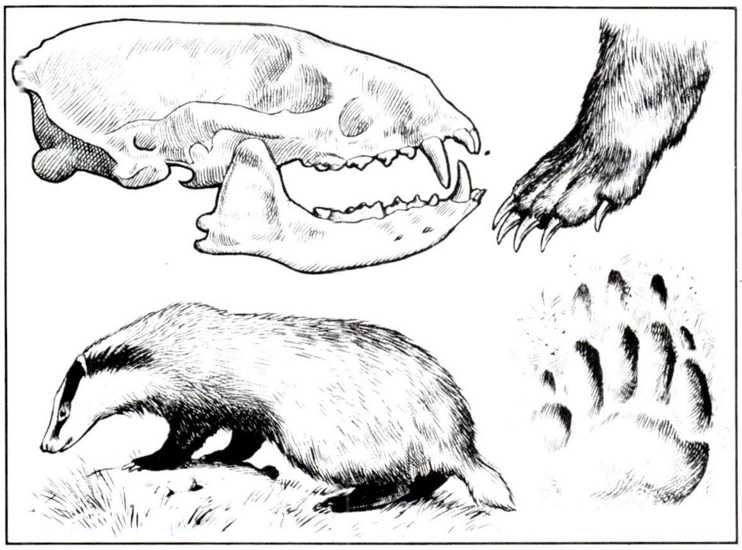

Die jungen Dachse werden zwischen Februar und Mai geboren. Die Trächtigkeit dauert 6 oder 7 Monate, da die Entwicklung der Embryonen im Mutterleib während des Winters zur Ruhe kommt. Die Paarungszeit liegt im Hochsommer.

Die Delphine

Delphine zählen zu den intelligentesten Säugetieren der Erde. Ihr Gehirn ist hoch entwickelt und steht praktisch auf einer Stufe mit dem Gehirn des Menschen. Es gibt 35 verschiedene Delphinarten, aber am bekanntesten davon sind der Große Tümmler und der eigentliche Delphin. Beide werden heute in vielen Großstädten in den Delphinarien gehalten, wo die Besucher sich von ihrer schnellen Lernfähigkeit und ihren Kunststücken beeindrucken lassen können. Tatsächlich erlernen Delphine Kunststücke leichter und schneller als die Menschenaffen. Sie können 5 Meter hoch und 3–4 Meter weit springen, tauchen bis 30 Meter tief und erreichen beim Schwimmen Geschwindigkeiten von 36 Kilometern in der Stunde. Häufig und gerne lassen sich die verspielten Tiere von der Bugwelle eines Schiffes mittragen und voranschieben und bleiben dabei oft lange Zeit Gefährten dieses Schiffes. Delphine leben in Schwärmen, oder, wie man richtiger sagt, Schulen, deren Migliederzahl von einigen wenigen Tieren bis zu einigen Hundert zählen kann.

Zum Auffinden ihrer Beutetiere, in erster Linie Fische und Tintenfische, benutzen diese Zahnwale die Echolot-Orientierung. Sie stoßen – ähnlich den Fledermäusen – sehr hohe, für uns Menschen nicht hörbare, Töne aus, deren von einem Gegenstand im Wasser zurückgeworfenes Echo sie wahrnehmen. Delphine besitzen auch eine Lautsprache, mit der sie sich untereinander verständigen. Noch ist es nicht gelungen, diese Sprache zu entschlüsseln. Vielleicht aber werden wir uns einmal mit Delphinen tatsächlich unterhalten können.

Der Delphin wird maximal 2,60 Meter lang und 136 Kilo schwer. Seine Lebensdauer beträgt um 20 Jahre.

Wenn ein junger Delphin nach einer Tragzeit von 12 Monaten schwanzvoran geboren wird, ist er bereits etwa 1 Meter lang. Gleich nach der Geburt wird das Junge von der Mutter und oft auch von anderen anwesenden Artgenossen zur Wasseroberfläche hochgehoben, damit es seinen ersten Atemzug machen kann. Die Delphine wehren jetzt auch Haie ab, die versuchen, ein Junges zu überfallen.

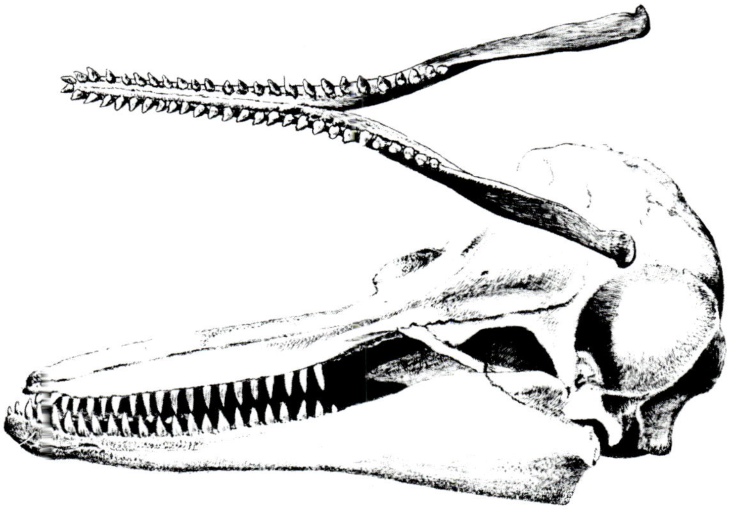

Im Maul der Delphine stehen gleichmäßige, spitze und kegelförmige Zähne, die zum Festhalten der glatten Beutetiere gut geeignet sind.

Dank der Stromlinienform ihres Körpers und der glatten Haut sind die Delphine schnelle und ausdauernde Schwimmer. Auch Sprünge aus dem Wasser heraus bedeuten für sie keine große Anstrengung.

Delphine zeigen ein stark ausgeprägtes Sozialverhalten. So helfen sie schwachen oder verletzten Artgenossen, an der Wasseroberfläche zu bleiben, damit sie atmen können. Schon einige Male sind Menschen, die am Ertrinken waren, von Delphinen ans Ufer gebracht und gerettet worden.

Der Eichelhäher

Obwohl der Eichelhäher im Sommer auch die Nester vieler Singvögel plündert und deren Junge oder Eier frißt, ist er doch ein sehr nützlicher Vogel. Er vernichtet zahlreiche schädliche Insekten des Waldes und der angrenzenden Landschaften. So bringen die Altvögel z.B. für fünf junge Eichelhäher etwa 1100 Insekten pro Tag zum Nest. Die Jungen, die drei Wochen im Nest bleiben, verzehren in dieser Zeit ungefähr 25 000 Stück. Davon sind 70 % schädliche Insekten. Innerhalb dieser drei Wochen erreichen die Jungvögel das 20-fache ihres Geburtsgewichts. Jeden Tag wächst der Schnabel um 1,2 mm, ihre Beine um 2 mm, und zwischen dem 6. und dem 10. Tag wachsen ihre Flügelfedern um 4 mm.
Im Abstand von mehreren Jahren schließen sich die Eichelhäher im Herbst zu großen Flügen zusammen und begeben sich auf Wanderungen. Diese Wanderungen werden wahrscheinlich durch Nahrungsmangel ausgelöst. Am 5. Oktober 1955 hat man über einem deutschen Dorf 6 500 Eichelhäher gezählt, die alle in einem langen Schwarm darüber hinflogen.
Wenn man in einem Waldgebiet spazieren geht, wird man bald einen Eichelhäher sehen oder hören. Beim Flug zeigt er seine schwarz, blau und weiß gefärbten Flügelfelder, und wenn er einen Menschen entdeckt, läßt er seine lauten grätschenden Rufe hören.
Der Eichelhäher bevorzugt Mischwälder, er kommt aber auch in Nadelwäldern vor und in großen Parkanlagen. Er ist im allgemeinen scheu und vorsichtig und fliegt davon, sobald man ihm zu nahe kommt.
Wie auch unser Star, ist der Eichelhäher ein Meister der Nachahmungskunst. In seinem leisen Gesang, den man nur vernimmt, wenn man ganz nahe steht, bringt er die Stimmen der Drosseln, des Waldkauzes, der Rabenkrähe, der Meisen und vieler anderer Vögel. Besonders häufig kann man das katzenähnliche Miauen des Bussards hören, das der Eichelhäher hervorragend nachzuahmen versteht. Die Paarungszeit der Eichelhäher liegt im März und April.
Länge: 31 cm
Flügelspannweite: 52 cm
Gewicht: 170 g
Lebenszeit in der Natur: bis 18 Jahre

Im Herbst legt sich der Eichelhäher einen Vorrat von Eicheln und Nüssen an. Er pflückt 5 oder 6 davon, verstaut sie in seinem Kropf, trägt sie weit fort in ein anderes Waldgebiet und versteckt sie dort unter Moos oder Gras. Sehr viele dieser Vorräte werden vom Eichelhäher im Winter gar nicht mehr gefunden.

Aus den vergrabenen Eicheln oder Nüssen entsteht dann im nächsten Jahr ein neues junges Bäumchen. So trägt der Eichelhäher zur Verbreitung von Eichen und anderen Baumarten bei.

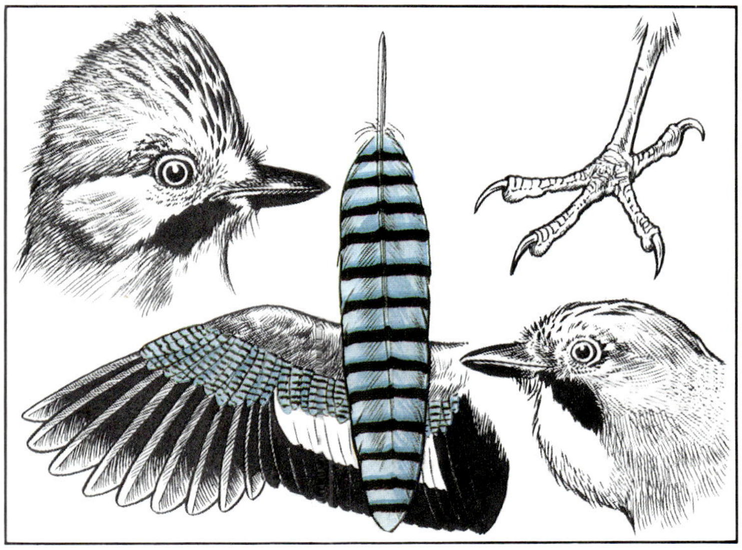

Wenn der Eichelhäher erregt ist, sträubt er die Kopffedern. Die hübschen kleinen blauen Federn an den Flügeln haben schwarze Streifen. Unterhalb des Schnabels hat der Eichelhäher eine dehnbare Hauttasche, die zum Transport der Nahrung von Nutzen ist. Auf seinen kräftigen Füßen kann er flink hüpfen.

Im Sommer frißt der Eichelhäher Käfer, Heuschrecken, Raupen, Fliegen und andere Insekten. Im Herbst ernährt er sich von Eicheln, Bucheckern, Maiskörnern, Nüssen und Beeren. Die jungen Eichelhäher werden etwa ein- bis zweimal pro Stunde gefüttert. Die Häufigkeit hängt davon ab, in welcher Entfernung und wie ausreichend die Eltern Nahrung finden.

Der Eichelhäher baut sein Nest nahe über dem Boden in einem dichten Busch oder auf den kleinen Seitenzweigen eines Baumes. Im Mai legt das Weibchen 5 bis 6 Eier, die es mit Hilfe des Männchens 16 bis 17 Tage lang bebrütet. Beim Schlüpfen wiegen die Jungen 6 g. Im Alter von etwa 20 Tagen verlassen sie das Nest.

Das Eichhörnchen

Um das Verhalten der Eichhörnchen zu beobachten, verwenden Wissenschaftler heute auch die Elektronik. So hat man zum Beispiel in Schweden an einem Eichhörnchen Minisender von 14 g angebracht. Mit Hilfe eines Empfängers sind die ausgesendeten Pieptöne noch in 400 m Entfernung zu hören. Dreimal konnte man so Eichhörnchen über mehrere Tage verfolgen. Sie hielten sich die ganze Zeit in einem Gebiet von weniger als 500 qm auf.

Eichhörnchen fressen oft Eicheln und Nüsse. Die Tiere brauchen nur kurze Zeit, um die Schalen zu knacken. In Nadelwäldern ernähren sie sich von den Samen der Zapfen.

Ohne Bäume kann das Eichhörnchen nicht leben. Es ist in Wäldern und Parks zu Hause, ob in der Ebene oder in den Bergen. Überall hat es eine besondere Vorliebe für Nadelbäume. Es klettert manchmal auf die Erde hinunter, um Nahrung zu suchen, den überwiegenden Teil seines Lebens verbringt es jedoch im Geäst. Es ist das größte unserer Waldnagetiere und läßt sich häufig auch am Tage beobachten (die anderen Waldnagetiere, Mäuse z.B., sind hauptsächlich Nachttiere).

Beliebt ist das Eichhörnchen wegen seiner eleganten Bewegung, durch seine hübsche Farbe und die große Zutraulichkeit, z.B. in den Parkanlagen der Städte.

Man hat es sogar zum Symbol für Vorratshaltung gemacht, aber andere Säugetiere wie z.B. der Feldhamster haben einen viel stärker ausgeprägten Sammeltrieb.

Das Eichhörnchen kann sich auf der Oberfläche eines Baumstammes in allen Richtungen bewegen. Von einem Baum zum anderen macht es Sprünge von 4 bis 5 m. Selbst wenn es nur mit einer Pfote einen Ast erwischt, kann es sich noch festhalten und hochziehen. Wird das Eichhörnchen von seinem Feind, dem Marder, verfolgt, entfaltet es alle seine turnerischen Fähigkeiten. Der Marder aber ist ihm oft überlegen und holt es ein. Auch vor dem Habicht, dem großen Greifvogel, vor dem Waldkauz und dem Uhu muß es aufpassen. Im Unterschied zum Siebenschläfer hält das Eichhörnchen keinen Winterschlaf.

Länge: 25 cm (+ 20 cm Schwanz)
Gewicht: 300 g
Lebenszeit: 12 Jahre in Gefangenschaft

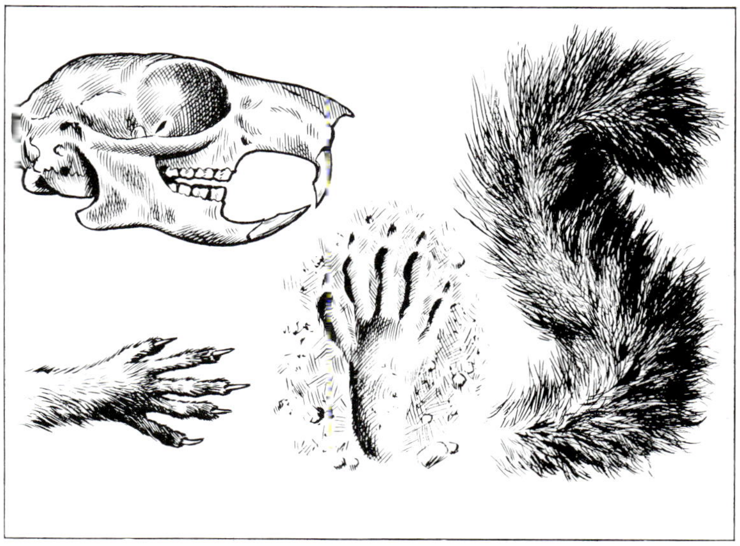

Am Schädel sieht man die großen Nagezähne (Vorderzähne). Sie wachsen ständig und halten die gleiche Länge, indem sie sich aneinander abreiben. Die spitzen Krallen sichern einen festen Halt auf der Baumrinde. Der buschige Schwanz dient dazu, das Gleichgewicht zu halten. Im Schnee kann man den Abdruck eines Fußes sehen.

Das Eichhörnchen frißt Eicheln, Bucheckern, Nüsse, aber auch Knospen, Triebe, Wurzeln, Pilze und manchmal im Frühjahr die Eier und die Jungen von Singvögeln. Auch Insekten werden gerne verzehrt. Manchmal legt es Nahrungsvorräte an, aber nur dann, wenn Nüsse und Eicheln im Überfluß vorhanden sind.

Nach einer etwa 40-tägigen Tragzeit werden im Nest 3 bis 6 junge Eichhörnchen geboren. Dies geschieht im März oder April, und noch einmal zwischen Juni und August. Die Jungen sind zunächst nackt und blind, wiegen etwa 12 g und tragen schon Barthaare.

Der Eisbär

Die Beute des Eisbären besteht in erster Linie aus Robben, denen er dort auflauert, wo sie das Wasser verlassen müssen, um an Land auszuruhen. Er schlägt ihnen mit seinen mächtigen Tatzen auf den Kopf und zieht sie dann auf das Eis. Aber auch gestrandete Wale und junge Walrosse, die größte Robbenart überhaupt, gehören zu seiner Nahrung.
Trotz seines massigen Körpers ist der Eisbär sehr gewandt und schleicht sich oft erfolgreich an ein auf dem Eise liegendes Beutetier an. Schneewehen und andere Erhebungen geben ihm dabei Deckung, sein gelblichweißes Fell tarnt ihn in der weißen Schnee- und Eislandschaft. Eisbären sind fast das ganze Jahr auf Wanderschaft. Sie lassen sich vom Treibeis rund um den Pol mittragen, oder sie schwimmen und suchen auf dem Festland nach Beeren, Wurzeln, kleinen Nagetieren und Vögeln. Im allgemeinen bleiben sie auf ihren Wanderungen immer in Küstennähe, aber in Alaska wurden sie schon bis über 100 km entfernt vom Meer angetroffen und in Sibirien sogar etwa 300 km tief im Inland. Auch dies ist ein Beweis für die Wanderfreudigkeit und Ausdauer dieser kräftigen Tiere.
Das Wanderleben bedingt, daß Eisbären fast nie einen Bau oder eine andere Zuflucht haben, zu der sie immer wieder zurückkehren. Nur die tragenden Weibchen und Weibchen mit Jungen graben sich eine Höhle im Schnee der Küstenregion oder auf einer Insel. Die kleinen Eisbären haben bei der Geburt noch die Augen und die Ohröffnungen geschlossen und wachsen im Schutz der Höhle und bewacht von ihrer Mutter allmählich heran. Weibchen werden frühestens im vierten Lebensjahr geschlechtsreif, die Männchen erst mit acht Jahren. Die Paarungszeit liegt zwischen März und August, und nur dann dulden die Weibchen den männlichen Partner in ihrer Nähe, da er für die Jungen gefährlich werden könnte.

Kopf-Rumpf-Länge: Weibchen 180–210 cm, Männchen 240–250 cm.
Gewicht: 400–1000 kg. Lebensalter: Ca. 30 Jahre.

Diese drei Jungbären folgen der Fährte ihrer Mutter. Sie sind schon recht groß und werden in diesem Alter bereits auf die Beutezüge mitgenommen.

Sie folgen der Mutter auch ins Wasser, um kürzere Strecken schwimmend zurückzulegen.

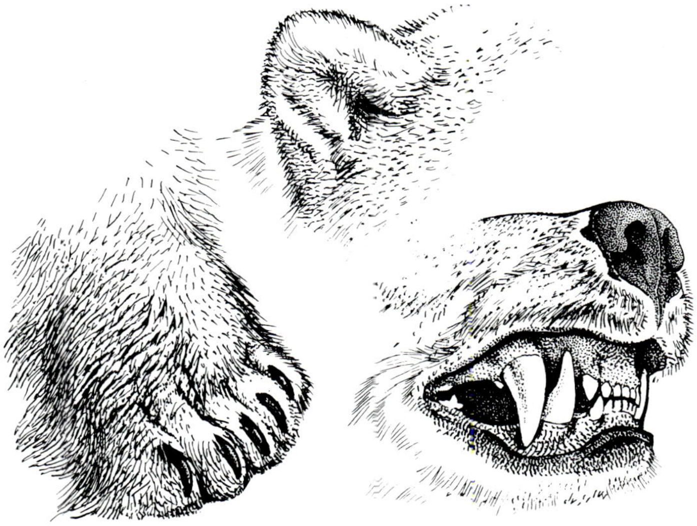

Die Krallen an der Vorderpfote sind relativ kurz, kräftig und gebogen. Mit ihnen können den Beutetieren tiefe Wunden zugefügt werden. Die Ohren der Eisbären sind klein, eine Anpassung an das kalte Klima. Dolchartige Eckzähne zum Töten der Beute stehen im Maul, wie bei allen Raubtieren.

Eine Eisbärin mit ihren zwei Jungen in der Schneehöhle. Ein oder zwei Junge sind die Regel, Drillinge kommen nicht oft vor.

Der Eisbär schwimmt ausgezeichnet und kann auch recht gut tauchen. Es sind schon Bären hundert Kilometer vom nächsten Land oder von großen Eisschollen entfernt im Meer beobachtet worden.

Der Eisvogel

Wenn der Eisvogel von einer Sitzwarte aus ins Wasser taucht, um gleich darauf mit einem kleinen Fisch im Schnabel wieder auf den Ast zurückzufliegen, so geht dies blitzschnell. Man kann die einzelnen Bewegungsabläufe nicht verfolgen. Nur mit Hilfe von Filmen oder Elektronikblitzgeräten läßt sich der Beutefang genau erkennen. So weiß man heute, daß der Eisvogel im Augenblick des Eintauchens seine Nickhaut über das Auge gleiten läßt, um es vor dem Wasser zu schützen. Die Nickhaut ist ein drittes dünnes Augenlid, das alle Vögel besitzen. Wie viele Tiere, ist auch der Eisvogel heute durch die Wasserverschmutzung vom Aussterben bedroht. Fische, die fast ausschließlich seine Nahrung bilden, können im verschmutzten Wasser nicht leben. Eine Eisvogelbrut von 7 Jungvögeln braucht etwa 1000 kleine Fische zum Aufwachsen. Jeder Jungvogel vergrößert sein Geburtsgewicht bis zum Ausfliegen von 3 g auf 30 g. In Gebieten mit mildem Klima verbringt der Eisvogel sein ganzes Leben an ein und demselben Gewässer. Im Norden Europas ist er aber oft gezwungen, von seinem Revier abzuwandern, weil im Winter das Eis Flüsse und Seen bedeckt. In einem frostreichen Winter, der sämtliche Wasserflächen zufrieren läßt, verhungern viele Eisvögel. Jedes Eisvogelpaar braucht eine Strecke von mehreren Kilometern am Wasserlauf und verteidigt dieses Revier gegen andere Artgenossen.

Der Eisvogel ernährt sich vor allem von kleinen Weißfischen, Elritzen, Gründlingen, Plötzen, Stichlingen, aber auch von Wasserinsekten. Schuppen, Gräten oder Chitinteile von Insekten, die der Eisvogel nicht verdauen kann, werden in Form von kleinen Kügelchen wieder ausgespuckt.

Länge: 16,5 cm	Schnabellänge: 4 cm
Gewicht: 35 g	Brutzeit: 20 Tage
Flügelspannweite: 26 cm	Lebenszeit: 5 bis 8 Jahre

Meist lauert der Eisvogel auf einem über das Wasser hinausragenden Zweig auf Beute. Sobald er unter sich einen Fisch sieht, stürzt er sich ins Wasser. Manchmal steht er aber auch im Rüttelflug über der Wasseroberfläche und stößt aus der Luft hinab. Die Beute wird immer mit dem Kopf voran verschluckt. Auch wenn der Eisvogel Junge im Nest füttert, bringt er die Beute kopfvoran im Schnabel herbei.

Der Schnabel des Eisvogels ist lang und spitz. Die Füße sind klein und dienen nur dazu, sich auf einem Ast festzuhalten oder um die Brutröhre zu graben. Der Kopf ist auffallend dick, der Schwanz sehr kurz.

Mit Schnabel und Füßen gräbt der Eisvogel eine etwa 40 bis 100 cm lange Röhre in eine senkrechte Sand- oder Lehmwand. Die Röhre hat einen Durchmesser von etwa 6 cm. Am Ende befindet sich die Brutkammer, in die das Weibchen 6 oder 7 weiße Eier legt. Wenn die jungen Eisvögel aus dem Ei schlüpfen, sind sie fast nackt. Erst nach und nach wachsen die Federn heran, die zunächst von einer Hornhülse umgeben sind.

Am Ende des Winters beginnt unter den Männchen der Kampf um das Brutrevier. Blitzschnell, dicht über der Wasseroberfläche dahinschießend, verfolgen sie sich und versuchen sich gegenseitig zu vertreiben. Der Vogel, der zuerst ermüdet, sucht das Weite. Mit seiner grünlich-blau schimmernden Oberseite und dem rötlichen Bauch gehört der Eisvogel zu den farbenprächtigsten Vögeln unserer Heimat.

Die Elster

Wenn man den Geschichten glaubt, dann verbringt die Elster einen guten Teil ihrer Zeit damit, wertvolle Gegenstände, die in der Sonne glänzen, zu stehlen und zu verstecken. Sie soll offene Fenster benutzen, um in die Häuser einzudringen und Diebstahl zu begehen. So hat die Elster ihren Ruf als diebischer Vogel erworben. Tatsächlich jedoch interessieren sich nur gefangene oder gezähmte Vögel für solcherlei Dinge, und es ist sehr selten, daß eine Elster in der Natur von glänzenden Gegenständen angezogen wird, wie die Elster hier, die gerade einem unaufmerksamen Sonnenanbeter die Uhr gestohlen hat. Die lauten, schackernden Rufe der Elster hört man das ganze Jahr über, besonders häufig jedoch zum Ende des Winters und zu Beginn des Frühlings. Wenn die Elster auch zu den Singvögeln gehört, das heißt zu den Sperlingsvögeln, hat sie dennoch, wie ihre Verwandten, die Raben, keineswegs eine melodische Stimme, und sie ist unfähig zu singen. Bei den Versammlungen, die der Paarung vorausgehen, schreit sie ohne Unterlaß, und da sich manchmal bis zu 20 Vögel versammeln, kann man ihren Lärm schon von weitem hören. Zahme Elstern lernen oft menschliche Laute nachzuahmen.

Das Nest der Elster ist an seiner kugeligen Form erkennbar, es ist eine wahre Festung, die aus trockenen, mehr oder weniger stacheligen Zweigen gebaut wird. Das Nest wird in einer Schwarzpappel oder in geringer Höhe in einem dichten Busch gebaut, die innere Mulde ist mit Erde ausgekleidet und mit Wurzeln bedeckt. Das Ganze ist wie mit einem Dach überdeckt und hat einen seitlichen Eingang. Die Elster hält sich in Gegenden auf, wo Felder, Wiesen und Wälder, auch einzelne Bäume und Baumgruppen vorkommen. Die Nachbarschaft des Menschen fürchtet sie nicht, häufig kommt sie in die Gärten von Dörfern und Städten, wenn es dort große Bäume gibt, in denen sie ein Nest für ihre Jungen bauen kann.

Länge: 41 - 42 cm
Gewicht: 160 - 250 g
Spannweite: 48 - 53 cm
Lebenszeit in Gefangenschaft: 20 Jahre

Im Herbst und im Winter kann man häufig mehrere Elstern zusammen sehen. Sie verbringen die Nacht im Dickicht einer Baumreihe. Am Morgen verlassen sie dieses Quartier und suchen sich Nahrung (links). Diese Elstern haben einen toten Hasen entdeckt und wollen sich daran laben (Mitte), aber sie streiten sich dabei (rechts). Die Nahrung der Elster besteht aus Insekten, Schnecken, Körnern und Früchten.

Im März oder April macht sich das Vogelpaar daran, ein Nest zu bauen; das dauert 1 – 4 Wochen. Jedes Nest wird nur einen Sommer lang benutzt. Häufig aber baut ein Elsternpaar jedes Jahr sein Nest in demselben Baum.

Abb. unten:
Oben zwei große Federn eines Elsternflügels. Die schwarzen Federteile werden weniger schnell abgenutzt als die weißen, denn das dunkle Pigment (farbgebende Substanz) macht die Fahne (Teil einer Feder) härter. Unten: Federn bedecken den Schnabelansatz.

Diese junge Elster hat das Nest verlassen, fordert aber noch Nahrung von den Eltern. Sie ist ungefähr 25 Tage alt. Im April oder Mai legt die Elster 6 – 8 Eier und bebrütet sie 17 – 18 Tage lang. Wenn die Jungvögel flügge sind, haben sie noch einen kürzeren Schwanz als die ausgewachsenen Vögel, und ihre schwarzen Federn haben noch nicht den typischen Glanz.

Die Ente

Wenn ein Landwirt Enten zum Mästen füttert, dann nimmt er stets die weißen Pekingenten. Sie wachsen besonders schnell. Heute werden viele Enten in Mästereien aufgezogen. Solche Enten sind arme Geschöpfe. Nie haben sie die Möglichkeit, so richtig nach Entenart zu baden und zu planschen. Auf Bauernhöfen entdecken wir auch Hausenten, die den echten Wildenten zum Verwechseln ähnlich sind. Wenn der Hof an einem See oder Bach liegt, kommt es gar nicht selten vor, daß sich Wildente und Hausente miteinander paaren. Das braucht uns nicht zu wundern. Unsere Hausenten stammen nämlich von Stockenten ab. Die wildfarbenen Hausenten sind noch viel mehr Wildvogel als die weißen Pekingenten. Pekingenten haben kümmerliche Flügel und können nicht fliegen. Die wildfarbenen Vögel sind fast so gute Flieger wie ihre Vettern draußen, die ja oft weite Wanderungen unternehmen. Manche Zuchtenten legen fast 300 Eier im Jahr. Wildenten legen nur ein- oder zweimal 10 – 12 Eier. Seit einigen Jahren sieht man bei uns noch eine ganz andere Entenform, die gar nichts mit unserer Stockente zu tun hat: die Moschusenten mit rotleuchtendem nackten Augenfeld und Warzen auf dem Schnabel (Warzenente). Sie kamen zwar schon im 16. Jahrhundert nach Europa. Bei uns aber wurde die Moschusente erst seit ein paar Jahren richtig heimisch. Häufig sehen wir die dunkle Wildform. Es gibt auch schwarz-weiße und weiße Moschusenten. Weil sie nur ein stimmloses Fauchen hervorbringen, werden sie auch Stummenten genannt.

Gewicht: je nach Rasse bis 6 kg.
Lebensdauer: ca. 30 Jahre.

Die wilden Stockenten sind die Stammform unserer Hausenten. Sie leben an Teichen und Seen, vor allem, wenn sie mit Röhricht, Weiden und Binsen umsäumt sind. Stockenten aus dem Norden überwintern zu tausenden auf Seen. Bis in die Städte kommen sie, und manche lassen sich sogar füttern.

Die Männchen und Weibchen der Moschusenten können wir leicht unterscheiden. Männchen haben warzige Wucherungen auf der Schnabeloberseite (links), die den Weibchen fehlen (rechts). Bei weißen Hausenten ist es schwierig, Männchen (rechts) und Weibchen (links) zu unterscheiden. Bei der wildfarbigen Form sind die Männchen viel prächtiger gefärbt als die Weibchen.

Auf Teichen in Dorfnähe schwimmen Wildenten und Hausenten oft friedlich nebeneinander. Bezeichnend für Stockenten ist das Gründeln. Sie stecken den Kopf unter Wasser und suchen in seichtem Wasser nach Futter. Dann sind nur die Beine und das Hinterteil zu sehen.

Unter einem Weidenstrauch, in einem hohlen Baum, auf dem Strohdach oder gar 10 Meter hoch in einem Krähennest brütet das Stockentenweibchen auf seinen grünlichen Eiern. Nach vier Wochen schlüpfen die Küken. Gleich nach der Geburt werden sie von der Mutter zum Wasser geführt.

Das Erdferkel

Die Gestalt des Erdferkels ist sehr merkwürdig. Der Kopf mit der langen Rüsselschnauze erinnert an den Kopf eines Schweines. Die Ohren sind extrem lang und erinnern an die Ohren eines Esels. Das Tier macht einen unbeholfenen Eindruck. Mit seinen kräftigen Nägeln kann es trotzdem innerhalb von wenigen Minuten ein Loch in den Boden graben, in dem es trotz seiner Größe vollständig verschwindet. Erdferkel scheuen das Tageslicht und kommen erst am Abend aus ihrem Bau: dieser ist nur 3 oder 4 m lang. Am Ende des Ganges liegt eine geräumige Kammer, in der sich das Tier umdrehen kann. Mit den Vorderpfoten wird gegraben, während die Hinterpfoten die ausgegrabene Erde fortschleudern. Dabei schließt das Tier die Augen und legt die Ohren auf den Rücken. Einige ältere Baue sind richtige Labyrinthe mit bis zu 20 Ausgängen. Verlassene Erdferkelbaue werden von Hyänen, Hyänenhunden, Honigdachsen, Stachelschweinen und anderen Tieren benützt. Das Erdferkel ist wenig bekannt. Es lebt in Afrika südlich der Sahara in trockenen Savannen, lichten Wäldern und liebt sandigen oder tonhaltigen Boden, in dem es leicht graben kann. In der Wahl des Lebensraumes ist das Erdferkel abhängig vom Vorkommen der Termiten.

Das Erdferkel nimmt unter den Säugetieren einen einzigartigen Platz ein, denn seine schmelzlosen, säulenförmigen Zähne haben keine Wurzeln. Jede Kieferhälfte hat nur fünf Zähne. Alle sind oben abgeflacht und sehen aus wie Backenzähne. Schneidezähne und Eckzähne gibt es nicht. Um an die Termiten heranzukommen, öffnet es die Baue mit seinen scharfen Klauen und leckt die Termiten dann mit seiner langen wurmförmigen Zunge auf.

Länge: 1,20 m + 60 cm Schwanz

Gewicht: 65 kg maximal Tragzeit: 7 Monate

Lebenszeit: 18 Jahre (in Gefangenschaft)

Das Erdferkel ernährt sich fast nur von Insekten. Termiten sind die Hauptnahrung, daneben nimmt es Ameisen, Wanderheuschrecken und allerlei sonstige Insekten. An seiner langen klebrigen Zunge bleiben die Insekten haften und werden gleich massenhaft in das Maul transportiert.

Der Leopard und der Löwe sind die gefährlichsten Feinde des Erdferkels. Von ihnen wird es leicht überrascht, wenn es an einem Termitenhügel Nahrung sucht. Um sich zu verteidigen, schlägt es mit seinen krallenbewehrten Pranken zu. Wenn möglich, versucht es, zu seinem Bau zu fliehen oder sich an Ort und Stelle einzugraben.

Das Erdferkel hat kräftige Hinterpfoten, auf die es sich beim Fressen setzt. Die Hinterpfoten haben fünf große Krallen, die Vorderpfoten nur vier. Die Zunge ist 45 cm lang, der Schwanz macht etwa ein Viertel der gesamten Körperlänge aus.

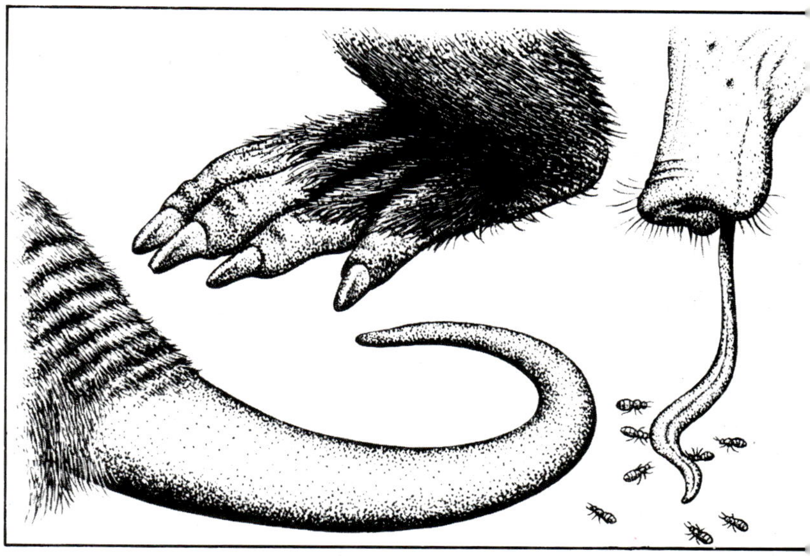

Sehr selten gibt es zwei Junge in einem Wurf, meist ist es nur eines. Zwischen Mai und Juli wird es im Bau geboren. Nach zwei Wochen folgt das Jungtier der Mutter, die es 4 Monate lang säugt.

Die Erdkröte

Seit ein paar Jahren schon grabe ich in meinem Garten Blumentöpfe ein, ganz flach nur. Da sollen sich Erdkröten verstecken. Ich bin froh, wenn sie meine Beete als Sommeraufenthalt wählen. Das bißchen Mühe für die Unterkunft vergelten sie mir vielfach. Die Erdkröten verputzen nämlich im Laufe des Sommers eine große Menge Schnecken.

Erdkröten leiden unter dem Menschen, nicht nur unter seinen Giften, auch nicht nur, weil Menschen Tümpel zuschütten oder das Wasser vergiften. Noch schlimmer sind die Autos. Sobald nämlich im Frühjahr die Temperatur rund 5 Grad beträgt, werden die Kröten unruhig. Fängt es dann noch an zu regnen, machen sie sich zu Hunderten oder gar zu Tausenden auf zu ihren Laichgewässern, zu kleinen Tümpeln meistens außerhalb des Waldes, flach und gut durchsonnt.

Seit Jahrzehnten, manchmal seit Jahrhunderten, gehen fast alle Erdkröten immer wieder zu den Tümpeln, in denen sie auch geboren wurden. Heute müssen sie auf dieser Wanderung oftmals Autostraßen überqueren, und das wird ihnen zum Verhängnis. Die vielen Autos haben schon ganze Krötenbevölkerungen ausgerottet. Die Menschen versuchen, den Kröten zu helfen. Sie haben Zäune entlang der Straßen aufgebaut und alle paar Meter einen Eimer eingegraben. Die Kröten stoßen an den Zaun, wandern an ihm entlang und fallen in die Eimer. Von dort tragen Helfer die Kröten über die gefährliche Straße.

Oft klammern sich die Krötenmännchen bei der Wanderung schon um die Weibchen und lassen sich ein oder zwei Kilometer zu den Laichtümpeln tragen. Im Tümpel ruhen sich die Kröten zunächst eine Weile aus. Während dieser Zeit reifen die Eier im Körper des Weibchens. Danach beginnt das Weibchen mit dem Legen, schlingt seine Laichschnüre um Wurzeln im Uferbereich und um Wasserpflanzen. Während dieser Zeit sitzt das Männchen immer auf dem Weibchen. Nur wenn es die Eier besamt, können daraus die kleinen Kaulquappen schlüpfen. Die Kaulquappen sehen zuerst sehr fischähnlich aus. Sie fressen Algen und Wasserpflanzen. Nach zwei bis drei Monaten ist ihr Schwanz zurückgebildet, sie haben vier Beine und gehen an Land. Zu Tausenden hoppeln sie dann im Uferbereich herum. Ehe aus ihnen große Kröten werden, vergehen Jahre.

Durchschnittsgröße: 10 cm. Weibchen 13 bis 18 cm.
Lebensdauer: angeblich bis zu 30 Jahre im Terrarium.

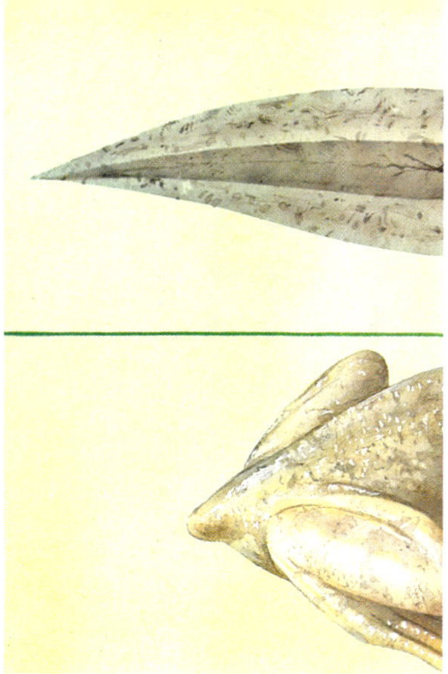

Wenn Männchen und Weibchen ihren Laichteich erreicht haben, dauert es eine Weile bis sie mit Eierlegen beginnen. Ist das Weibchen schließlich laichbereit, wickelt es Eischnüre um Wurzeln und um Wasserpflanzen. Die Eier werden nicht alle auf einmal gelegt, sondern in Schüben, jeweils ungefähr 200. Im ganzen kann ein Erdkrötenweibchen 2000 bis 7000 Eier legen, wahrhaftig eine große Zahl. Nach ungefähr 2 Wochen schlüpfen die jungen Kaulquappen. Die erwachsenen Kröten aber verlassen das Wasser und werden wieder zu Landtieren.

Manchmal kann man in der Nähe von Krötenteichen Skelette finden. Deutlich sieht man die ziemlich langen Beinknochen, wenngleich Kröten viel schlechtere Springer sind als etwa Frösche. Erstaunlich lang sind die Hinterzehen. Die Finger an den Vorderbeinen sind viel kürzer, der Daumen ist stark zurückgebildet. Mit den Fingern können die Kröten Beute, zum Beispiel einen Regenwurm, festhalten.

Die jungen Erdkröten sind zunächst wie kleine Fische; sie haben einen Schwanz, äußere Kiemen aber keine Arme und Beine. Die wachsen ihnen erst später. Sie ernähren sich vor allem von Wasserpflanzen. Nach ungefähr 3 Monaten sehen sie dann wie richtige Kröten aus, ohne Schwanz und mit Beinen, nur natürlich viel viel kleiner. Dann gehen sie an Land.

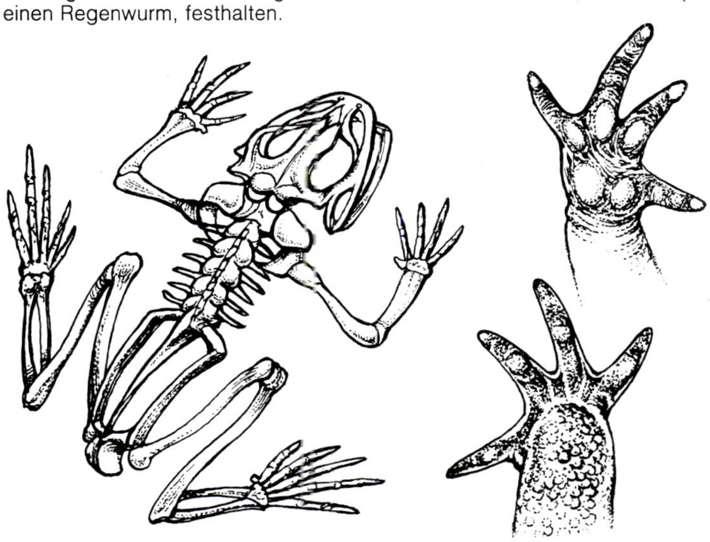

Im Winter, bei Frost und Schnee, finden Erdkröten auf der Erdoberfläche keine Nahrung. Da sie keinen wärmenden Pelz haben, würden sie bald erfrieren. Deshalb suchen sie zum Herbst hin Winterverstecke auf, irgendwo in Erdhöhlen, gelegentlich auch in Kellern. Dort dösen sie, bis die Frühlingssonne sie wieder weckt.

Lange Zeit wurden Kröten nur als ekelhafte Tiere angesehen, ihre warzige Haut wirkte unappetitlich. Inzwischen aber haben viele Menschen erfahren, wie nützlich Erdkröten als Helfer im Garten sein können. Billiger und besser als Schneckenkorn, vernichten Kröten Schnecken am Salat. Insekten fangen sie mit der vorschnellbaren Zunge.

Die Europäische Sumpfschildkröte

Die Europäische Sumpfschildkröte war einmal in weiten Teilen Süd- und Mitteleuropas bis hinauf nach Norddeutschland weit verbreitet. Sie brauchte sonnige Teiche und flache Seen, langsam fließende Bäche oder auch nur ungestörte Tümpel und Moore. Ihr Lebensraum ist das Wasser, das sie nur verläßt, um sich zu sonnen und ihre Eier zu legen. Bei Gefahr flüchtet die Sumpfschildkröte immer ins Wasser und taucht unter. Versteckt im Bodenschlamm wartet sie, bis oben die Luft wieder rein ist. Auch den Winterschlaf verbringt die Sumpfschildkröte am Boden ihres Wohngewässers. Ihre Nahrung besteht aus allerlei kleineren Tieren, die sie im Wasser findet, Wasserinsekten also und deren Larven, Fische, Frösche und Molche. Wenn die Wassertemperatur nicht zu kühl ist, schwimmt die Sumpfschildkröte recht schnell, und auch an Land ist sie längst nicht so behäbig und langsam, wie etwa die Griechische Landschildkröte.

Nach dem zweiten Weltkrieg wurden in vielen Ländern Europas die natürlichen Gewässer durch den Menschen verändert oder zerstört, um mehr Platz für landwirtschaftlich genutzte Flächen zu bekommen. Teiche und Tümpel wurden zugeschüttet, Flüsse und Bäche begradigt. Gleichzeitig setzte ein immer stärker werdender Freizeitbetrieb an den Gewässern ein. Segler, Angler, Surfer und Badende störten die Schildkröten, die sehr scheu sind, beim Sonnen und bei der Fortpflanzung. Die Europäische Sumpfschildkröte gilt heute in der Bundesrepublik als ausgestorben. Ab und zu wird noch ein Tier entdeckt oder in einem Dorfteich gefangen, aber sehr wahrscheinlich stammen diese Schildkröten aus Südeuropa. Irgendwer hat sie von einer Urlaubsreise mitgebracht und nach einiger Zeit ausgesetzt. In einigen Gegenden Südeuropas, in Südfrankreich, Italien oder Jugoslawien kommen Sumpfschildkröten noch relativ häufig vor. Vielleicht trägt auch ein verändertes Klima zum Aussterben dieser Art in nördlicheren Breiten bei. In kühlen Sommermonaten können sich die Jungen in den Eiern nicht schnell genug entwikkeln, um noch vor dem Herbst zu schlüpfen, und sterben ab.

Länge des Rückenpanzers: bis 25 cm.

Die Europäische Sumpfschildkröte verbringt ihr Leben im und am Wasser. Im Wasser paart sie sich auch, indem das Männchen auf den Rückenpanzer des Weibchens klettert und sich mit seinen Zehen an dessen Panzerrand festklammert. Dann bringt es seine Kloakenöffnung dicht vor dem Schwanz an die des Weibchens und begattet es. Bei Gefahr tauchen die Sumpfschildkröten zum Gewässergrund und verbergen sich in Wasserpflanzen oder im Schlamm.

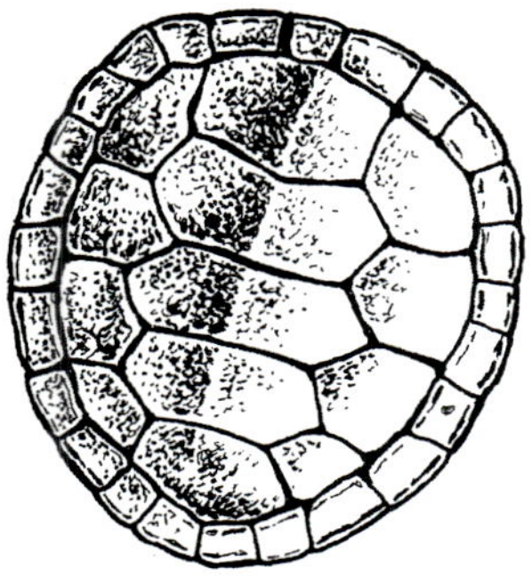

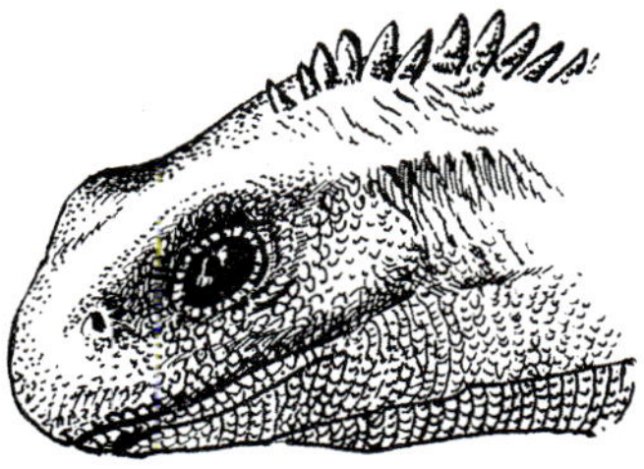

Links der Rückenpanzer einer Sumpfschildkröte. Er ist flacher als die Panzer von Landschildkröten, um dem Wasser weniger Widerstand zu bieten. Rechts oben die Vorderpfote einer Sumpfschildkröte und darunter der Kopf einer Brückenechse.

Zur Eiablage gehen die Sumpfschildkröten ans Ufer. An einer nicht zu feuchten und sonnenbeschienenen Stelle graben sie mit den Hinterbeinen ein Loch, in das die Eier gelegt werden. Anschließend wird die Grube wieder zugeschüttet. Die Jungen entwickeln sich im Laufe einiger Wochen und messen nach dem Schlüpfen etwa 2 cm.

Die Brückenechse aus Neuseeland ist eines der ältesten heute bekannten Reptilien. Schon im Trias lebten Vertreter dieser Tiere. Heute kommt die Brückenechse nur noch auf einigen kleinen Inseln um Neuseeland vor.

Das Faultier

Faultiere leben in den Regenwäldern Südamerikas. Fast ihr ganzes Dasein verbringen sie mit dem Rücken nach unten hängend in den Bäumen. Mit den langen Krallen halten sie sich an den Ästen fest. Sie bewegen sich nur ganz langsam voran, ihre Nahrung, die Blätter der Bäume, wächst ihnen sozusagen ins Maul. Nur selten kommen die Faultiere auf den Boden, wo sie recht ungeschickt sind und sich nur kriechend fortbewegen können. Der Haarstrich, also die Richtung, in der die Haare wachsen, geht bei den Faultieren vom Bauch zum Rücken, genau entgegengesetzt als bei anderen Säugetieren. So kann das Regenwasser, dem die Tiere fast täglich ausgesetzt sind, gut nach unten ablaufen. Das Haarkleid ist dicht und lang und bekommt durch Algen, die sich in dem feuchten Pelz ansiedeln, eine grünliche Färbung. Dadurch sind die Faultiere in ihrer grünen Umgebung gut getarnt und auch für ihren Hauptfeind, die Harpyie, einen großen Greifvogel, schwer zu entdecken.

Außer Algen leben im Fell der Faultiere auch kleine Schmetterlinge, die aber anscheinend keinen Schaden anrichten.
Gegen andere Feinde, wie den Jaguar oder die Riesenschlangen, können sich die Faultiere mit ihren langen, scharfen Krallen verteidigen, aber ihr bester Schutz ist, daß sie durch ihre Färbung und wenig Bewegung unauffällig bleiben.
Dort, wo heute die Regenwälder auf riesigen Flächen abgeholzt werden, um Ackerland zu schaffen, sind die Faultiere bedroht. Ohne Bäume können sie nicht leben, und wenn sie größere Strecken auf dem Boden zurücklegen müssen, um wieder in den Schutz eines Waldes zu gelangen, werden sie eine leichte Beute für ihre Feinde. Mit ihnen verlieren aber auch viele andere Tierarten ihren Lebensraum.
Das Zweizehenfaultier oder Unau kommt in Nordbrasilien, Guayana und Surinam vor. In Mittel- und Südamerika lebt das Dreizehenfaultier oder Ai, das auch einen kleinen Schwanz trägt.

Ein Faultier klettert langsam an einem Ast hinauf und holt sich mit den Pfoten die Blätter zum Maul, um sie zu fressen.

Eine Harpyie überrascht es dabei, schlägt es und trägt es fort.

Faultiere haben ein recht ausdrucksloses Gesicht. Rechts ist der Schädel dargestellt. Die kleinen Schmetterlinge, die im Fell der Faultiere vorkommen, sind mit den Motten verwandt.
Unten rechts ist im Schnitt der Fuß eines Dreizehenfaultiers zu sehen.

Hier muß das Faultier auf dem Boden laufen. Man kann schon an seiner Körperhaltung erkennen, daß es Schwierigkeiten hat und versuchen will, so schnell als möglich wieder auf einen Baum zu kommen.

Der Feldhase

Von Jagdhunden verfolgt, kann der Hase mehrere Kilometer mit einer Geschwindigkeit von mehr als 50 km/h zurücklegen, über kürzere Strecken schafft er sogar noch ein schnelleres Tempo. Wenn er gehetzt wird, begnügt er sich nicht damit, wie ein Pfeil davonzuschießen, er arbeitet auch mit »Tricks«, indem er Haken schlägt, die auf seine eigene Spur zurückkommen, um die Hunde, die die Spur aufnehmen, in die Irre zu führen. Die langen Hinterläufe ermöglichen dem Hasen diese erstaunliche Geschwindigkeit, beim schnellen Lauf greifen sie weit vor die Vorderbeine. Wenn das Gelände leicht abschüssig ist, macht ein Hase erstaunliche Sprünge: Auf Schnee hat man eine Sprungweite von mehr als 3 m gemessen.
Der Feldhase kommt in ganz Europa im Flachland vor, in den Steppen Afrikas und in manchen Gegenden Asiens. Größe und Farbe sind je nach Kontinent leicht verschieden. Überall findet er sich in Anbaugebieten, auf Wiesen und trockenem Gelände; der Bewuchs muß niedrig sein, damit er laufen kann. Bei uns hält er sich in Getreidefeldern, Rüben- und Kartoffelfeldern auf, in Brachlandschaften, an Waldrändern und Hecken.
Vor allem im Winter zieht er sich in die Wälder zurück, wo er einen Teil seiner Nahrung findet, besonders Knospen; diese nagt er ab, außerdem frißt er Triebe junger Bäume und richtet so Schaden an.
Während das Wildkaninchen in Gemeinschaft in unterirdischen Bauten lebt, bleibt der Feldhase fast das ganze Jahr über allein, außer im Frühjahr, und schläft unter freiem Himmel. Fuchs und Hermelin sind die Hauptfeinde der kleinen Hasen, die ausgewachsenen Tiere werden von Jägern getötet und sind von Darmparasiten bedroht. Normalerweise beansprucht ein Hase eine Fläche von 2 - 5 ha, auf der er den Großteil seines Lebens verbringt.

Länge: 52 - 60 cm (+ Schwanz 8 - 12 cm)
Gewicht: 3,5 - 6,5 kg
Lebenszeit in der Natur: 5 - 6 Jahre
max. 12 oder 13 Jahre (selten)

Zum Ende des Winters bis Juli/August paaren sich die Hasen, und zwischen den Männchen kommt es zu Kämpfen. So sieht man im Frühjahr oft 5 oder 6 Hasen zusammen (manchmal auch mehr) auf den Feldern. Links ein Männchen (Rammler genannt) und zwei Weibchen (Häsinnen genannt). Mitte: Ein Männchen verfolgt ein Weibchen. Rechts: Zwei Männchen kämpfen um ein Weibchen, sie verkrallen sich ineinander und reißen sich gegenseitig Haarbüschel aus.

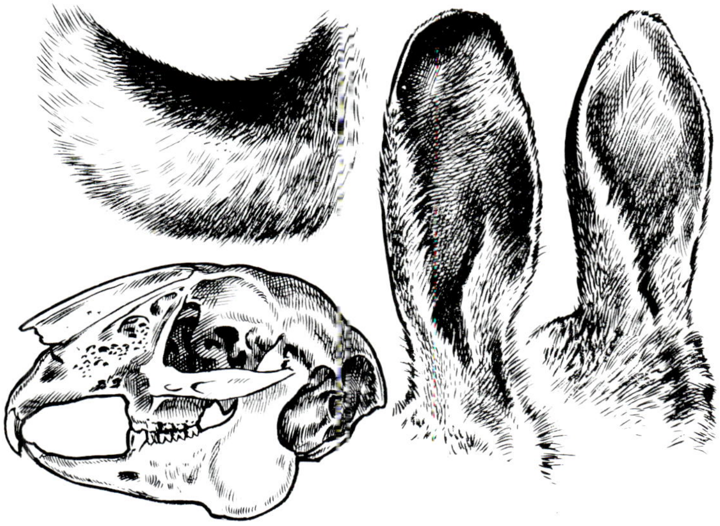

Der Feldhase unterscheidet sich vom Kaninchen durch seine Größe, seine längeren Ohren (links Hasenohr, rechts Kaninchenohr) mit einem schwarzen Fleck, und durch die stärker entwickelten Hinterläufe. Mit den Nagezähnen im Ober- und Unterkiefer zerkleinert der Hase auch harte Pflanzenteile. Oben links ein Hasenschwanz.

Im Unterschied zu den jungen Kaninchen werden die jungen Hasen mit Fell und offenen Augen geboren. Sie können sich fortbewegen, bleiben aber normalerweise in einem Versteck, wo die Mutter sie säugt. Bei der Geburt wiegen sie etwa 110 g. Eine Häsin hat drei bis viermal im Jahr 2 – 4 Junge.

Tagsüber hält sich der Hase in einer Bodenvertiefung auf, die er selbst nach der Größe seines Körpers ausscharrt. In dieser provisorischen Grube (der Hase macht nie einen unterirdischen Bau) liegt er mit angezogenen, gut abgestützten Hinterläufen. So ist er immer zu einem schnellen Start im Falle einer Gefahr bereit.

Die Feldspitzmaus

Tag und Nacht ist die Feldspitzmaus munter, immer auf Nahrungssuche. In einem Zeitraum von 24 Stunden hat sie etwa 10 Phasen intensiver Aktivität, zwischen denen sie sich eine kurze Zeit lang ausruht; ihre Hauptjagdzeit liegt jedoch in der Nacht. Sie muß täglich etwa ihr eigenes Körpergewicht an Nahrung zu sich nehmen. Ständig sucht sie im dichten Bodenbewuchs und im Fallaub nach Freßbarem. Alle kleinen Tiere, auf die sie stößt, sind ihr recht: Regenwürmer, Insekten und Insektenlarven, Schnecken, Spinnen und Kellerasseln; schließlich frißt sie auch kleine Wirbeltiere, wenn sie diese überwältigen kann.
Hunger kann sie nur sehr schwer ertragen. Wenn sie mehrere Stunden nichts zu fressen bekommt, stirbt sie an Auszehrung. Im Gegensatz zu den Fledermäusen geht sie nicht in Winterschlaf, so muß sie, um die Kälte zu ertragen, unbedingt Nahrung finden.
Die Feldspitzmaus wird im Frühling oder Sommer geboren, wächst heran, vermehrt sich dann zwischen Mai und Oktober des folgenden Jahres und stirbt kurze Zeit später. Ihre Lebenszeit ist also nicht länger als 2 Jahre, umsomehr, als neben Hunger und Kälte zahlreiche Feinde ihre Existenz bedrohen. Nachts ist es die Schleiereule, die sie auf ihren Raubzügen auf Wiesen, an Waldrändern und auf Lichtungen fängt. Weitere Feinde sind das Wiesel und der Iltis. Einige fleischfressende Tiere verschmähen sie aber, weil sie einen unangenehmen Geruch verbreitet, der von einem Drüsensekret stammt.
Tagsüber verbirgt sich die Feldspitzmaus im verlassenen Bau einer Feldmaus oder eines Maulwurfs, oder sie baut sich einen kleinen Gang durch trockene Blätter.

Länge: 6 - 8 cm (+ Schwanz 4 cm)
Gewicht: 6 - 13 g

Für die Wissenschaftler gehört die Feldspitzmaus zur Ordnung der Insektenfresser, also in die Verwandtschaft des Maulwurfs. Diese Grille hat sich aus ihrem Bau, dessen Eingang man oben rechts sieht, herausgewagt. Die Feldspitzmaus nähert sich, schnappt sie, zerbricht den Panzer und frißt sie fast vollständig auf. Wenn sie ihr Mahl beendet hat, erinnern nur ein paar Abfälle an das vorausgegangene Mahl.

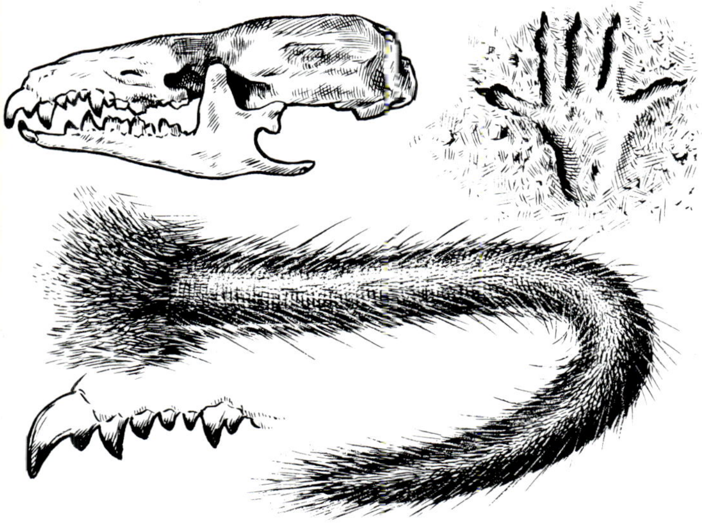

Die Feldspitzmaus hat 28 spitze, weiße Zähne. Der Schädel ist sehr flach. Selten findet man ihre Abdrücke (oben rechts) im Schlamm, denn sie ist ein wirkliches Fliegengewicht. Der behaarte Schwanz ist gewöhnlich auf der Oberseite dunkler als auf der Unterseite.

Bei der Geburt sind die kleinen Feldspitzmäuse nackt und blind und wiegen kaum 1/2 Gramm. Im Alter von 18 Tagen haben sie ein Gewicht von 7 Gramm erreicht und öffnen allmählich die Augen. Nach 22 Tagen hören sie auf, Muttermilch zu trinken. Das Nest liegt unter einem Grasbüschel oder im Schutz eines Baumstumpfes.

Wenn das Weibchen seine Jungen aus dem Nest zu einem anderen Platz bringen will, bilden die Kleinen eine Reihe. Das erste in der Reihe hält sich mit den Zähnen am Schwanzansatz der Mutter fest, und so tun es auch die anderen mit dem jeweiligen Vordermann. Das Ganze sieht dann aus wie eine Karawane, die sich langsam fortbewegt.

Der Fischadler

Der Fischadler ist der einzige Greifvogel, der sich ausnahmslos von Fischen ernährt. Er kann Beutetiere von einem Pfund und manchmal mehr aus dem Wasser ziehen. Der Rekord wird von einem Fischadler gehalten, der mit einem 1 ½ kg schweren Fisch davonflog. Dies entspricht etwa dem Eigengewicht des Vogels. Ein Fischadler braucht etwa 500 g Fisch pro Tag. Ein Vogelpaar mit drei Jungen verspeist in der Zeit vom Schlüpfen bis zum Flüggewerden der Jungen etwa 140 kg Fisch. Das scheint zunächst sehr viel, doch ist der Schaden, der dadurch entsteht, gering. Dies hat zwei Gründe: Einmal ist der Fischadler fast überall selten, zum anderen läßt er sich nur an Meeresküsten oder an anderen fischreichen Gewässern nieder. Mit seinen kräftigen Fängen und den spitzen, gekrümmten Krallen greift der Fischadler seine schlüpfrige Beute. Er ist fast überall auf der Welt zu Hause. Er nistet in Eurasien und in Nordamerika. Die Verschmutzung der Gewässer und die Abnahme der Fische haben ihn in Deutschland zu einer der stark bedrohten Vogelarten gemacht. Aber nicht nur in Deutschland, auch in vielen anderen Teilen der Welt ist der Fischadler fast ausgestorben.

In Mitteleuropa kommt er im März an die Seen und Teiche zurück und bezieht den alten Horst auf einem hohen, meist einzelstehenden Baum. Er richtet diesen Horst jedes Jahr wieder neu her. Viele Horste erreichen dadurch mit der Zeit ein enormes Ausmaß. Im August verläßt der Fischadler sein Brutrevier und begibt sich wieder auf die Wanderschaft. Sein sicherer Instinkt treibt ihn dazu, Seen und Teiche zu verlassen, ehe sich das Wasser im Winter mit einer Eisdecke überzieht. Die Horste werden meist in einem großen Baum, einer Kiefer oder auch einer Eiche gebaut.

Länge 60 cm, Gewicht: 1,5 bis 1,7 kg
Flügelspannweite: 1,5 bis 1,7 m, Brutzeit: 38 Tage

Auf der Jagd fliegt der Fischadler über dem Wasser und sucht nach einem Fisch, der dicht an der Wasseroberfläche schwimmt. Dann verhält er im Flug, rüttelt eine Zeit lang, streckt die Fänge nach vorne und taucht, wobei er eine Wasserfontäne aufspritzen läßt. Manchmal verschwindet er gänzlich unter der Wasseroberfläche, um erst wenige Sekunden später mit seinem Fang wieder aufzutauchen.

Die Krallen erreichen eine Länge von 36 mm. Die Unterseite der Zehen ist sehr rauh und erleichtert ein Festhalten der glitschigen Fische. Der schwarzweiß gezeichnete Kopf ist ein deutliches Erkennungsmerkmal für den Fischadler. Kein anderer europäischer Greifvogel trägt diese Kontrastfarbe.

Die drei oder vier Eier werden im Abstand von zwei oder drei Tagen gelegt und von den Eltern abwechselnd bebrütet. Die Jungen schlüpfen etwa Ende Mai. Sie verlassen den Horst nach 64 oder 65 Tagen. Wenn sie nicht mehr gefüttert werden, müssen sie sich selbständig machen und ein eigenes Jagdrevier suchen.

Wenn es ihm gelungen ist, einen Fisch zu greifen, dann hält er ihn im Fluge mit dem Kopf nach vorne zwischen den Fängen. Er macht sich auf die Suche nach einem Ast, auf dem er die Beute in Ruhe verspeisen kann.

Der Fischadler fängt vor allem Fische zwischen 75 und 200 g. Manchmal greift er aber auch einen Karpfen oder einen großen Hecht, der sehr viel schwerer ist. Dann hat er Mühe, seine Krallen schnell aus der großen Beute zu lösen, um von ihr nicht unter Wasser gezogen zu werden.

Der Fischotter

Der Fischotter ist heute so selten geworden, daß er in den meisten europäischen Ländern bereits unter vollständigem Schutz steht. Früher wurde er viel gejagt. Sein Fell war als Pelz sehr begehrt. Aber noch mehr wurde der Otter als großer Fischräuber verdächtigt. Russische, englische und skandinavische Forscher fanden heraus, daß er am Tag nur etwa 1 bis 1½ kg Nahrung zu sich nimmt, und keineswegs nur Fisch. Die Nahrung des Otters ist sehr abwechslungsreich. Neben meist kleinen, kranken oder schwachen Fischen jagt er auch Säugetiere und Vögel, Frösche, Schlangen, Wasserinsekten und Muscheln. In einem Otterrevier findet man am Ufer Reste seiner Mahlzeiten.

Neben der direkten Bejagung des Otters hat vor allem die Wasserverschmutzung dazu beigetragen, daß diese Marderart so selten geworden ist. Der Otter hat sich dem Leben im Wasser vollständig angepaßt. Sein dichtes Fell schützt ihn vor Nässe und Kälte. Es besteht aus langen starken Haaren und einer dichten kürzeren Unterwolle, die wasserdicht ist. Wenn der Fischotter aus dem Wasser kommt, sehen die langen Haare wie Stacheln aus, weil sie zu Büscheln zusammengeklebt sind. Nachdem sich das Tier aber einmal geschüttelt hat, trocknen sie sehr schnell wieder ab. Der Schwanz des Otters ist lang und muskulös. Er dient als Steuer beim Schwimmen, während die Hinterpfoten wie Ruder das Tier vorantreiben.

Der Fischotter ist ein Nachttier, das erst im Schutz der Dämmerung seinen Bau verläßt.

In der Paarungszeit, im März etwa, gibt er pfeifende Laute von sich.

Länge: 65-77 cm (+ 39-43 cm Schwanz)
Gewicht: 6-16 kg
Lebenszeit: 15 Jahre in Gefangenschaft

Der Fischotter lebt in fließenden Gewässern, in Seen und sogar in Flußmündungen. Fische jagt und fängt er tauchend unter Wasser. Wenn er Beute gemacht hat, schwimmt er ans Ufer, um sie zu fressen. In dem meist dunkel gefärbten Kot des Otters, den er am Ufer absetzt, kann man Fischschuppen und Fischgräten erkennen.

Die langen Haare seitlich der Schnauze dienen als Tastorgane. Wenn der Fischotter taucht, kann er seine Ohren verschließen. Die Pfoten sind mit Schwimmhäuten versehen und hinterlassen etwa 7 cm lange Abdrücke im Schnee oder Schlamm. Der Otter hat 36 Zähne.

Die Jungen, meist zwei oder drei, werden in einem sicheren Unterschlupf geboren und aufgezogen. Der Bau des Otters kann in einem ausgehöhltem Baum oder im verlassenen Bau einer Bisamratte liegen. Pro Jahr gibt es nur einen Wurf. Die Jungen sind bei der Geburt blind; sie öffnen die Augen nach 35 Tagen und bleiben etwa 2 Monate im Bau.

Otter sind sehr verspielt und machen gerne Rutschpartien auf schlamm- oder schneebedeckten Uferböschungen. Dazu suchen sie sich recht steile und kahle Böschungen aus. Eine ganze Otterfamilie kann sich auf einer solchen Rutschbahn lange Zeit vergnügen. Ein Tier nach dem anderen läßt sich auf dem Bauch hinunterrutschen. Solche Rodelbahnen haben manchmal eine Länge von 3 Meter.

Die Fleckenhyäne

Lange Zeit wurde die Hyäne für einen Aasfresser gehalten, der sich von den Resten der Beutetiere ernährte, die etwa Löwen oder Leoparden übriglassen. Zwar frißt die Hyäne diese Reste, vor allem bei Tage, aber abends und nachts greift sie selbst Gazellen, Gnus, Zebras und deren Junge an. Mit ihren außerordentlich kräftigen Zähnen kann die Hyäne Knochen zermalmen, die andere Fleischfresser – sogar der Löwe – zurücklassen müssen, weil sie zu hart sind.

Es gibt drei Hyänenarten: Die Fleckenhyäne, die Schabrackenhyäne und die Streifenhyäne. Die Streifenhyäne lebt in Afrika und in einem Teil Zentralasiens. Die Fleckenhyäne, die größte der drei Arten, lebt in der Savanne im Flachland, aber auch in den Bergen bis hinauf zum ewigen Schnee. In Ausnahmefällen dringt sie auch in dichtere Wälder ein. Im äußersten Süden Afrikas findet man sie nicht mehr. Die Fleckenhyäne hat einen kräftigen Schädel und einen starken Vorderkörper. Der Hinterkörper fällt etwas nach unten ab, so daß sich die Rückenlinie zum Schwanz hin neigt. Bei Erregung, besonders in der Paarungszeit, lassen die Hyänen unangenehme Rufe hören. Sie klingen wie Spottgelächter.

Für Ungewohnte ein schreckliches Geräusch, wenn es durch die Nacht dringt. Forschungen in den letzten Jahren haben ergeben, daß Hyänen gesellig leben. Sie kommen in Gruppen von 10 bis 30 Tieren vor, die ein bestimmtes Gebiet als ihr Revier betrachten. Alle Mitglieder dieser Gruppe kennen sich und begrüßen einander, wenn sie sich sehen. Aber sie vertreiben fremde Hyänen sofort aus ihrem Revier.

Länge: 130 bis 160 cm + 30 cm Schwanz
Gewicht: 45 bis 85 kg   Tragzeit: etwa 110 Tage
Schulterhöhe: 75 bis 90 cm; Lebenszeit: 25 Jahre
Höchstgeschwindigkeit: 50 oder sogar 64 km/h

Wenn Löwen ihre Mahlzeit beendet haben, dann versuchen Hyänen, Schakale oder Geier an die Überreste heranzukommen. Aber auch das Umgekehrte kann der Fall sein: Löwen vertreiben häufig Hyänen von ihrer eben geschlagenen Beute. Auf unseren Bildern mischt sich ein Löwe in die Jagd der Hyänen ein und fängt eine Gazelle. Die Hyänen haben fürs erste das Nachsehen und können nur aus Entfernung dem Löwen bei seiner Mahlzeit zusehen.

Einige Hyänen haben sich am Ufer der Salzseen herumgetrieben und einen jungen Flamingo gefangen. Die übrigen Flamingos ziehen sich ins Wasser zurück oder fliegen fort. Ab und zu dringen Hyänen auch in die Dörfer ein und fressen die Abfälle, die sie dort finden. Manchmal erbeuten sie dabei auch ein kleines Haustier.

Hyänen besitzen ein grobes, borstiges Fell. Die Haare der Mähne stellen sich auf, wenn das Tier erregt ist. Die Ohren sind kurz und abgerundet. Hyänen können gut sehen und hören, der Geruchsinn ist jedoch am besten entwickelt. Ihre Eck- und Backenzähne sind sehr kräftig und zermalmen auch größere Knochen.

Die jungen Hyänen werden in einem Bau geboren, den das Muttertier gegraben oder von einem anderen Tier übernommen hat.
Die Jungen sind bei der Geburt verhältnismäßig weit entwickelt. Ihre Augen sind schon geöffnet, und die Zähne sind bereits sichtbar. Im Alter von 6 Wochen entfernen sie sich weiter vom Bau. Mit 3 Wochen können sie schon etwas laufen.

Die Fledermaus

Mausohrfledermäuse verbringen den Tag in geräumigen Speichern, in Scheunen und auf Dachböden. Trotzdem wissen wir oft gar nicht, daß sie überhaupt da sind. Erst bei völliger Dunkelheit nämlich verlassen sie die Tageshängeplätze, um auf Jagd zu gehen. Andere Arten, wie etwa der Abendsegler, gehen schon in der Dämmerung auf Jagd, und manchmal wundern wir uns dann, wer da so ähnlich wie eine Schwalbe jagt. Fledermäuse jagen nicht wie Schwalben ein Insekt, das sie mit den Augen sehen. In der Nacht wäre das oft schwierig. Sie stoßen aus dem Mund sehr hohe Töne aus, die wir überhaupt nicht hören können. Treffen diese Schallwellen auf ein Insekt, wird der Schall wieder zurückgeworfen und das Echo von dem feinen Gehör der Fledermaus wahrgenommen. So können Beutetiere – aber auch Hindernisse wie Bäume oder Mauern – geortet werden. Inzwischen gibt es auch Insekten, die sich an die Jagdweise der Fledermäuse angepaßt haben. Werden sie von Ultraschall getroffen, lassen sie sich einfach fallen und die Fledermaus hat das Nachsehen. Fledermäuse sind bei uns selten geworden. Der Grund dafür: Sie finden zu wenig Nahrung. Forscher haben ausgerechnet, daß durch das Versprühen von Giften der Nahrungsverlust bis zu 90% betragen kann. Aber Fledermäuse nehmen nicht selten mit ihrer Nahrung selbst Gift auf. Fledermäuse haben eine besondere Weise, den insektenarmen Winter zu überleben. Sie suchen sich je nach Art unterschiedliche Verstecke: Felsenkeller, Höhlen, hohle Bäume. Dort hängen sie sich an den Hinterbeinen auf und schlafen. Bei diesem Winterschlaf sinkt ihre Körpertemperatur auf sechs Grad. Ihr Herz schlägt nur noch 10-25 mal in der Minute statt 700 mal wie beim Jagdflug. Auf diese Weise brauchen sie nur sehr wenig von dem Reservefett, das sie in ihrem Körper gespeichert haben.

Hufeisennase. Länge: 5,5 – 7 cm. Gewicht: 16 – 18 g.
Spannweite: 35 – 40 cm. Lebensdauer: bis 22 Jahre.
Zwergfledermaus. Länge: 3 – 5 cm. Gewicht: 3 – 8 g.
Spannweite: 18 – 23 cm Lebensdauer: ca. 10 Jahre.
Langohrfledermaus. Länge: 4 – 5 cm. Gewicht: 5 – 11 g.
Spannweite: 21 – 26 cm Lebensdauer: 14 Jahre.
Mausohrfledermaus. Länge: 6,5 – 8,5 cm. Gewicht: 20 – 42 g.
Spannweite: 35 – 45 cm. Lebensdauer: 18 Jahre.

Den Tag verschlafen die Langohrfledermäuse in der alten Scheune. Den Kopf nach unten klammern sie am alten Gemäuer (links). Erst wenn es dunkel wird, wachen sie auf und fliegen zur Insektenjagd (Mitte). Gelegentlich werden die nächtlichen Insektenjäger selbst zur Beute. Schleiereulen fangen ab und zu mal eine Fledermaus.

Links: Kopf von einem Braunen Langohr. Den Namen hat es wegen seiner Ohren. Die Zwergfledermaus (rechts) ist bei uns verhältnismäßig häufig. Unten: Kopf einer Hufeisennase.

Das Weibchen des Mausohrs trägt ihr Junges im Flug. Meistens lassen die Mütter ihre Kinder allein, wenn sie auf Jagdflug gehen. Nur bei Störungen fliegen sie mit ihren Kindern davon. Während der Fortpflanzungszeit finden wir manchmal Gruppen mit vielen hundert Müttern.

Während des Sommers treffen wir die Mausohrfledermäuse in Kirchtürmen, in Scheunen, aber auch in hohlen Bäumen. Den Winter verbringen sie in Höhlen. Das Tier auf dem Bild will gerade einen Maikäfer fangen.

Die Fliegen und die Bremsen

Wo der Mensch mit seinen Tieren wohnt, dorthin folgen ihm auch Tiere, die er gar nicht mag, Stechmücken zum Beispiel, Fliegen und Bremsen. Obwohl der Mensch sich alle Mühe gibt, diese Plagegeister loszuwerden, ist ihm das nie gelungen. Nicht einmal die neuen, hochgiftigen Pestizide haben das geschafft. Sie schadeten den Menschen und den Nutztieren mehr als den lästigen Fliegen. Zwar sind auch viele Millionen Fliegen an Gift gestorben, aber Fliegen vermehren sich so unvorstellbar schnell und in so großer Zahl, daß bald Fliegenformen entstanden, denen das Gift überhaupt nichts ausmachte. Stubenfliegen legen Eier, aus denen schon nach wenigen Stunden Larven schlüpfen können, und Schmeißfliegen gar werfen im Fluge fertige Larven auf Fleisch und Speisen. Gefährlich sind Fliegen als Krankheitsüberträger. Sie fühlen sich nämlich von Schmutz und Kot unwiderstehlich angezogen, und gleich darauf laufen sie über Speisen. Dem Vieh schaden Fliegen vor allem, weil sie die Tiere ständig belästigen. Dabei suchen die Fliegen nur Orte, wo sie ihre Eier ablegen können oder, z.B. an den Augen und Nüstern, Flüssigkeit zum Trinken. Die geplagten Kühe geben dann weniger Milch. Für Weidetiere sind besonders Stechfliegen unangenehm. Die dicken Rinderbremsen saugen Blut (je Stich bis 0,2 Milliliter). Es soll vorkommen, daß Kühe auf diese Weise an einem Tag bis zu 100 Milliliter Blut verlieren. Außerdem sind die Stiche der großen Bremsen sehr schmerzhaft. Fliegen und Bremsen haben nur zwei Flügel. Sie sind sehr gewandte Flieger. Laufen können sie selbst an sehr glatten Flächen, zum Beispiel an Fensterscheiben. An ihren Klauen haben Fliegen kleine Kissen. Diese haften an der dünnen Wasserhaut, die alle Körper überzieht.

Hausfliege: Länge 8 mm. Rinderbremse: Länge 24 mm.
Schmeißfliege: Länge 10 mm.

Diese großen Rinderbremsen wollen an einem Pferd Blut saugen. Mit ihren stilettförmigen Mundwerkzeugen können sie die dicke Haut durchdringen. Nur die Weibchen müssen Blut trinken. Den Männchen (Mitte) reicht es, sich von Pollen zu ernähren. Bremsen legen ihre Eier an Wiesenpflanzen. Die geschlüpfte Larve läßt sich auf den Boden fallen und lebt dort von kleinen Würmern und Insektenlarven. Aber auch sie selbst kann Beute eines Räubers – zum Beispiel eines Stars (Bild rechts) – werden.

Stubenfliegen legen ihre etwa 1 mm langen Eier paketweise zu 100 oder 150 Stück auf Mist, Kadaver, Fleisch oder Abfälle. Im Nu schlüpfen die Maden. Bald verwandeln sie sich in Puppen, aus denen dann wieder Fliegen werden.

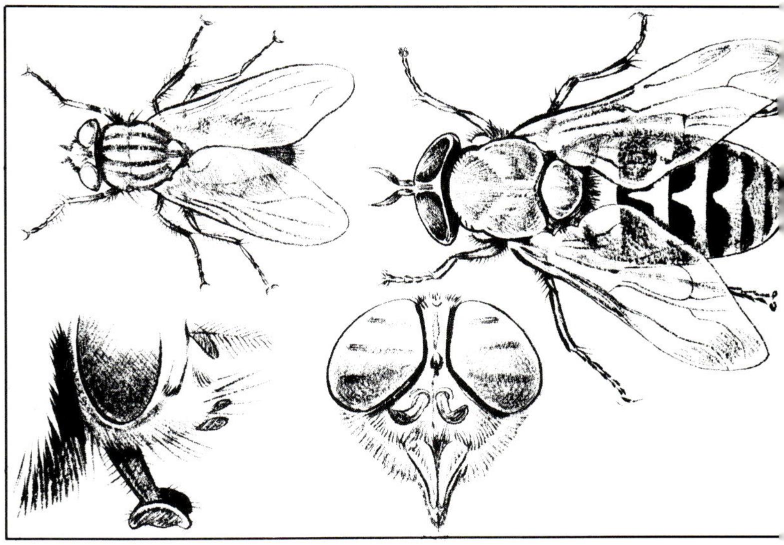

Oben links: Stubenfliege; darunter der vergrößerte Rüssel, mit dem sie ihre Nahrung aufleckt.
Oben rechts: Rinderbremse; darunter Vorderansicht des Bremsenkopfes mit den auffallend großen Augen.

Kotfliegen legen ihre Eier auf Kuhfladen. Dort entwickeln sich ihre Larven. Die Kotfliegen sind Räuber und überfallen andere Fliegen am Kot, aber auch an Blüten.

Doch auch Kotfliegen werden gefressen. Wiedehopfe suchen gern Kuhfladen auf, um sich an dem reichen Fliegen- und Käfersegen zu laben.

Der Flußaal

Die Laichplätze unserer Süßwasseraale liegen in der Sargasso-See im Westatlantik, vor dem Golf von Mexiko. Hier schlüpfen die nur 7 Millimeter langen Aallarven und werden mit dem Golfstrom im Zeitraum von etwa drei Jahren an die Küsten Nordafrikas und Europas getrieben. Zunächst sind sie seitlich abgeflacht, ähnlich einem Weidenblatt. Nach drei Jahren verwandelt sich ihr Körper und wird schlank und drehrund. Ein Teil dieser Jungaale bleibt im Brackwasser vor den Flußmündungen, die anderen steigen in den Flüssen auf und wachsen im Süßwasser, in Bachläufen, Flüssen, Seen oder Teichen heran.

Hier verbringen die Aale den Tag meist verborgen im Bodenschlamm oder versteckt unter Wurzeln und Steinen. Nachts gehen sie auf Nahrungssuche, wobei sie Fische, Lurche, Krebse, aber auch Aas erbeuten.

Nach 4 bis 10 Jahren im Süßwasser verändern sich die Aale abermals, die Augen werden größer, der Kopf wird spitzer. Sie nehmen keine Nahrung mehr auf und ihr Darm verkümmert. Gleichzeitig beginnen sie, zum Meer abzuwandern. Dabei können sie auch einmal eine Strecke über Land zurücklegen, indem sie wie eine Schlange am Boden dahinkriechen.

Wie die Aale von Europa aus die Sargasso-See erreichen, ist immer noch ein Rätsel. Man hat noch nie Aale auf dem Weg zum Laichplatz fangen können, und manche Forscher vermuten, daß die europäischen Aale überhaupt nicht die Sargasso-See erreichen, sondern vorher eingehen. Es würden dann nur amerikanische Aale in der Sargasso-See ablaichen und deren Nachwuchs mit den Meeresströmungen wieder nach Europa gelangen.

Der Flußaal ist ein beliebter Speisefisch. Weibchen werden bis zu 1 Meter lang, Männchen bis 50 Zentimeter. Können sie aus irgendeinem Grund nicht ins Meer gelangen, so erreichen manche im Süßwasser ein Alter von 50 Jahren.

Nach einer dreijährigen Reise durch den Atlantik von der Sargasso-See bis an die europäischen Küsten sind die Aallarven etwa 6 Zentimeter groß. Man nennt sie nach ihrer Körperform Weidenblattlarven (links). Wenn ihr Körper später die schlanke Aalform annimmt, aber noch durchsichtig ist, heißen sie Glasaale (mitte). Im ausgewachsenen Stadium, kurz vor der Abwanderung ins Meer, bekommen die Aale eine silbrige Färbung (rechts).

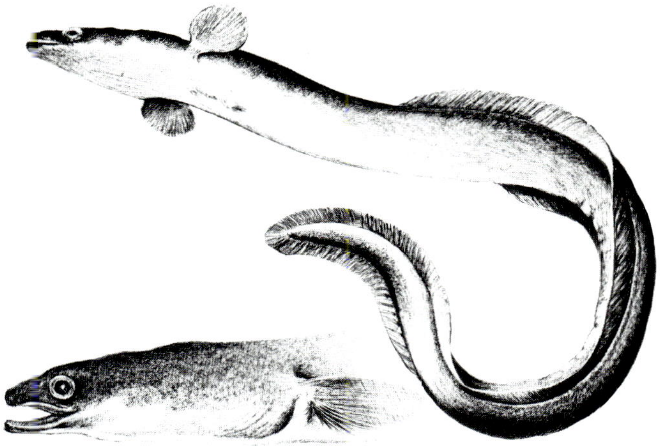

Der Aalkörper erinnert an eine Schlange. Die Tiere besitzen nur ein Flossenpaar, die Brustflossen, und einen langen Flossensaum vom Rücken über den Schwanz bis zur Afteröffnung. Die Kiemenöffnung liegt dicht vor den Brustflossen.

Tagsüber verstecken sich die Aale am Grund ihrer Wohngewässer, um nachts auf Nahrungssuche zu gehen. Im Winter fressen sie allerdings nicht, sondern halten, an eisfreien Stellen in Seen und Flüssen im Schlamm verborgen, eine Winterruhe.

Auf dieser Karte erkennt man den Laichplatz, die Sargasso-See etwas links der Bildmitte. Von dort aus werden die Larven sowohl an die europäische als auch an die amerikanische Küsten verdriftet.

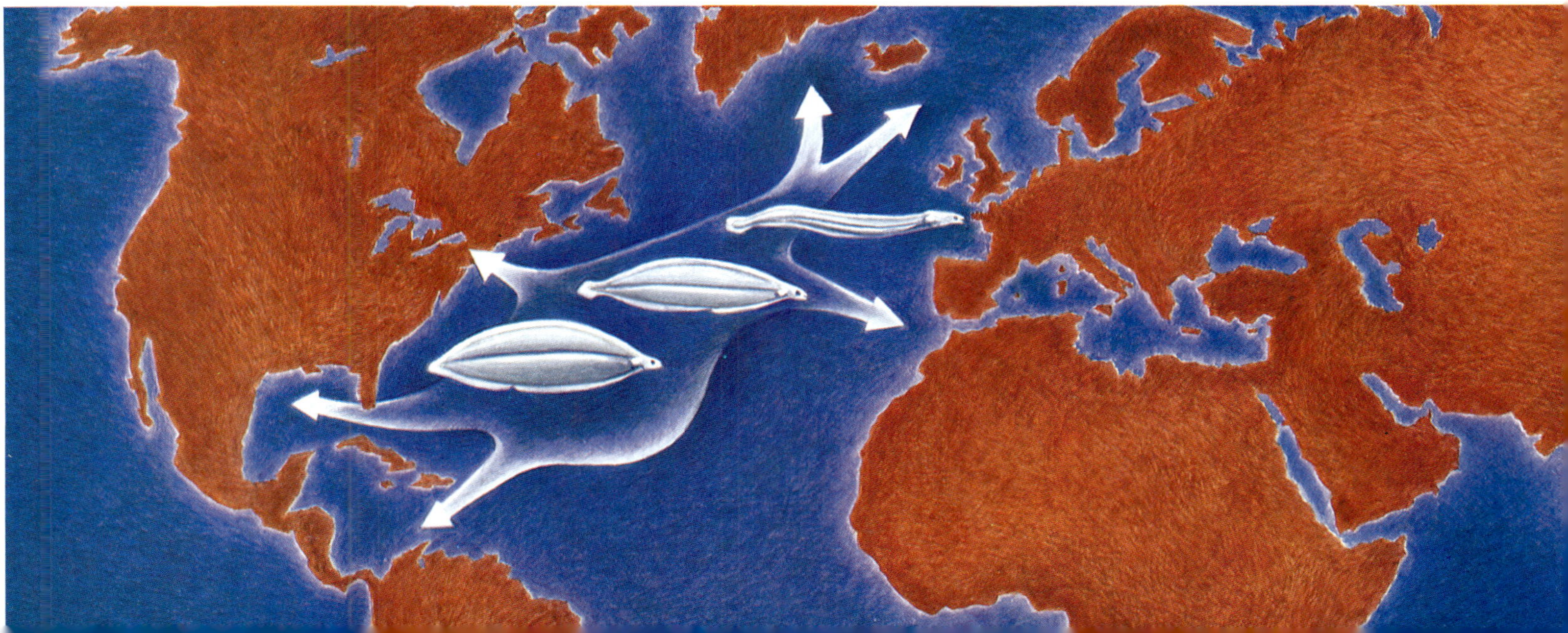

Die Forelle

Forellen brauchen klares, kaltes und stark bewegtes Wasser, das sehr sauerstoffreich ist. Sie leben daher vor allem in Bächen und Flüssen nahe der Quellregion. Forellen sind die charakteristischen Fische für den Oberlauf eines Gewässers. Aber manche Arten oder Rassen kommen auch in Seen und sogar im Meer vor. Der Lebensraum hat einen nicht unwesentlichen Einfluß auf die Größe und die Form der Fische: Die kleinsten Forellen sind die der Gebirgsbäche, die kaum größer als 20 cm werden. Forellen ernähren sich vor allem von Insekten und anderen kleinen Fischen. In einer zwanzigstel Sekunde können sie eine Geschwindigkeit von 8 km/h erreichen. Dieser blitzschnelle Start dient einmal zum Erjagen der Beute, zum anderen aber auch, um Feinden zu entkommen: Zwar gibt es in den Oberläufen der Bäche wenig Tiere, die den ausgewachsenen Forellen nachstellen, aber die Jungfische werden vom Eisvogel, von der Wasseramsel, von der Wasserspitzmaus und von der Gebirgsstelze gefressen. Größere Forellen haben neben dem Menschen nur den Fischotter und den Fischadler zum Feind. Doch diese sind so selten geworden, daß sie für den Forellenbestand kaum mehr eine Rolle spielen. Forellenarten, die in größeren Seen oder im Meer leben, werden manchmal auch von großen Raubfischen gejagt.

Ansteigende Wassertemperaturen, die einen Sauerstoffmangel im Wasser bewirken, bedeuten für die Forelle den Tod. Im Frühjahr werden die Eier häufig in Bächen abgelegt, deren Wasserstand von der Jahreszeit abhängt. So kann es passieren, daß die Eier plötzlich trocken liegen und damit die ganze Brut vernichtet ist.

Länge: bis zu 1 m und mehr
Gewicht: 300 g bis 15 kg und mehr
Lebenszeit: 7 Jahre und mehr

Diese Forelle schießt blitzschnell an die Oberfläche, um ein darüber fliegendes Insekt zu fangen. Im Sommer setzt sich ein großer Teil der Nahrung der Forellen aus Insekten zusammen, die sie auf oder kurz über der Wasseroberfläche fangen. Ein weiterer wichtiger Nahrungsbestandteil sind Tiere, die von der Strömung mitgerissen werden, aber auch Larven von Eintagsfliegen, Libellen, Käfer und Wasserwanzen.

Die Forelle hat schillernde Farben, und ihre Haut ist mehr oder weniger stark rot und schwarz gefleckt. Sie unterscheidet sich vom Lachs durch ihre weniger gebogene Schwanzflosse und durch ihre geringere Größe. Bei den älteren Forellen sind die Enden der Kiefer manchmal hakenförmig gebogen.

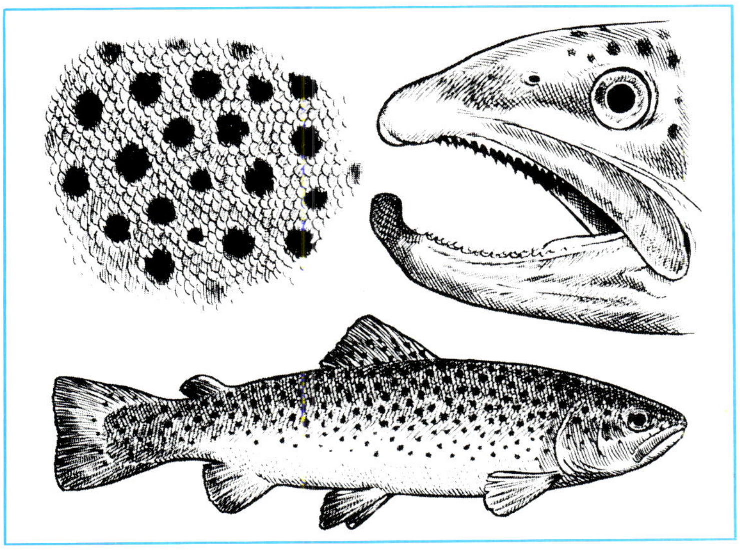

Mitten im Winter, wenn die anderen Fische sich kaum bewegen und kaum fressen, schwimmt die Forelle die Bäche und kleinen Flüsse hinauf, um zu laichen. Zwischen November und Januar legen die Weibchen 100 bis 10 000 Eier in den Kies, je nachdem, ob es sich um Bach- oder Meeresforellen handelt. Bei den frisch geschlüpften Forellenlarven erkennt man noch den Dottersack, von dessen Inhalt sie sich einige Tage ernähren, bevor sie selbst Jagd auf winzige Wassertiere machen.

Die junge Forelle frißt viele Fische, die kleiner sind als sie selbst, am häufigsten Elritzen. Auch Junge der eigenen Art werden erbeutet. Forellen, die im Meer leben, ernähren sich von Stichlingen, jungen Meeresfischen und Krabben.

Die Frösche

Wie fast überall im Tierreich gibt es auch unter den Fröschen Riesen und Zwerge. In den Tropen, besonders in den immerfeuchten Regenwaldgebieten, fühlen sich Frösche wohl, und man findet dort weit mehr Arten als bei uns in Europa. Die größte Art, der Goliathfrosch, kommt in Afrika vor. Er wird bis zu vierzig Zentimeter lang. Entdeckt wurde diese Art im Jahre 1906 an einem Fluß in Kamerun.
Gegen ihn sind die zahlreichen winzigen, kaum einen Zentimeter großen Frösche der tropischen Wälder wahre Zwerge. Zu ihnen gehören manche Laubfrösche, die sich mit Haftscheiben an den Zehenspitzen auch an glatten Blättern gut festhalten können, oder die buntgefärbten Baumsteigerfrösche aus Südamerika. Sie werden auch Pfeilgiftfrösche genannt, weil die Indianer die Spitzen ihrer Jagdpfeile mit dem giftigen Hautsekret dieser Frösche einstreichen. Kleine Tiere werden dadurch sofort getötet.
Ein merkwürdiger Frosch lebt auf der Insel Java. Zwischen den Zehen seiner Vorder- und Hinterbeine spannt sich eine dehnbare Haut, die beim Sprung von oben herab ausgebreitet wird und den Frosch ein Stück schräg abwärts gleiten läßt. Im Bild unten ist solch ein Flugfrosch im Sprung zu sehen.
Frösche müssen ihre Eier in Wasser legen, damit sich die Larven, die Kaulquappen, darin entwickeln können. Manche Arten brauchen dazu nur kleine Wasserpfützen, wie sie sich etwa in der Höhlung eines Baumes sammeln oder zwischen den fächerförmig angeordneten Blättern von Pflanzen. Die Taschenfrösche wiederum bringen ihre Eier in einer Falte der Rückenhaut unter. Es sind nur wenige, die sich hier in der feuchten Bruttasche entwickeln. Unter den europäischen Froschlurchen betreibt die Geburtshelferkröte Brutpflege. Wenn das Weibchen seine Eier ablegt, die wie eine Perlschnur aneinandergereiht sind, schlingt sich das Männchen diese Schnur um seine Hinterbeine und trägt sie in ein feuchtes Versteck. Erst wenn die Kaulquappen schlüpfen, bringt das Männchen sie zu einem Gewässer in der Nähe.

Bei der Wabenkröte bilden sich in der Rückenhaut der Weibchen zur Laichzeit kleine Vertiefungen. Nach der Eiablage, wenn die Eier vom Männchen befruchtet wurden, gelangt in jede Vertiefung ein Ei und entwickelt sich dort.

Auch die Larven verbringen ihr Dasein in diesen Kammern, und erst die fertig verwandelten Jungfrösche steigen heraus und schwimmen davon.

Die verschiedenen Arten der Baumsteiger- oder Pfeilgiftfrösche sehen sehr unterschiedlich aus. Die auffallenden Farben warnen Freßfeinde vor ihrem giftigen Hautsekret.

Hier hat sich ein Männchen des Zetekfrosches am Rücken eines Weibchens festgeklammert und wartet auf die Eiablage, um diese befruchten zu können.

Ein großer Laubfrosch mit seinen leuchtenden Augen sitzt hoch oben im feuchten Pflanzenwuchs des Urwaldes. Die verbreiterten Enden seiner Zehen geben ihm einen sicheren Halt.

Der Fuchs

Seit etwa 30 Jahren tritt die Tollwut, eine gefährliche Viruskrankheit, in Mitteleuropa wieder häufiger auf. Dieser Seuche fallen vor allem Füchse zum Opfer. Gleichzeitig sind sie die Hauptüberträger der Krankheit. Tiere, die von ihr befallen werden, zeigen ein völlig unnormales Verhalten. Statt dem Menschen aus dem Weg zu gehen, nähern sie sich ihm und sind keineswegs scheu. Sie dringen in Dörfer ein, nähern sich den Häusern, gehen in Ställe und Hundehütten und versuchen alle Tiere aber auch Menschen, die ihnen begegnen, zu beißen. Wird ein Mensch von einem tollwütigen Tier gebissen, so muß er sich möglichst schnell impfen lassen.

Der Fuchs ist weit verbreitet. Außer dem Menschen hat er heute keinen Feind mehr. Obwohl er überall gejagt wird, verringert sich sein Bestand nicht. Der Fuchs lebt in Waldgebieten, aber auch in freier Landschaft. In den Bergen geht er bis über die Waldgrenze hinaus. Meist bewegt er sich im langsamen Trab fort, wobei er ein Bein genau vor das andere setzt, so daß seine Spur im Schnee eine ununterbrochene Perlenreihe bildet.

In der Auswahl seiner Beute ist der Fuchs nicht wählerisch. Seine Hauptnahrung besteht aus Wald- und Feldmäusen, aber er frißt auch Vögel, Junghasen und Kaninchen und viele Insekten. Im Herbst verschmäht er auch Beeren und Früchte nicht.

Hat eine Füchsin Junge zu versorgen, muß sie fast ununterbrochen unterwegs sein, um Nahrung herbeizuschaffen. Ist Nahrung im Überfluß vorhanden, so versteckt sie der Fuchs. Er gräbt sie ein, um sie erst später wieder hervorzuholen und aufzufressen. Manchmal hat der Fuchs ein sehr dunkles Fell, man nennt ihn dann Brandfuchs.

Länge: 70 cm (+ 40 cm Schwanz)
Gewicht: 7 bis 8 kg
Lebenszeit: 25 Jahre in Gefangenschaft

Die Wohnung des Fuchses ist ein Bau, den er sich selbst in lockerem Boden graben kann. Oft zieht er aber auch in einen Bau ein, den sich ein Dachs angelegt hat. Die aus dem Bau herausgeschaffte Erde bildet dann einen Hügel vor dem Eingang. Der Eingang hat einen Durchmesser von 30 bis 40 cm. Einen verlassenen Bau erkennt man daran, daß keine Spuren eines Fuchses im Sand zu entdecken sind. Auch ein Spinnennetz vor dem Eingang zeigt, daß der Bau nicht bewohnt wird.

Der Fuchs hat einen sehr feinen Geruchsinn und ein ausgezeichnetes Gehör. Der starke Wildgeruch, den er ausströmt, kommt von einer Drüse, die auf der Oberseite der Schwanzwurzel liegt. Weitere Duftdrüsen besitzt der Fuchs an den Pfoten. Er hat 42 Zähne.

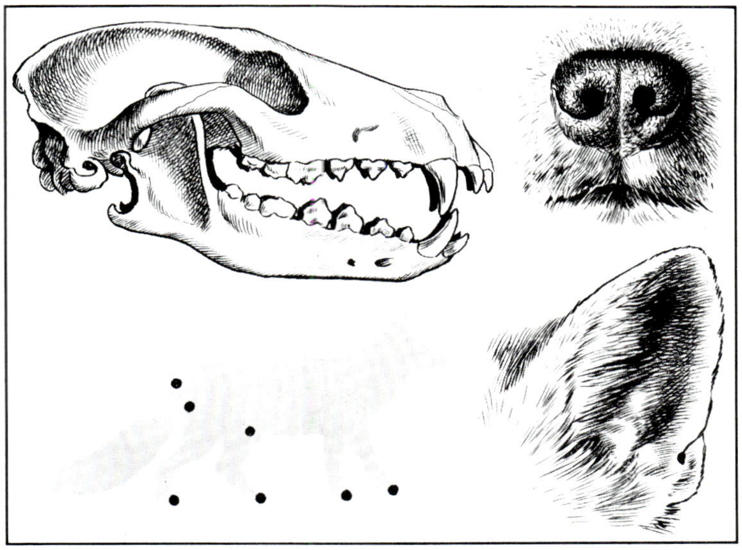

3 bis 6 Jungfüchse bringt das Weibchen, die Fähe, im März oder April zur Welt. Etwa einen Monat lang bleiben sie im sicheren Bau. Dann kommen sie in der Dämmerung heraus, um vor dem Bau zu spielen. Schließlich gehen sie mit der Füchsin gemeinsam auf Nahrungssuche. Der Vater kümmert sich wenig oder gar nicht um seine Jungen.

Obwohl der Fuchs sehr scheu und vorsichtig ist, kann man ihn manchmal doch tagsüber beobachten. Zum Beispiel, wenn er in der Sonne ein Mittagsschläfchen hält oder einen Weg überquert und dabei nicht ganz genau aufpaßt. Steht der Wind günstig, nimmt er den Menschen nicht wahr und trabt über den Weg, um auf der anderen Seite wieder im Wald zu verschwinden.

Die Geier

Mit einer Flügelspannweite von 2,8 m ist der Gänsegeier der größte der afrikanischen Geier. Er übertrifft noch den Rüppell-Geier, der im Osten des Kontinents zu Hause ist. Die Flügel des Gänsegeiers sind lang und breit, fast brettartig. 6 bis 7 Stunden pro Tag kann er fliegen und segeln, ohne zu ermüden. Dabei macht er sich die warmen Aufwinde zunutze, in denen er ohne einen Flügelschlag segeln kann.

Die Geier ernähren sich ausschließlich von Aas. Niemals greifen sie Tiere an, die noch am Leben sind. Durch das Vertilgen von Aas machen sie sich in den Savannen nützlich. In Afrika gibt es 10 Geierarten, in Europa fünf, in Nordamerika drei, in Südamerika sind es sechs und acht in Asien. Der Schmutzgeier ist der kleinste aller Arten und durch sehr helles Gefieder und einen schlanken, schmalen Kopf gekennzeichnet. Wenn genügend Nahrung vorhanden ist, fressen sich die Geier satt und können dann wieder längere Zeit hungern. In den Gebieten, die der Mensch noch nicht stark verändert hat, finden Geier immer etwas zu fressen. Die großen Raubtiere lassen genügend Nahrungsreste über. Geier sind meist gesellige Vögel und manche nisten in Kolonien. Ihre Lebensdauer ist lang, aber die Nachkommenschaft gering. In der Regel legen die Geier nur ein Ei, höchstens zwei.

Wenn die Eier zerstört werden, gibt es in diesem Jahr keine jungen Geier. Die Geier sind nicht die einzigen, die dazu beitragen, daß ein totes Tier nicht lange in der Savanne liegt und anfängt zu verwesen. Schakale, Hyänen, Raben, verschiedene Greifvögel, aber auch die kleinen Insekten, ernähren sich alle von den Resten der eingegangenen Tiere. In den trockenen Steppen und Savannen, in der Nordhälfte des afrikanischen Kontinents, ist der Rüppell-Geier häufig vertreten.

Länge: 92 cm; Flügelspannweite: etwa 2,20 m
Gewicht: 5 bis 6 kg; Lebenszeit: unbekannt

Die Geier, die über der Savanne kreisen, beobachten sich gegenseitig sehr genau. Entdeckt einer von ihnen ein totes Tier und geht aus der Luft herunter, um bei dem Kadaver zu landen, bemerken es die anderen und kommen von allen Richtungen herbei. Sehr schnell sind Dutzende dieser großen Vögel um das Aas versammelt. Die, die bereits fressen, werden immer wieder von anderen vertrieben. Man kann auch unter Geiern eine Rangordnung beobachten. Der kleine Schmutzgeier muß immer am längsten warten, bis er an die Nahrung herankommt.

Die Geier haben einen kräftigen gebogenen Schnabel, mit dem sie Fleischfetzen aus dem Körper eines toten Tieres reißen können. Ihre Zehen sind nicht so stark und ihre Krallen nicht so gekrümmt wie die der Taggreifvögel, die ihre Beute selbst fangen müssen.

Der Rüppell-Geier nistet in Gebirgswänden. Das Nest besteht aus Zweigen. Wenn die Vögel es mehrere Jahre hintereinander benutzen, wird es mit der Zeit sehr groß. Das Gelege besteht aus einem einzigen grünlich-weißen Ei. Der junge Geier ist mit drei Monaten flügge.

Bereits im letzten Jahrhundert wußten einige afrikanische Stämme, daß der Schmutzgeier Straußeneier aufbrechen kann, indem er Steine auf die Schale wirft.

Der Schnabel dieses Geiers ist nicht so kräftig, daß er die Schale der Straußeneier damit aufbrechen könnte. Er sucht sich einen Stein von ziemlicher Größe, nimmt ihn in den Schnabel und läßt ihn von oben auf die Eischale fallen; dies tut er so lange, bis das Ei aufbricht. Dann kann er den Inhalt fressen. Dies ist einer der seltenen Fälle, in denen ein Tier ein Werkzeug benützt.

Der Gelbrandkäfer

Der Gelbrandkäfer ist hervorragend an das Leben im Wasser angepaßt. Sein Körper hat eine glatte flache Form, die dem Wasser wenig Widerstand bietet. Seine Oberfläche ist mit einer wasserabweisenden Substanz versehen, die verhindert, daß er naß wird. Seine Hinterbeine sind durch Borsten verbreitert, so daß sie beim Rudern mehr Wasser verdrängen können. Wenn der Gelbrandkäfer schwimmt, rudern beide Hinterbeine im gleichen Rhythmus etwa fünfmal pro Sekunde. Um zu atmen, muß der Gelbrandkäfer an die Wasseroberfläche. Er berührt nur mit dem Hinterende seines Körpers die Wasseroberfläche, hebt dann die Flügeldecken leicht an und läßt zwischen diesen und dem Körper Luft eintreten. Dann schließen sich die Flügeldecken wieder fest. Mit diesem neuen Luftvorrat kann der Gelbrandkäfer untertauchen und eine Zeitlang damit atmen. In Ruhepausen unter Wasser klammert er sich an Pflanzenteile fest, um durch den Luftvorrat nicht nach oben getrieben zu werden. Die Larven des Käfers müssen ebenfalls zum Atmen an die Oberfläche kommen. Das Männchen des Gelbrandkäfers unterscheidet sich vom Weibchen durch seine glatten Deckflügel. Beim Weibchen sind diese Flügeldecken längs gefurcht. Der Gelbrandkäfer verdankt seinen Namen dem hellen Band, das seinen Brustschild und seine Flügeldecken einrahmt.

Er ist in Süßwasserteichen weit verbreitet. Als räuberisch lebendes Insekt, das sich von anderen kleinen Tieren ernährt, ist er ständig auf Nahrungssuche. Fischbrut, Molche und Froschlarven sowie andere Wasserinsekten gehören zu seiner Nahrung. Wenn ein Teich austrocknet oder der Gelbrandkäfer aus einem anderen Grund seinen Platz wechseln will, fliegt er davon, um an einem anderen Gewässer wieder einzufallen.

Länge: 22 bis 44 mm; Lebenszeit: unbekannt
Larvenlänge: 60 bis 80 mm

Der Gelbrandkäfer greift alle anderen Wassertiere an, die er bewältigen kann. Wasserinsekten und Fischbrut bis zu 3 cm Länge sind der Hauptbestandteil seiner Nahrung neben allen möglichen anderen kleinen Tieren. Die Larve des Wasserkäfers ist mit starken Kiefern ausgerüstet und bereits ein Fleischfresser. Durch ihre Kiefer spritzt die Larve ihren Verdauungssaft in den Körper des Beutetieres und saugt es dann aus.

An den Vorderbeinen der Männchen sitzen je zwei Saugscheiben, mit deren Hilfe sie sich bei der Paarung am glatten Körper des Weibchens festhalten können. Die Fühler haben 11 Glieder. Der Körper ist eiförmig abgeflacht.

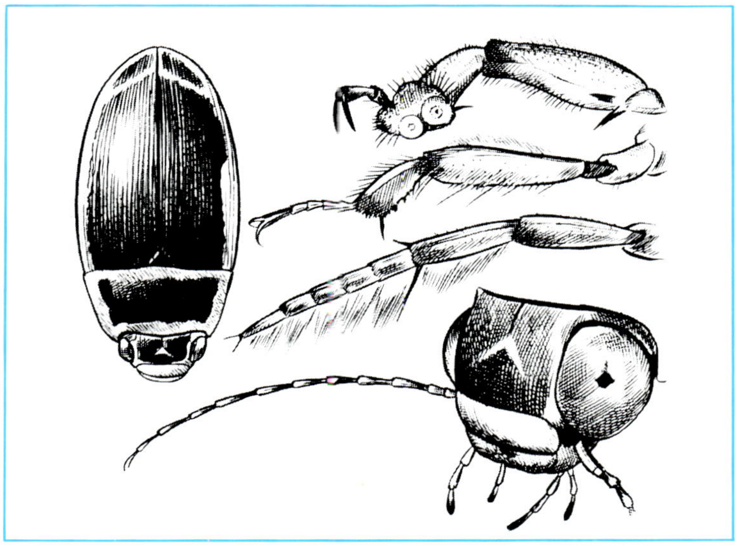

Die Eier werden im März gelegt und zwar in Spalten und Ritzen an den Stielen der Wasserpflanzen. Wenn sich die Larve verpuppen will, geht sie an Land und verpuppt sich hier an einer geschützten Stelle. Meist ist dies eine am Uferrand selbst gegrabene Vertiefung im Erdreich.

Hier hat eine Zwergrohrdommel einen Gelbrandkäfer erbeutet. Vor allem im Frühjahr fliegen die Gelbrandkäfer viel, um neue Gewässer aufzusuchen. Oft landen sie dann auch auf einer nassen Straße, die sie mit der glänzenden Oberfläche eines Teiches verwechselt haben.

Die Gemse

Die Gemse ist ein hervorragender Kletterer. Höhenunterschiede von 1000 Metern bewältigt sie in kurzer Zeit. Sie ist dafür geschaffen, im Gebirge zu leben. Mit großer Leichtigkeit springt sie einige hundert Meter Abhang hinunter oder hinauf und findet mit ihren Hufen auch noch im steilsten Felsen halt. Auch der geübteste Bergsteiger würde hier vor Neid erblassen. Schon von weitem nimmt die Gemse den Menschen wahr und kann ihn auf 700 bis 800 m Entfernung wittern. Am liebsten halten sich die Gemsen in den Regionen der Almen und Latschen auf. Nur bei Gefahr gehen sie höher in felsiges Gelände. Im Winter allerdings wandern sie auch tiefer hinab und suchen Schutz in den Waldregionen. Hier finden sie bessere Nahrung und sind vor dem Wind und den Lawinen sicher. Doch lassen sich Unfälle nicht immer vermeiden. So manche Gemse wird durch Steinschlag oder Lawinen getötet. Auch Schmarotzer und Nahrungsmangel in der kalten Jahreszeit verursachen den Tod mancher Gemse. Der Steinadler schlägt die ganz jungen Kitze, wenn die Mutter einmal abgelenkt ist und nicht aufpaßt. Gemsen können sich neben ihrem Geruchsinn auch auf ihre Augen verlassen. Jede kleinste Bewegung im Gelände wird von ihnen wahrgenommen.

Sobald eine Gemse etwas Verdächtiges gemerkt hat, warnt sie ihre Artgenossen mit einem pfeifenden Laut.

Länge: 1,20 m (+ Schwanz 4 cm)
Höhe am Widerrist: 80 cm
Gewicht: 40 kg
Lebenszeit: bis etwa 12 Jahre

In der Regel hat die Gemse nur ein Junges. Die Jungen verschiedener Mütter spielen gerne miteinander. Dann folgen manchmal auch zwei Junge einer Mutter. Sofort nach der Geburt können die kleinen Gemsen mit ihren Müttern laufen. Sie tollen oft übermütig herum, wobei sie sich boxen und jagen. Sobald die Gemsen einen Menschen wahrnehmen, ergreifen sie alle die Flucht.

Die Hufabdrücke der Gemse sind etwa 6 cm lang. Die Schneeziege in den felsigen Gebirgen von Nordamerika (rechts) ist ein naher Verwandter der Gemse und gehört zur gleichen Familie.

Der Kontakt zwischen Muttertier und Kitz ist sehr eng. Für das Kitz ist es ungeheuer wichtig, stets dicht bei der Mutter zu bleiben, um nicht in Gefahr zu kommen. Erst zum Ende des Sommers nimmt diese enge Bindung ab. Jetzt können Mutter und Kind auch weiter voneinander entfernt sein. Die Mutter erkennt ihr Junges an dessen Eigengeruch. Stets führt eine alte, erfahrene weibliche Gemse ein Rudel an. Alle anderen Gemsen folgen diesem Leittier.

Die Paarungszeit der Gemsen, die Brunft, liegt im November und Dezember. In dieser Zeit gesellen sich die sonst alleine lebenden Böcke zu den Herden der Geißen und Kitze. Sie verpaaren sich mit mehreren Weibchen, und immer wieder kommt es zu Kämpfen zwischen alten Böcken. Hangauf und hangab über Fels und Schnee geht dann die Jagd, wenn ein Bock den anderen zu vertreiben sucht.

Der Gepard

Der Gepard ist das schnellste aller Tiere, die sich auf dem Boden fortbewegen. Er kann mit 90 Stundenkilometer Geschwindigkeit seine Beute verfolgen. Einzelne Tiere erreichen Spitzengeschwindigkeiten von 109 oder 112 Kilometern in der Stunde. Dieses schnelle Tempo kann der Gepard allerdings nicht lange durchhalten. Wenn er nicht innerhalb von wenigen Minuten seine Beute, eine Gazelle etwa, eingeholt hat, so gibt er die Jagd auf. Er muß es an einer anderen Stelle von neuem versuchen. Gazellen und Antilopen, die immerhin in Notsituationen auch 80 km/h Geschwindigkeit erreichen können, haben durchaus eine Chance, ihrem Feind zu entkommen. Der Gepard unterscheidet sich in einigen Merkmalen ganz wesentlich von verwandten Großkatzen. Der Kopf ist verhältnismäßig klein, seine Beine sind sehr lang, sein ganzes Äußeres erinnert fast mehr an einen Hund als an eine Katze. Aber gerade sein Körperbau ermöglicht ihm den schnellen Lauf. Leider sind die Geparden, wie viele Großkatzen, vom Aussterben bedroht. Sie werden vor allem von Wilddieben gejagt. Pelze von Großkatzen sind immer noch gefragt. Die Händler machen sich keine Gedanken darüber, ob eine Tierart vom Aussterben bedroht ist oder nicht. Aus Indien ist der Gepard bereits verschwunden. Nur wenige gibt es vielleicht noch im Iran und im Süden der UdSSR.

In Afrika ist er nur noch im Norden des Tanganjikasees und in Kenia verhältnismäßig häufig.

Beim Beutefang verläßt er sich auf seine Schnelligkeit. Er sucht sich ein einzelnes Tier oder ein schwaches Tier aus einer Herde und konzentriert sich dann völlig auf dieses eine Stück.

Länge: 1,35 m und 75 cm Schwanz
Gewicht: 50 bis 65 kg Tragzeit: etwa 95 Tage
Schulterhöhe: 80 bis 90 cm
Lebenszeit: unbekannt

Der Gepard hat sich langsam an eine Gazellenherde angepirscht. Dann stürmt er plötzlich los und holt das Tier, das er sich auserwählt hat, nach kurzer Zeit ein. Die Entfernung, in der er seine höchste Geschwindigkeit erreicht, beträgt höchstens 100 oder 200 m. Meist dauert eine Jagd nur 20 Sekunden.

Der Gepard reißt sein Beutetier zu Boden und tötet es durch einen Biß. Die Beute wird nicht mit den Tatzen festgehalten. Wie eine Katze sitzt der Gepard beim Fressen mit leicht geducktem Körper in nach vorn geneigter Stellung.

Den Geparden erkennt man an seinem kleinen runden Kopf und an seinen kurzen Ohren. Im Nacken hat er eine kleine Mähne. Sein etwas »weinerlicher« Gesichtsausdruck kommt durch die beiden schwarzen Linien, die von den Augen zur Schnauze verlaufen. Sein langer Schwanz hilft beim schnellen Lauf das Gleichgewicht zu halten und zu balancieren.

Ein Wurf enthält zwei bis drei Junge. Sie sind bei der Geburt blind und haben eine graue Mähne, die während der ersten 10 Wochen erhalten bleibt. Mit etwa 7 Monaten beginnen die Jungen selber zu jagen. Solange sie noch klein sind, können sie vom Leoparden und der Hyäne getötet werden.

Zu den häufigsten Beutetieren des Geparden gehören die Grantgazelle, die Thomsongazelle, das Warzenschwein und Vögel, wie hier eine große Trappe.

Der Gibbon

Gibbons leben in den Regenwäldern Südostasiens. Durch das Abholzen dieser Wälder sind die baumbewohnenden Affen stark gefährdet und in einigen Ländern wie Indonesien, Nord-Sumatra, oder Thailand bereits vom Aussterben bedroht.

Verwandtschaftlich gehören die Gibbons in die Nähe der großen Menschenaffen Orang-Utan, Schimpanse und Gorilla. Und doch unterscheiden sie sich ganz wesentlich von ihnen, schon durch die Art und Weise ihrer Fortbewegung. Die langen Arme, Hände und Finger sind zum Hangeln und Greifen hervorragend geeignet.

Wie Akrobaten schwingen sich die Gibbons von Zweig zu Zweig, von einer Lianenranke zur anderen, nur an Händen und Armen hängend und mit Sprüngen, die bis zu fünfzehn Meter Entfernung überbrücken können. Die Hinterbeine werden dabei nicht benützt, sie werden nur beim langsamen Gehen oder Klettern eingesetzt. Am Boden richten sich die Gibbons auf, lassen die langen Arme herabhängen und gehen auf den Hinterbeinen wie ein Mensch.

In den Bäumen finden diese Affen auch ihre Nahrung, vor allem Früchte, zarte Blätter und frische Triebe. Sie sind tagsüber unterwegs, nachts schlafen sie im Schutz der hohen Bäume. Auf der Suche nach Nahrung wandern sie in einem ihnen bekannten Gebiet umher. Es sind kleine Trupps, die aus einem alten Männchen, seinem Weibchen und den Jungen unterschiedlichen Alters bestehen. Erst wenn die Jungen etwa sechs bis sieben Jahre alt geworden sind, verlassen sie den Familienverband, machen sich selbständig und gründen eine eigene Familie.

Der Zusammenhalt innerhalb einer Gruppe ist sehr ausgeprägt. Viel Zeit wird für die gegenseitige Körperpflege verwendet und für die Betreuung der Jungen. Die Gruppe verteidigt auch ihr Revier gegen fremde Gibbons, und die lauten Rufe der Affen machen andere darauf aufmerksam, daß ein bestimmtes Gebiet schon besetzt ist. Besonders in den Morgenstunden rufen die Gibbons anhaltend, bevor sie von ihren Schlafplätzen aus weiterziehen.

Es gibt sechs Gibbonarten, die sich nach Größe, Färbung und Haarkleid unterscheiden.

Mit weit ausgreifenden Bewegungen und kraftvollen Schwüngen durcheilen die Gibbons ihr Reich in den Wipfeln der Bäume. Dabei greifen die Hände absolut sicher zu. Sie beherrschen in dieser vollendeten Form als einzige Affen das Schwingklettern. Bei jedem Armwechsel verdreht sich der Körper des Gibbons um fast 180 Grad.

Die verschiedenen Arten unterscheiden sich in einigen Merkmalen. Links ist der Kopf eines Schopfgibbons, rechts der eines Hulock abgebildet und darunter die Greifhand und ein Fuß.

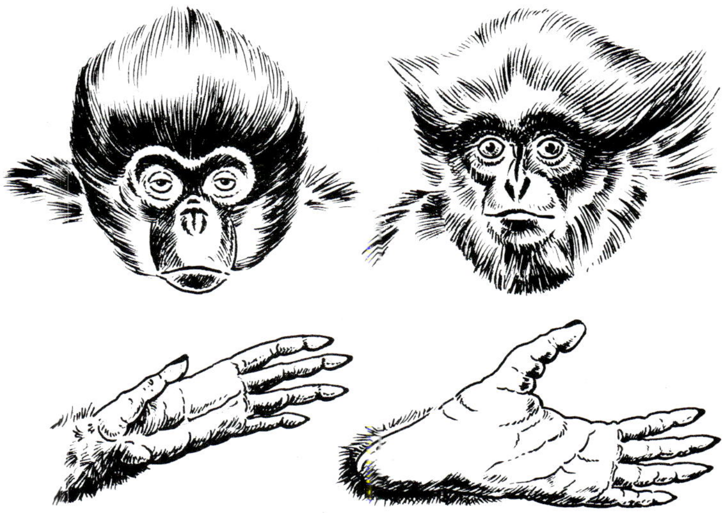

Alle zwei Jahre bringt das Weibchen ein Junges zur Welt, das sich am Bauch im Fell der Mutter festklammert und überall mitgetragen wird.

Im dichten Tropenwald finden die Gibbons reiche Nahrung. Neben Früchten und Pflanzen fressen sie auch Insekten und manchmal kleine Wirbeltiere.

Die Giraffe

Als vor 8000 bis 9000 Jahren die Sahara noch keine Wüste war, sondern saftiges Weideland, müssen dort auch Giraffen gelebt haben. Dies geht aus alten Felsenzeichnungen hervor, die die damals lebenden primitiven Menschen anfertigten. Als die Wüsten sich immer weiter ausbreiteten, mußten sich die Giraffen zurückziehen. Heute leben sie in mehr oder weniger trockenen und baumbestandenen afrikanischen Savannen im Süden der Wüste. Es sind friedliche Tiere, die sich zwar gegen die Angriffe von Löwen und anderen Großkatzen mit ihren mächtigen Beinen verteidigen können, es aber meist vorziehen, rechtzeitig die Flucht zu ergreifen. Giraffen bilden kleine Trupps, die aus einem Männchen, mehreren weiblichen Tieren und deren Jungen bestehen. Größeren Giraffenherden begegnet man sehr selten. Alte männliche Tiere leben häufig alleine oder sie schließen sich mit anderen Männchen zu Junggesellenklubs zusammen. Giraffen verteidigen kein Revier, aber sie halten sich doch gern in einem ihnen bekannten Gebiet auf. Über die Größe einer ausgewachsenen Giraffe ist man immer wieder erstaunt. Sie kann ohne weiteres die in 6 m Höhe wachsenden Blätter eines Akazienbaumes erreichen und abfressen. Das Herz einer Giraffe ist etwa 60 cm lang und wiegt fast 11 kg. In Ruhe schlägt es 95 mal pro Minute, wenn die Giraffe galoppiert sogar 170 mal. Die kleinen Giraffen, die im Stehen geboren werden und aus der Geburtsöffnung zu Boden gleiten, sind etwa 1,60 m hoch.

Innerhalb eines Jahres wachsen sie 1 m. Trotz des enorm langen Halses besitzen Giraffen ebensoviele Halswirbel wie eine kleine Maus oder auch der Mensch. Es sind sieben. Schon im Altertum haben die Giraffen den Menschen in Erstaunen versetzt. Julius Cäsar, der römische Kaiser, ließ einige Tiere nach Rom kommen. Im letzten Jahrhundert, 1827, hat die Ankunft der ersten Giraffe im Zoo von Paris beträchtliches Aufsehen erregt. Das Tier hatte die Entfernung von Marseille nach Paris zu Fuß zurückgelegt, und Tausende von Menschen eilten herbei, um es gleich nach seiner Ankunft zu bestaunen.

Schulterhöhe: 3 bis 3,5 m   Gewicht: 1250 kg
Gesamthöhe: 5,7 bis 6,1 m (maximal)
Lebenszeit: 28 Jahre (in Gefangenschaft)

Während die meisten pflanzenfressenden Säugetiere der Savanne ihre Nahrung am Boden suchen, kann die Giraffe durch ihren langen Hals hoch hinauf in Büsche und Bäume reichen. Wenn sich ein Löwe der hinter einem Busch versteckten Giraffe nähert, zieht diese es vor zu fliehen. Aber der Löwe versucht gar nicht, sie anzugreifen. Nur Hyänen, Leoparden und Hyänenhunde machen manchmal Jagd auf junge Giraffen. Nachdem die Giraffe genügend Nahrung zu sich genommen hat, ruht sie aus und käut wieder.

Nach der Musterung ihrer Felle unterscheidet man zwei Giraffenarten. Bei der Netzgiraffe bilden die weißen Linien auf dem braunen Untergrund ein netzartiges Muster. Die Flecken der Sterngiraffe erinnern in ihrer Form an unregelmäßige Sterne. Die Giraffe hat zwei Hörner, manchmal auch drei oder vier. Die Zunge ist etwa 40 cm lang.

Die jungen Giraffen werden zu keiner bestimmten Jahreszeit geboren. Die Mutter bringt stets nur 1 Junges zur Welt und säugt es 9 Monate lang.
Nach drei Wochen beginnt die kleine Giraffe aber auch schon selbst Blätter zu fressen, und mit einem Jahr ist sie etwa 2,60 m hoch. Im Alter von 3 oder 4 Jahren können sich Giraffen fortpflanzen.

Zum Trinken muß die Giraffe die Vorderbeine weit auseinanderspreizen und den Hals nach unten biegen: eine für sie sehr gefährliche Stellung. Jetzt kann ein Löwe angreifen, sie am Hals packen, umwerfen und durch einen Biß in die Kehle töten.

Das Gnu

Die Gestalt eines Gnus wirkt auf uns Menschen nicht so ausgeglichen wie etwa die Gestalt eines Zebras oder einer Gazelle. Man hat fast den Eindruck, es sei aus verschiedenen Tieren zusammengesetzt, so ausgeprägt ist das Mißverhältnis zwischen dem kleinen Kopf, dem kräftigen Vorderkörper und dem relativ zierlichen Hinterleib. Aber jede Tierart ist anders gestaltet und so ausgestattet, daß sie die bestmöglichen Überlebenschancen hat. Es gibt zwei Gnuarten. Sie leben südlich der Sahara im Osten und Südwesten des afrikanischen Kontinents. Nur das Weißbartgnu lebt noch in großer Zahl in freier Wildbahn. Die andere Art, das Weißschwanzgnu, wurde so lange und viel gejagt, daß es nahe am Aussterben ist. Heute gibt es Weißschwanzgnus nur noch in den großen Reservaten in Südafrika. Die Zoologen, die das Weißbartgnu seit etwa 20 Jahren intensiv beobachten, haben einiges über das Leben dieser Tiere herausgefunden. Gnus bilden riesige Herden, die mehrere tausend Stück zählen können. Diese großen Gnuherden sieht man oft im Verband mit den Herden der Zebras und mit Thomson-Gazellen. Während der Paarungszeit versucht jedes erwachsene männliche Gnu, mehrere Weibchen um sich zu scharen und keinen Rivalen an diese heranzulassen. In manchen Gegenden, zum Beispiel in der Serengeti, unternehmen die Gnus lange Wanderungen. Sie ernähren sich vom Gras, wie die Zebras und die Gazellen auch. Wenn in einem Gebiet die Trockenperiode eingesetzt hat, müssen sie dieses verlassen, um Weideland aufzusuchen, das ihnen noch frisches Grün bietet. Dort halten sie sich manchmal drei Monate lang auf. Zwischen den einzelnen Weidegebieten können 80 bis 90 km liegen.

Länge: 1,7 bis 2,4 m + 65 bis 100 cm Schwanz
Schulterhöhe: 1,3 m Gewicht: 150 bis 260 kg
Lebenszeit: 20 Jahre (Männchen)
11 Jahre (Weibchen)

In der Paarungszeit kämpfen die männlichen Gnus gegen ihre Rivalen. Jedes Tier verteidigt sein kleines Territorium. Kopf an Kopf, Hörner an Hörner, versuchen die Männchen sich einzuschüchtern und in die Knie zu zwingen. Die Kämpfe können lange anhalten, und Verletzungen sind nicht selten. Sobald ein Gegner die Überlegenheit des anderen spürt, gibt er auf und flieht.

Löwen, Hyänen und Hyänenhunde sind die Hauptfeinde der ausgewachsenen Gnus. Hier beobachten zwei Löwinnen ein Gnu beim Grasen, ehe sie die Jagd aufnehmen. Wie die Hyänenhunde auch, isolieren die Löwen zunächst ein Gnu von der Herde, um es dann zu jagen. Sie brechen ihm mit dem Schlag ihrer Pranken einfach das Genick oder packen es an der Gurgel, um es so zu töten.

Die Hörner werden 50 bis 60 cm lang. Männchen und Weibchen tragen Hörner. Das Gnu hat eine Mähne und einen langen Schwanz. Die ausgewachsenen Tiere haben ein graues Fell, die Kälber ein helles Fell mit einem schwarzen Streifen auf dem Rücken.

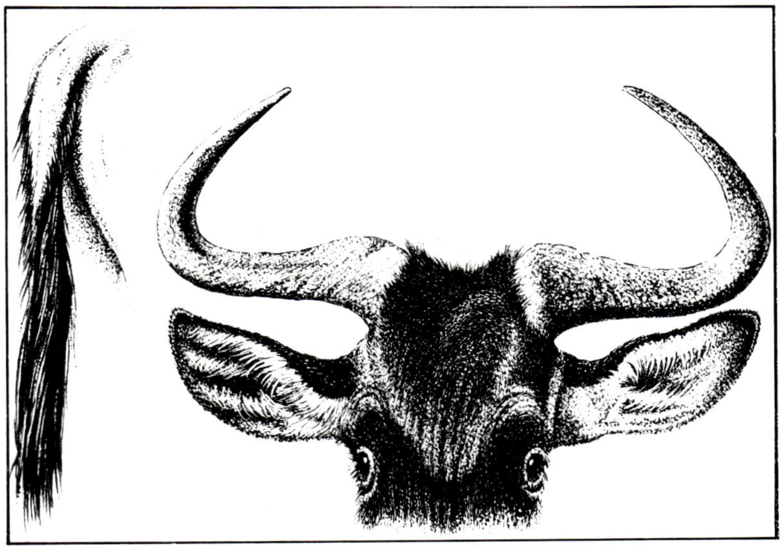

Die jungen Gnus, die auch Kälber genannt werden, stehen bereits 10 bis 15 Minuten nach der Geburt auf den Beinen. Zahlreiche Weibchen gebären zur selben Zeit, und so haben wenigstens einige der kleinen Gnukälber die Chance, von den Feinden nicht entdeckt und schon in den ersten Lebenstagen getötet zu werden.

Der Gorilla

In den Urwäldern Westafrikas und des Kongo leben die größten Affen der Welt: die Gorillas. Ausgewachsene alte Männchen erreichen ein Gewicht von fünf Zentnern. Auf ihrem Schädel bilden sich zuweilen gewaltige Knochenkämme und Fettablagerungen, die den massigen Kopf dann noch furchterregender aussehen lassen. Die Arme sind mit mächtigen Muskeln bepackt, und es steckt ungeheure Kraft in ihnen. Bei Männchen, die über zwölf Jahre alt sind, bekommt der Oberrücken eine silbergraue Farbe, wie bei dem Tier unten im Bild. Man nennt sie dann Silberrückenmännchen.

Mehr als ihre Verwandten, die Orang-Utans und die Schimpansen, sind Gorillas dem Leben auf dem Boden angepaßt. Bei dem enormen Gewicht wäre ein Klettern in den Bäumen auch nur begrenzt möglich. So bauen sich die Männchen auch jeden Abend ein Nest auf dem Waldboden, in dem sie die Nacht schlafend verbringen, während die kleineren Weibchen und Jungtiere ihre Nester einige Meter über dem Boden in Bäumen bauen.

Die Gorillas fressen ausschließlich Pflanzen und Früchte, Wurzeln und Schößlinge. Beim Gehen am Boden stützen sie sich auf den nach innen gebogenen Fingern ab. Sie können aber auch aufrecht stehen und tun dies besonders dann, wenn sie einem Gegner Angst einjagen wollen. Mit den Händen trommeln sie sich dabei auf die Brust.

In letzter Zeit ist das Leben der Gorillas durch Wissenschaftler näher erforscht worden. Diana Fossey zum Beispiel hat es geschafft, mit unendlicher Geduld und Ruhe das Vertrauen der Affen zu gewinnen, so daß sie sich fast wie eine von ihnen in einer Horde von Gorillas bewegen konnte. Im Grunde sind es friedliche Tiere, die einen Menschen nur angreifen, wenn sie etwa durch einen Schuß verletzt worden sind oder wenn sie ein Junges bedroht glauben.

Unter der Führung eines alten Männchens, das seine Familie beschützt, wandert eine Horde durch den Urwald auf der Suche nach Nahrung. Da es überall reichlich Pflanzen und Früchte gibt, lassen sich die Affen Zeit beim Fressen und verzehren nur die Teile, die ihnen am besten schmecken. Mit den Händen und Fingern führen sie die Nahrung zum Mund.

Unten ist links ein Gorillafuß und rechts eine Hand abgebildet, wie sie beim Gehen am Boden gebraucht wird. Darunter sieht man zum Vergleich einen menschlichen Schädel (links) und den Schädel eines Gorillas (rechts). Der stark ausgebildete Knochenkamm der Stirn dient als Ansatz für die kräftigen Kau- und Nackenmuskeln.

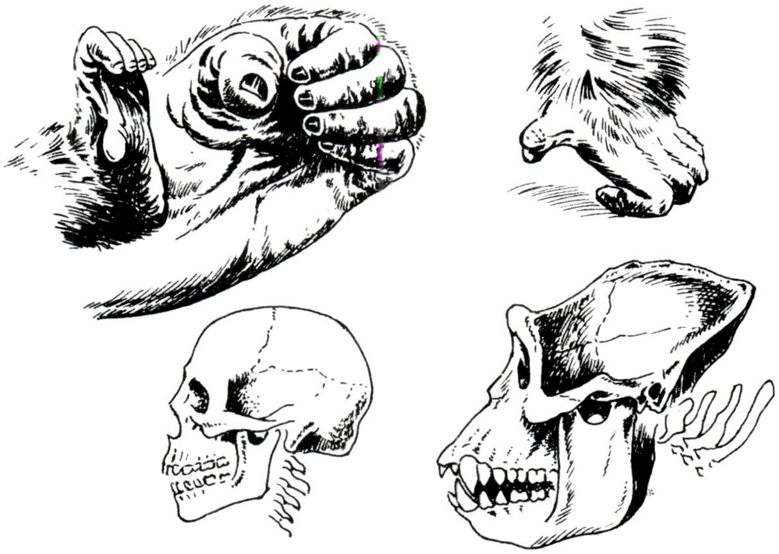

Junge Gorillas sind sehr verspielt. Die beiden Kinder von zwei verschiedenen Müttern einer Horde spielen und raufen miteinander wie Menschenkinder.

Hier trommelt sich ein Gorilla auf die Brust, um einen Artgenossen einzuschüchtern. Wenn sich zwei fremde Horden einmal begegnen, kommt es zu dieser Drohgebärde.

Die Grantgazelle

In Afrika leben verschiedene Antilopen- und Gazellenarten. Antilopen sind größer als die oft sehr auffallend gefärbten Gazellen, die auch durch ihre eleganten Sprünge begeistern. Die Merkmale, durch die sich Gazellen voneinander unterscheiden, sind folgende: Größe, Form und Länge der Hörner, dunkle oder helle Flecken auf dem Fell. Auch kommen die verschiedenen Arten in den verschiedenen Gebieten vor. So lebt die Grantgazelle nur in Somaliland, in Kenia, im Norden Tansanias und in Uganda. Hier hält sie sich in mehr oder weniger trockenen Savannen auf, die mit Büschen durchsetzt sind. Die Grantgazelle kann Hitze und Trockenheit besser vertragen als die anderen Gazellenarten. Sie bildet kleine Herden von 5 bis 30 Tieren. Eine Herde besteht aus einem männlichen Tier mit mehreren Weibchen und Jungtieren oder aus mehreren männlichen Tieren verschiedenen Alters. Die männlichen Grantgazellen verteidigen ein Revier von etwa 550 bis 2000 m im Durchmesser. Hier hält sich die Herde auf und weidet. Andere männliche Gazellen, die in das Revier eindringen, werden bekämpft und verjagt. Bei den Kämpfen der Böcke untereinander dienen die langen meist spitz zulaufenden Hörner als Angriffs- und Verteidigungswaffe.

Junge Grantgazellen können bereits 20 Minuten nach ihrer Geburt aufstehen und nach kurzer Zeit der Mutter folgen. Doch in den ersten Tagen liegen sie noch viel in einem sicheren Versteck im hohen Gras. Trotzdem fallen viele Gazellen den zahlreichen Raubtieren der Savanne und der Steppe zum Opfer.

Länge: 1,40 bis 1,75 m
Schulterhöhe: 77 bis 87 cm
Gewicht: 45 bis 75 kg
(durchschnittlich 60 kg bei männlichen Tieren)
Tragzeit: 5 bis 5½ Monate
Lebenszeit: 8 Jahre (in Gefangenschaft)

Die weiblichen Tiere bringen ihre Jungen abseits der Herde zur Welt. Danach hält sich das Weibchen einige Stunden oder Tage lang in der Nähe des Jungen auf. Wenn das Muttertier das Junge säugt, leckt es dessen Urin und die Exkremente auf. Auf diese Weise verbreitet es kaum einen Geruch und die fleischfressenden Feinde finden es schwer. In der Regel entfernt sich die Mutter nicht weiter als 300 m von ihrem Jungen.

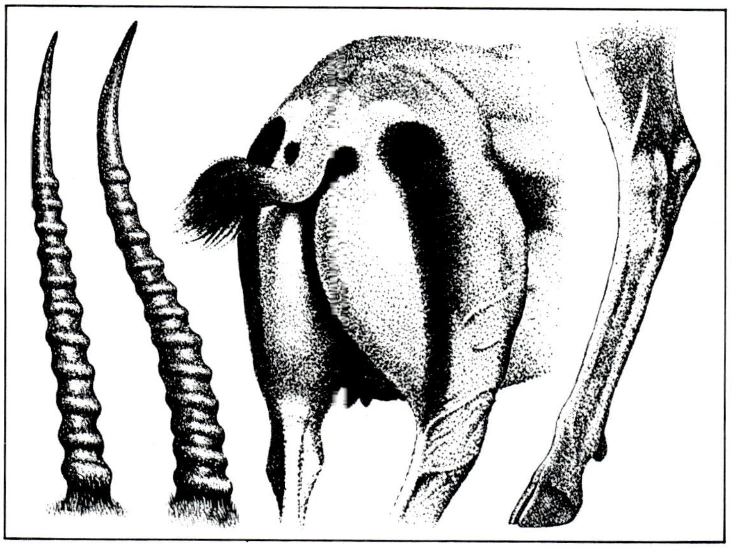

Die Hörner des Männchens sind zwischen 50 und 55 cm lang. Selten erreichen sie eine Länge von 80 cm. Die Hörner tragen deutliche Wulste. Die Hörner des Weibchens sind zwischen 30 und 43 cm lang, also wesentlich kürzer. Die Füße enden in Hufen. Der weiße Fleck, der den Schwanz umgibt, ist schwarz eingerahmt und zieht sich bis zum Rücken hinauf. Er ist ein gutes Erkennungsmerkmal für die Grantgazelle.

Die jungen Gazellen sind nicht nur von Raubtieren bedroht. Auch aus der Luft kann Gefahr kommen. Große Adler greifen die Neugeborenen an. Der Gänsegeier auf unserem Bild ist vor allem auf die Eihäute und die Nachgeburt aus. Als Aasfresser greift er keine noch lebenden Tiere an.

In den Kampfpausen drehen die beiden männlichen Tiere ihre Köpfe zur Seite und senken sie dann, um gleich wieder die Kampfstellung einzunehmen. Meistens gehen den Kämpfen Einschüchterungsversuche voraus. Durch sie versuchen die Gegner, einander ihre Stärke zu zeigen. Eine Gazelle, die sich von der Herde absondert, läuft Gefahr, von einem Feind getötet zu werden.

Grashüpfer und Heuschrecken

Die Sonne steht im Zenit. Das Brachland flirrt in der Mittagshitze. Das Feld wirkt völlig ausgestorben, kein Lebewesen, so weit das Auge reicht. Da bringt sich plötzlich eine Heuschrecke in der Nähe des Spaziergängers durch einen gewaltigen Sprung in Sicherheit. Das zirpende Insekt hat seine schönen, blau-schwarz schimmernden Flügel ausgebreitet, springt über einen Meter und verschwindet, gut getarnt, zwischen Kieselsteinen und kärglicher Vegetation. Der Spaziergänger beugt sich vornüber und streckt seine Hand aus. Erneut glänzt das Insekt mit seinen ausgebreiteten Flügeln nochmals durch die gleiche, erstaunliche Flugakrobatik. Die Blauflügelige Ödlandschrecke besitzt einen braungefleckten Körper und ist dadurch hervorragend getarnt, vorausgesetzt, sie bewegt sich nicht. In dieser Stellung sind die Hinterflügel angelegt. Die beiden Vorderflügel sind mit zwei langen und braunen Streifen überzogen und tragen in erheblichem Maße zur Tarnung bei. Die Färbung dieser Heuschreckenart fällt je nach umgebender Landschaft mal etwas heller, mal etwas dunkler aus. Während einige Vertreter fast schwarz sind, weisen andere eine beige Hautfarbe auf. Die Blauflügelige Ödlandschrecke war früher in den Heidelandschaften des Mittelmeerraumes sehr verbreitet. Auch in kalkhaltigen Brachfeldern hält sie sich gerne auf. Seit einigen Jahrzehnten ist ihr Bestand jedoch zurückgegangen.

Zwischen Juli bis Ende Oktober leben die Heuschrecken in Landschaften, deren kärgliche Vegetation kaum vermuten läßt, daß dort dennoch eine reichhaltige Fauna und Flora existiert. Diese Gebiete gelten heutzutage als letzte Rückzugsgebiete für gewisse Arten, die an anderer Stelle keine geeigneten Lebensbedingungen mehr vorfinden.

Die Männchen der Ödlandschrecke erzeugen ihr Zirpen, indem sie ihre hinteren Oberschenkelknochen an den Rippen ihrer engen und starren Vorderflügel reiben. Winzige Knötchen an der Innenseite des Oberschenkels versetzen die Vorderflügel in Schwingungen und erzeugen damit schnarrende Geräusche. Sie gehören zur typischen Geräuschkulisse der Brachlandschaften. Im Sommer bohrt das Weibchen die Spitze seines Unterleibs in den Boden und gräbt mit den zwei dort sitzenden Haken ein Loch, um darin ihre 15 bis 20 Eier abzulegen. Sie sind gelb gefärbt und haben eine Länge von etwa fünf Millimetern. Mit Hilfe einer Schleimschicht haften sie am Boden fest. Bevor das Weibchen die Eiablage verläßt, sorgt sie für die Tarnung der Eier. Die Larven der Ödlandschrecke schlüpfen im darauffolgenden Frühjahr.

Blauflügelige Ödlandschrecke. Länge des Männchens: 15 bis 21 mm. Weibchen: 22 bis 28 mm.
Grünes Heupferd. Länge des Männchens: 28 bis 36 mm. Weibchen: 30 bis 46 mm.

Wenn eine Blauflügelige Ödlandschrecke gestört wird, springt sie mit ihren kräftigen Hinterbeinen (links) flugs davon. Auf diese Weise erreicht sie mühelos eine Flughöhe von 20 bis 30 Zentimeter (Abbildung Mitte). Ein bis zwei Meter weiter läßt sich das Insekt nieder. Es dann zu entdecken, ist nicht leicht: Wer sie beobachten will, muß sich vorsichtig in die Nähe des „Landeplatzes" setzen und ausharren. Obgleich hervorragend getarnt, finden die am Boden laufenden Vögel das Insekt ohne Schwierigkeiten. Vor allem Heide- und Kalanderlerchen, aber auch Pieper und Triele setzen der Ödlandschrecke nach und fangen sie auch in den meisten Fällen. Biologen haben festgestellt, daß Vögel Insekten mit dunkler Färbung andersgefärbten Vertretern vorziehen.

Auf der unteren Abbildung oben erkennt man eine Ödlandschrecke, deren dunkle Farbe ihremLebensraum entspricht. Darunter ein Vertreter der gleichen Art. Er weist eine wesentlich hellere Farbe auf und lebt auf brachliegenden Gebieten mit blaßgrauen Steinen. Die dunklen Streifen seiner zusammengelegten Flügel lassen die Körperumrisse verschwimmen.

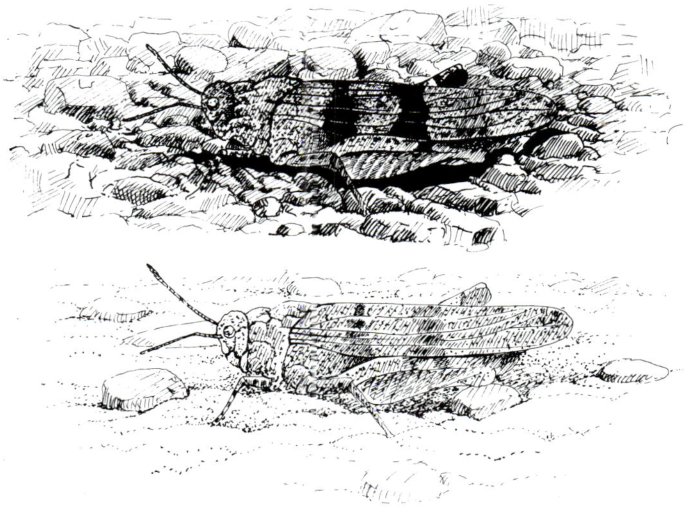

Gut versteckt im Gras oder auf einem Busch sitzend, macht sich das Grüne Heupferd nur durch sein Gezirpe bemerkbar. Dieses Insekt zu finden, ist keine leichte Aufgabe, denn seine Färbung entspricht jener der Blätter. Häufig sieht man das Grüne Heupferd nur auf den Straßen, allerdings in überfahrenem, totem Zustand. Das Grüne Heupferd ist in Europa weitverbreitet.

Dieses Tier ist eine Fangheuschrecke, die mit ihren gefalteten Vorderpfoten, wie die mit ihr verwandte Gottesanbeterin, Insekten auflauert. Ihre Opfer haben nicht die geringste Chance, da die Fangheuschrecke wie die umgebende Vegetation gefärbt ist. Das Männchen wird zwischen 47 und 60 Millimeter lang.

Der Graureiher

Der Graureiher, der früher Fischreiher genannt wurde, ernährt sich keineswegs nur von Fischen. Im Magen eines ausgewachsenen Vogels, der zur Fütterung der Jungen zum Nest zurückkehrte und dabei verunglückte, fand man 6 Ringelnattern, 3 Würfelnattern, 6 Eidechsen, 1 Frosch, 4 Kaulquappen, 15 Maulwurfsgrillen, 8 Heuschrecken und 45 kleine Fische. Diese Aufzählung zeigt, daß der Graureiher nicht nur fischt, sondern auch auf Feldern und Wiesen jagt. Hier macht er sich vor allem durch Vertilgen von Schadinsekten und Mäusen sehr nützlich. Die Fische, die er fängt, sind durchschnittlich 10 bis 15 cm lang. Aber auch ein Aal von 60 cm Länge kann verschlungen werden. Der Graureiher braucht täglich etwa 340 g Nahrung. Er muß dafür manchmal große Entfernungen zurücklegen. Feuchte Wiesen, natürliche Wasserläufe und saubere Teiche sind heute so selten, daß ein Reiher oft 20 oder 30 km fliegen muß, um einen gut gedeckten Tisch zu finden. Mit Hilfe seiner großen breiten Flügel kann er weite Entfernungen zurücklegen, ohne zu ermüden. Junge Reiher, die im Nest beringt wurden, hat man später 8000 km entfernt von ihrem Geburtsort wiedergefunden.
Graureiher, die im nordöstlichen Gebiet Europas brüten, verlassen im August ihre Heimat und ziehen nach Westen oder in den Mittelmeerraum, um dort den Winter zu verbringen. Vor dieser Reise, die sie oft über 1000 km weit wegführt, verteilen sich die jungen Reiher zwischen Juni und August in allen Richtungen. Selten kehren sie im darauffolgenden Jahr in die Kolonie zurück, in der sie geboren wurden. Die Vögel fliegen meist bei Nacht mit einer Geschwindigkeit von 30 bis 40 km/h.
Der Graureiher lebt im Flachland, in der Nähe von süßen, salzhaltigen oder sogar salzigen Gewässern, die an den Ufern möglichst flach sein sollen. Zur Brutzeit ist er gesellig, im übrigen Jahr trifft man ihn häufig alleine, vor allen Dingen in der Nähe von kleinen Teichen. Da er immer bejagt wurde, ist der Graureiher sehr scheu und flieht den Menschen schon auf weite Entfernung.

Länge: 90 cm; Gewicht: 1,7 kg
Flügelspannweite: 1,60 m
Lebenszeit: 24 Jahre (in der Natur)

Bei der Beutesuche schreitet der Graureiher entweder langsam über Wiesen und Felder oder er steht bewegungslos und lauernd im Wasser und wartet, bis ein Beutetier in der Nähe vorbeikommt. Dann stößt er mit seinem langen Hals und Schnabel blitzartig zu. Im allgemeinen verschlingt er sein Beutetier in einem Stück.

Der Graureiher nistet in Kolonien. Mehrere Paare bauen ihre Horste nebeneinander in Eichen, Kiefern oder Fichten. Das Nest besteht aus Zweigen und Wurzeln und wird jedes Jahr ausgebessert und repariert. Die Eier werden zwischen Ende März und Anfang Mai gelegt.

Der Graureiher hat gelbe Augen, die der Jungen sind weißlich. Normalerweise hält der Reiher seinen Hals in S-Form. Nur beim Beutefang wird er schnell nach vorne ausgestreckt. Die Federn im Nacken sind zwischen 8 und 21 cm lang. Die Füße sind verhältnismäßig kurz, aber die Zehen relativ lang. Dies erleichtert dem Reiher das Laufen auf schlammigem Boden.

Die Eier, 4 oder 5, haben eine bläulich-grüne Farbe und messen etwa 60 x 43 mm. Beim Schlüpfen wiegen die Jungen 42 g. Sie werden alle 4 bis 6 Stunden von ihren Eltern mit Futter versorgt. Im Alter von 30 Tagen beginnen sie im Geäst herumzuflattern. Mit 8 oder 9 Wochen sind sie flügge und verlassen den Horst.

Der Große Panda oder Bambusbär

Die Zoologen des Zoos in Washington werden Hsing Hsing und Ling Ling nicht so leicht vergessen. Es waren zwei Bambusbären, die sie im Flugzeug von Peking nach Amerika brachten. Bei so einer Flugreise gibt es Probleme mit der Nahrung für die Pandas. Vier Chinesen begleiteten ihre amerikanischen Freunde. Diese chinesischen Zoologen hatten eine kunstvolle Mischung aus Reis, Maismehl, Zucker und Milchpulver im richtigen Verhältnis hergestellt. Im Verlauf des Fluges und während des Zwischenaufenthaltes in Guam gaben sie viele Ratschläge und berichteten über die Haltung der Pandas im Zoo. Dies war notwendig, da die Zahl der außerhalb des Pekinger Zoos lebenden Pandas sehr klein ist. Nur im Londoner und Moskauer Zoo gab es noch Pandas. Seit er im Jahre 1869 entdeckt wurde, hat er immer für Sensationen gesorgt. Allein seine schwarzweiße Färbung und sein plüschartiges Fell sind auffallend. Der Panda nimmt eine Zwischenstellung zwischen dem Braunbären und dem Waschbären ein. Seine Lebensweise in der freien Natur kennt man kaum. Nur in Gefangenschaft konnte man sein Verhalten etwas erforschen.

In der freien Wildbahn findet man den Panda in mehreren Bergketten der chinesischen Provinzen Sseu-tch'ouan, Sin-Kiang und Kan-sou. Weiter nach Westen hat man ihn im östlichen Tibet auf dem Plateau des Ts'ing-hai beobachtet, aber dorthin kommt er vermutlich nur im Sommer.

Die Hauptnahrung des Panda besteht aus Bambusschößlingen und Blättern. Daneben frißt er verschiedene Almpflanzen wie Schwertlilien, Krokusse, Enzian und Gräser. Manchmal ergänzt er seinen Speiseplan durch Fische, Nagetiere und Insekten. Täglich verbringt der Panda 10 bis 12 Stunden damit, Nahrung zu suchen und zu fressen. Er gehört zu den seltensten Tieren der Welt. Der Weltnaturschutzbund, World Wildlife Fund, hat ihn zu seinem Wappentier gewählt. Dieser World Wildlife Fund ist eine Organisation, die sich für bedrohte Tierarten und deren Lebensräume einsetzt.

Länge: 1,20 m bis 1,50 m (+ Schwanz 15 cm)
Gewicht: 75 kg bis 160 kg
Lebenszeit: unbekannt

Der Pandabär hält sich mit Vorliebe im Bambuswald auf. Dort findet er seine Nahrung. Neben den Wurzeln der hohen Bambusstauden mag er besonders Bambussprossen mit nicht mehr als 15 mm Durchmesser. Seine Vorderpfoten kann er fast zu einer Faust schließen. Damit lassen sich die Bambusstauden gut festhalten.

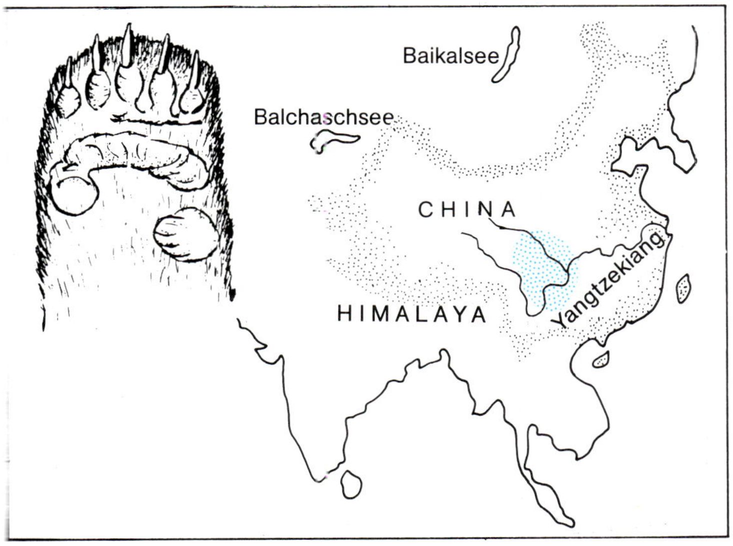

Die Karte zeigt das Verbreitungsgebiet des Großen Panda. Bei einem so kleinen Lebensraum ist es besonders notwendig, daß die Tiere unter strengstem Schutz stehen. Auf der Unterseite der Pfoten sieht man fünf Finger.

Im allgemeinen ist der Große Panda ein Einzelgänger. Die Paarungszeit liegt im Frühjahr. Die Geburt der kleinen Bären erfolgt dann im Januar des darauf folgenden Jahres. Das Weibchen bringt ein oder zwei Junge zur Welt, die etwa zwei Kilo wiegen. Erst vom vierten Lebensjahr an sind die Pandas fortpflanzungsfähig.

Der Große Panda hält keinen Winterschlaf. Wenn das Wetter sehr schlecht ist, sucht er Schutz in Felsspalten und anderen Höhlen. Den größten Teil seines Lebens verbringt er auf dem Boden. Aber wird er z. B. von Hunden verfolgt, so kann er auch Bäume erklettern.

Der Habicht

Innerhalb von 50 Tagen kann eine Habichtsfamilie, das heißt zwei ausgewachsene Vögel und drei Junge, etwa 275 Beutetiere von insgesamt 57 kg Gewicht verzehren. Jeder ausgewachsene Vogel braucht pro Tag 160 g Nahrung, bei den heranwachsenden Jungvögeln erhöht sich diese Tagesration auf bis zu 195 g. Obwohl der Habicht nicht sehr groß ist, ist er einer der kräftigsten europäischen Greifvögel; er überwältigt Beutetiere von einem Gewicht zwischen 175 und 500 g. Der Habicht jagt im Wald, auf den Feldern, auf Wiesen, über Teichen, in der Ebene und im Gebirge bis auf über 1500 m. Er fliegt flach über dem Boden oder bewegt sich so zwischen den Bäumen, daß er seine Beute überraschen kann. Manchmal stürzt er sich auch direkt auf einen Vogelschwarm und versucht, einen der Vögel zu schlagen. Der Habicht kann seinen Flug sehr schnell und hoch beschleunigen, allerdings nur für eine kurze Strecke. Er kann nur etwa 500 m mit Höchstgeschwindigkeit fliegen. Die größeren Beutetiere läßt er am Fangort selbst liegen und kehrt mehrere Male dorthin zurück, um zu fressen. Die häufigsten Beutetiere des Habichts sind Häher, Krähen, Tauben, Drosseln, Eichhörnchen und Wildkaninchen, Stare und Rebhühner.

Man könnte meinen, daß der Habicht sein Jagdrevier ausplündert, aber wo er vorkommt, muß eine reichhaltige und vielfältige Tierwelt leben. Außerdem beansprucht jedes Habichtpaar ein großes Gebiet von etwa 3000 bis 5000 ha. Wo zu wenig Beutetiere leben, müßte der Habicht verhungern. Heute kommt der Habicht in vielen Gegenden nur mehr selten vor, er wurde lange gejagt. Die Jäger verfolgten den Habicht als ihren Rivalen; heute ist er geschützt und darf nicht mehr gefangen oder getötet werden.

Links: Der Horst des Habichts wird in einem Baum, in 15-20 m Höhe gebaut. Beim Nestbau beginnen die Vögel mit grünen Zweigen. Der Horst erreicht einen Durchmesser von 1 m und eine Höhe von 1 m, wenn er mehrere Jahre lang bewohnt wird.

Rechts: Das Männchen (unten) und das Weibchen (rechts) haben dieselbe Färbung, das Männchen ist aber kleiner. Die Jungvögel (oben links) haben eine längsgestreifte Brust. Der Habicht bedeckt seine Beute mit den Flügeln, um sie vor Nahrungskonkurrenten zu schützen.

Oben: Die Jagdtechnik des Habichts ist für ihn typisch: im Flug greift er seine Beutetiere immer von unten her an. Hier ist es ein etwa 1 Jahr alter Jungvogel.

Länge: 49-61 cm. Spannweite: 1-1,20 m.
Gewicht: 650-1250 g. Brutdauer: 35-38 Tage.
Verbreitung: Europa, Vorderer Orient, Sibirien, Japan, Nordamerika.
Wissenschaftlicher Name: *Accipiter gentilis.*

Der Haubentaucher

Der Haubentaucher ist ein ausgezeichneter Schwimmer, sowohl auf der Wasseroberfläche als auch unter Wasser. Ohne Mühe kann er eine Minute lang unter Wasser verbleiben und dabei 20 m tief tauchen. Seine Beine setzen sehr weit hinten am Körper an, und die Zehen, die Schwimmlappen tragen, treiben wie ein kleiner Motor seinen Körper voran. Sein dichtes, mit Fett getränktes Gefieder schützt den Vogel vor Nässe. Die Federn bleiben stets trocken. Haubentaucher leben auf großen Teichen und Süßwasserseen mit dichten Schilfbeständen. Sie bieten dem Vogel Schutz und Deckung und dort baut er auch sein Nest: Aus allerlei Teilen von Wasserpflanzen gebaut, schwimmt es wie ein Floß an der Oberfläche und hebt oder senkt sich bei steigendem oder sinkendem Wasserstand. Haubentaucher verbringen die meiste Zeit ihres Lebens auf dem Wasser. Vom ersten Tag an können die Jungen schwimmen und tauchen und unter Wasser flüchten, wenn eine Gefahr droht. In den ersten drei Lebenswochen werden sie meist von ihren Eltern auf dem Rücken getragen. Dort sitzen sie frei oder auch zum Teil von den Flügelfedern bedeckt. Wenn bei einem plötzlich auftauchenden Greifvogel die Eltern unter Wasser verschwinden, nehmen sie ihre Jungen im Rückengefieder mit. Sobald die Jungen etwas kräftiger sind, schwimmen sie neben den Eltern her und steigen nur ab und zu zum Ausruhen auf deren Rücken. Im Herbst, bevor das Eis die Gewässer bedeckt, ziehen die Haubentaucher nach Süden in den Mittelmeerraum, um dort den Winter zu verbringen.

Länge: 50 cm
Flügelspannweite: 80 cm
Gewicht: 1 kg
Lebenszeit: 10 Jahre in der Natur

Im Frühjahr, etwa von Mitte März an, kann man die Haubentaucher bei ihren Paarungsspielen beobachten. Die Vögel, bei denen sich Männchen und Weibchen am Federkleid nicht unterscheiden, stehen sich dabei auf dem Wasser schwimmend gegenüber. Sie spreizen ihre Federkrägen, schütteln die Köpfe und tauchen plötzlich wie auf Kommando unter. Mit Wasserpflanzen im Schnabel kommen sie wieder an die Oberfläche, legen Hals und Kopf flach auf die Wasseroberfläche und schwimmen aufeinander zu. Dieses Verhalten bedeutet symbolisch das Vorzeigen von Nistmaterial. Die Vögel haben dabei Gelegenheit, sich gut kennenzulernen und die Scheu voreinander zu verlieren.

Die schwarz-braun-weiße Federhaube ist ein gutes Kennzeichen der Haubentaucher. Daran lassen sie sich von allen anderen Wasservögeln unterscheiden. Jede einzelne Zehe ist mit Schwimmlappen eingesäumt und am Ende mit einer Kralle versehen.

Im Mai legt das Weibchen 3 oder 4 Eier in ein Nest, das aus Halmen und Blättern von Sumpfpflanzen gebaut wird. Es hat ungefähr 50 cm Durchmesser. Die zunächst weißlichen Eier werden mit der Zeit durch die sie umgebenden und vermoderten Pflanzen bräunlich grün.

Der Haubentaucher ist ein eifriger Fischjäger. Er braucht pro Tag etwa 200 g Fisch. Die Barsche, Rotfedern, Rotaugen und Gründlinge, die ihm als Nahrung dienen, sind durchschnittlich 13 cm lang. Werden sie vom Haubentaucher unter Wasser gejagt, so versuchen sie oft durch Springen über die Wasseroberfläche ihrem Feind zu entkommen. Wasserinsekten bilden zusätzliche Nahrung, ebenso kleine Schnecken und Würmer. Der Haubentaucher kann zwar recht gut fliegen, aber beim Starten muß er eine Strecke über das Wasser laufen, um in die Luft zu kommen.

Der Hecht

Schon in der frühesten Jugend, noch kaum 5 cm lang, jagt der Hecht andere kleine Fische. Wenn er erst herangewachsen ist, verschluckt er Beutetiere von 20 bis 30 cm Länge. Sein Verdauungsapparat arbeitet schnell. Der Kopf eines Beutefisches kann von den Magensäften bereits angedaut werden, wenn der Schwanz noch im Rachen des Hechtes zu sehen ist. Der Hecht wächst nicht gleichmäßig heran. Wie schnell er wächst, hängt vom Nahrungsangebot ab. Oft gibt es große Unterschiede zwischen den einzelnen Tieren der gleichen Altersstufe. Die am stärksten entwickelten Hechte, die viel Beute machen konnten, sind 2½mal so groß wie ihre gleichaltrigen Artgenossen, für die das Nahrungsangebot nicht so reich gewesen ist. Alte ausgewachsene Hechte können eine Größe von über einem Meter erreichen. In den Flüssen und Seen ernährt sich der Hecht vor allem von kranken und schwachen Fischen und sorgt dafür, daß bestimmte Arten nicht überhand nehmen. Große Hechte jagen alle möglichen Beutetiere, obwohl Fische zur Hauptnahrung gehören. Von den Fischen sind es vor allem Brassen, Gründlinge, Schmerlen, Rotfedern und Rotaugen, Kaulköpfe und Barsche. Daneben schnappt der Hecht aber auch Frösche, kleine Wassernagetiere und die Jungen von Enten und Tauchern. Nur die winzigen Junghechte nehmen neben der ebenfalls kleinen Brut anderer Fische auch Wasserinsekten und deren Larven. Meist steht der Hecht bewegungslos zwischen Wasserpflanzen und lauert auf Beute. Kommt ein Fisch in seine Nähe, schießt der Hecht vor und packt ihn mit seinem Maul.

Länge: Männchen bis zu 1 m; Weibchen größer
Gewicht: Männchen 8 kg; Weibchen schwerer
Lebenszeit: Männchen 10 bis 14 Jahre
Weibchen bis zu 33 Jahre

Der Hecht lauert auf seine Beute. Unbeweglich steht er zwischen den Wasserpflanzen und wartet auf das Vorbeiziehen eines Fischschwarms oder eines einzelnen Fisches. Mit einem mächtigen Schlag seines Schwanzes schießt er dann hervor und packt mit seinem breiten Maul zu. Hat er die Beute an der Seite oder am Schwanz erwischt, so rückt er sie im Maul so lange zurecht, bis er sie kopfvoran verschlingen kann. Der Hecht nimmt seine Beute mit den Augen wahr, aber auch seine Tastsinnesorgane signalisieren ihm jede Bewegung im Wasser.

Die Rückenflosse ist beim Hecht sehr weit nach hinten verlagert. Das breite, mit Zähnen dicht besetzte Maul ist ein sicheres Erkennungszeichen. Die Zähne sind von unterschiedlicher Größe. Der untere Teil des Kiemendeckels ist längs geriffelt.

In der Laichzeit, im April oder Mai, folgt das Männchen einem Weibchen, das bereit ist, Eier zu legen. Je nach Temperatur schlüpft die Fischbrut 10 bis 15 Tage nach dem Legen der Eier.
Die jungen Fischlarven sind dann 6 bis 7 mm lang. Sobald ihre Nahrungsreserven in der Dotterblase aufgebraucht sind, fangen sie an, selbst Beute zu jagen.

Die Zahl der kleinen Fische in einem Gewässer wird sehr schnell verringert, wenn dort zu viele Hechte leben. Die hungrigen Raubfische stürzen sich auf alles, was sie bewältigen können. Manchmal kommt es vor, daß ein Hecht an einem zu dicken Beutetier erstickt. Er kann es nicht verschlingen, aber auch nicht wieder ausspucken, weil die spitzen Zähne es festhalten.

Heringe und Sardinen

Heringe, Sardinen und auch die Sprotten sind gut bekannte Fische. Sie spielen eine große Rolle in der Fischereiwirtschaft und werden in den verschiedensten Zubereitungsarten gegessen. Aus der Familie der Heringsfische sind etwa 200 Arten bekannt.

Heringsfische leben in allen Weltmeeren vom Äquator bis zum Polargebiet. Sardinen lieben wärmeres Wasser mit einem hohen Salzgehalt, während der Hering kaltes, weniger salzreiches Wasser bevorzugt.

Alle Heringsfische ernähren sich von Kleinlebewesen und werden selbst von größeren Raubfischen erbeutet. Die dichten Schwärme, zu denen sie sich zusammenschließen, geben dem einzelnen Fisch einen gewissen Schutz. Ein Heringsschwarm kann aus Hunderttausenden von Einzeltieren bestehen. Gegen die Jagd durch die Menschen ist allerdings kein Schutz möglich. In großen Mengen werden Heringe mit Netzen erbeutet.

Durch Echolot-Ortung von Schiffen aus konnte beobachtet werden, daß sich die Heringsschwärme in der Nordsee tagsüber am Boden aufhalten. In der Abenddämmerung steigen sie bis in die Temperatursprungschicht in etwa 40 Meter Tiefe auf und verteilen sich. Gegen morgen schließen sich die Schwärme wieder zusammen und schwimmen zum Grund.

Der Hering wird bis zu 40 Zentimeter lang, die Sardine bis zu 25 Zentimeter.

Alle Heringsfische haben einen schlanken, meist seitlich etwas zusammengedrückten Körper. Man kennt rund 190 Arten, von denen etwa 170 in den tropischen und subtropischen Meeren und 20 in kühlen und nördlichen Gebieten leben.

Ein Sardinenschwarm schließt sich zu einer dichten Kugel, als über ihm ein Tölpel auftaucht und in den Schwarm hineinstößt. Die Fische weichen aus, um gleich darauf wieder eine Kugel zu bilden, in die der Tölpel nun von unten jagt. Und noch einmal weichen die Sardinen dem Vogel aus.

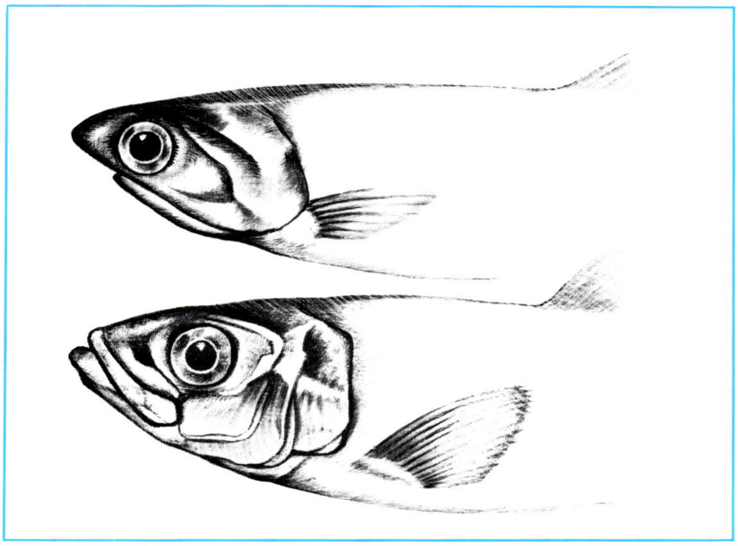

Obwohl Sardelle (oben) und Sardine (unten) fast gleich groß werden, kann man sie an ihrem Mundspalt gut unterscheiden. Er reicht bei der Sardelle bis weit hinter das Auge.

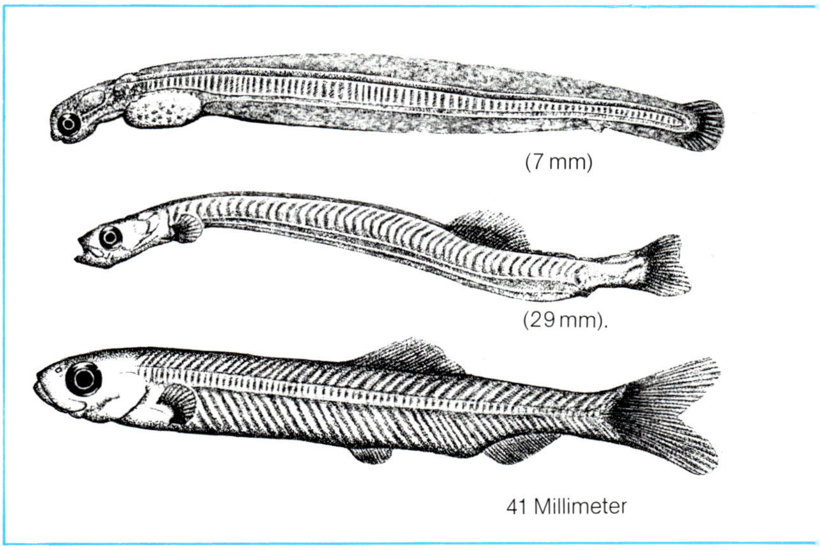

Zwischen Februar und März kommen die Heringe in Küstennähe, um zu laichen. Jedes Weibchen legt etwa 20.000 bis 40.000 Eier, aus denen nach zwei Wochen die Larven schlüpfen. Frischgeschlüpfte Larve (7 mm), Larve, eine Woche alt (29 mm). Wenn sich die ersten Schuppen bilden, ist der Jungfisch etwa 41 Millimeter lang.

Ein sehr kräftiger und schneller Hering, der in den atlantischen Küstengewässern Nordamerikas vorkommt, wird nicht nur von größeren Raubfischen gejagt. Auch Delphine, Haie und Meeresvögel stellen ihm nach. Da er dicht an der Wasseroberfläche schwimmt, ist er für stoßtauchende Vögel leicht zu fangen.

Das Hermelin

Das Hermelin lebt die meiste Zeit des Jahres als Einzelgänger. Nur in der Paarungszeit finden sich Männchen und Weibchen zusammen. Die Aufzucht der Jungen ist der Mutter überlassen. Sobald die Jungen alt genug sind, daß sie laufen und der Mutter folgen können, kann man die ganze Familie im Gänsemarsch oder dicht an dicht beobachten. Die Mutter läuft voran, und die ganze Schar der Jungen folgt ihr. Früher galt das Hermelin wegen seines weißen Winterfelles als Symbol der Reinheit. Hermelinfelle wurden ausnahmslos für Gewänder der Prinzen und Adligen verwendet. Im Sommer wird das Fell auf der Oberseite braun. Nur das Schwanzende bleibt das ganze Jahr über schwarz. Im Gebirge verändern alle Hermeline ihre Farbe. In der Ebene und in warmen Gebieten, in denen im Winter kein Schnee liegt, ist dies anders. Hier unterscheidet sich dann das Winterfell nicht vom Sommerfell, es ist lediglich ein wenig dichter. Wahrscheinlich sind die im Herbst stark absinkenden und im Frühjahr stark zunehmenden Temperaturen nördlicher Gebiete dafür verantwortlich, daß hier die Hermeline ein weißes Winterfell bekommen. Das Hermelin bewegt sich leise und oft unbemerkt. Nur wenn es bedroht wird, gibt es keckernde, kreischende Laute von sich.

Dann verbreitet es auch einen nach Moschus riechenden Duft. Er stammt von Drüsen in der Nähe des Afters. Das Hermelin ist ein guter Schwimmer und durchquert ohne weiteres einen Bach oder einen kleinen Teich. An Land bewegt es sich in Sprüngen voran, wobei die beiden Vorderpfoten und die beiden Hinterpfoten stets nebeneinander aufkommen. Die Hinterpfoten greifen in die Spuren der Vorderpfoten. Im Schnee sieht die Spur wie eine Doppelreihe kleiner Löcher aus.

Länge: 29 cm (+ 11 cm Schwanz)
Gewicht: 220 bis 320 g; Lebenszeit: etwa 12 Jahre

Das Hermelin jagt alle Arten kleiner Tiere. Nagetiere, wie etwa die Schneemaus, liebt es besonders. Es frißt aber auch Insekten, Eidechsen, Frösche und Vögel.

Am Boden nistende Vögel werden überrascht und mit einem raschen Biß in den Kopf getötet. Das Hermelin kann auch in die Gänge der Mäuse und Maulwürfe vordringen und die Tiere dort überraschen.

Das Hermelin (oben) ist größer als das Mauswiesel (ganz unten) und hat am Schwanzende einen schwarzen Haarbüschel. Die Abdrücke des Hermelins (unten links) sind 2 cm (Vorderpfoten) und 3,5 cm (Hinterpfoten) lang.

Zum Ende des Frühjahrs oder im Sommer hat das Hermelin Junge. Es paart sich im Spätwinter, und die Jungen kommen dann im Frühjahr zur Welt. Eine zweite Paarungszeit liegt im Sommer. Dann wird die Entwicklung der Embryonen während des Winters unterbrochen, und die Tragzeit ist viel länger. Die Jungen werden an einem sicheren Versteck in einer Erdhöhle, unter einem Felsen oder in einem Baumloch geboren. Die Augen öffnen sich erst, wenn die Tiere 37 Tage alt sind.

Wie das Mauswiesel hat das Hermelin die Angewohnheit, ein Männchen zu machen. Es setzt sich auf sein Hinterteil und reckt sich hoch, um seine Umgebung zu beobachten. Auf diese Weise kann es vielleicht eine Beute ausfindig machen oder eine Gefahr rechtzeitig entdecken. Manchmal springt das Hermelin mit einem einzigen Satz 2,50 m weit.

Der Hirsch

Jedes Jahr im Frühsommer wächst das Geweih der Hirsche neu. Vier Monate lang wird unter der Haut, die es dann bedeckt, erstaunliche Arbeit geleistet. Mit dem Blut werden ständig Aufbaustoffe, vor allem Kalk, herangebracht. Wenn das Wachstum des Geweihes beendet ist, wird die Blutzufuhr gestoppt, die das Geweih umgebende Haut stirbt ab und wird vom Hirsch an Stämmen und Ästen abgefegt. Ein junger Hirsch von einem Jahr hat nur zwei Spieße. In jedem nachfolgenden Jahr kommen neue Geweihenden hinzu. So wird der Hirsch auf der Höhe seines Lebens mit etwa 12 Jahren schließlich ein – wie man sagt – kapitaler Zwölfender, manchmal auch ein Sechzehnender oder sogar ein Zweiundzwanzigender.

Den größten Teil des Jahres leben die Hirsche von den Weibchen, den sogenannten Hirschkühen, getrennt. Diese bilden mit den Hirschkälbern und den ein- und zweijährigen Hirschen kleine Rudel. Alle Tiere folgen einer alten Hirschkuh, die das Rudel anführt. Die Rudel hinterlassen Spuren: Hufabdrücke auf schlammigen Wegen oder auch Kot, die Losung, die etwa so groß wie eine Nuß ist.

Ab sieben oder acht Jahren leben die Hirsche als Einzelgänger, außer im Oktober, der Brunftzeit. Wenn in einem Waldgebiet zu viele Hirsche leben, können sie Schaden an den Bäumen anrichten. Sie schälen die Rinde der jungen Bäume und das Laub der unteren Äste. Auch junge Nadelbäume werden abgebissen und gefressen. Hirsche fressen Gräser, Blätter, Rinde, Früchte wie z.B. Bucheckern, Eicheln und wilde Birnen. Sie gehen auch in Getreidefelder und in Maisschläge. Gerade dort können sie nicht nur durch Fressen, sondern auch durch Zertreten des Getreides und der Maispflanzen großen Schaden anrichten.

Länge: 1,70 bis 2,40 m, Risthöhe: 1,20 bis 1,50 m
Gewicht: 150 bis 200 kg
Lebenszeit: 20 Jahre

Ende September, Anfang Oktober gesellen sich die Hirsche zu den Hirschkühen, um sich zu paaren. Ein Hirsch paart sich mit mehreren Hirschkühen und versucht, mehrere weibliche Tiere um sich zu scharen. Nähern sich andere männliche Hirsche, kann es zum Kampf kommen. Die Hirsche kämpfen Kopf an Kopf, die Geweihe ineinander verhakt. Sie schieben und stoßen, bis der Stärkere den Unterlegenen immer weiter zurückdrängt. Dieser gibt schließlich auf und ergreift die Flucht. Selten gibt es Kämpfe mit tödlichem Ausgang. Um sich dem Rivalen gegenüber bemerkbar zu machen, lassen die Hirsche einen lauten, röhrenden Ruf ertönen.

Während das Geweih wächst, ist es mit einer Haut umgeben, dem Bast, der mit plüschartigen Haaren versehen ist. Wenn das Geweih die Jahresgröße erreicht hat, trocknet der Bast ab und beginnt zu jucken. Der Hirsch reibt jetzt das Geweih an Zweigen und Baumstämmen, bis der Bast restlos abgefegt ist.

Das Hirschgeweih besteht aus massiven Knochen und wird jedes Jahr im Februar oder März abgeworfen. Sofort danach beginnt sich das Geweih wieder neu zu bilden. Hinter den beiden Haupthufen sieht man zwei weitere kleinere Zehen, die den Boden nur beim Sprung oder wenn er feucht und schlammig ist, berühren. Vor dem Auge sitzt eine Drüse, die man Voraugendrüse nennt.

Im Mai oder Juni entfernt sich die Hirschkuh vom Rudel und bringt ein Hirschkalb zur Welt. Die Tragzeit dauert etwa 8 Monate. Das Fell des Hirschkalbs trägt helle Flecken, die nach einigen Wochen verschwinden. Den ganzen Sommer und Herbst über säugt die Mutter ihr Kalb.

Die Honigbiene

Honigbienen sind uralte Haustiere. Einstmals, als es noch keinen Rohrzucker und erst recht noch keinen Rübenzukker gab, wurde der Bienenhonig zum Süßen der Speisen benutzt. Wie bei manchem Tier, das seit uralten Zeiten mit dem Menschen zusammenlebt, ist auch der Ursprung unserer Honigbiene nicht ganz geklärt. Vielleicht wurde sie in Vorderasien zum Haustier gemacht. Die Ägypter, das wissen wir, haben sich schon auf das Imkern verstanden. Die Heimat der Honigbienen und ihrer nächsten Verwandten liegt jedenfalls im südlichen Asien. Trotz dieses langen gemeinsamen Zusammenlebens von Mensch und Biene ist die Honigbiene nie wirklich Haustier geworden. Sie hat ihr Verhalten nicht so weit von der Stammform entfernt wie zum Beispiel Hausschafe. Eine wirkliche Bienenzucht, bei der man ganz gezielt Königinnen mit bestimmten Drohnen, den Männchen der Bienen, kreuzt, ist noch sehr neu. Wo Menschen heute Bienen halten, tun sie es nicht selten, damit sie ihnen helfen, die Erträge ihrer Nutzpflanzen, wie Raps oder Obstbäume, zu steigern. Wenn die Bienen zum Honigsammeln von Blüte zu Blüte fliegen, bestäuben sie die Blüten, ohne es eigentlich zu wollen, mit Pollen anderer Blüten. Der Honig, den die Bienen in besonderen Waben speichern, ist ja der Nektar von Millionen Blüten, der durch viele Bienenmägen geflossen ist, durch Drüsenabsonderungen verändert wurde und schließlich in der Wabe reifte. Manchmal allerdings sammeln Bienen auch die süßen Abscheidungen von Blattläusen. Ein starkes Volk kann aus 100 000 Arbeiterinnen bestehen und an guten Flugtagen ein ganzes Kilo Honig eintragen.

Biene. Länge: 20 mm.
Drohne. Länge: 15 – 17 mm.
Arbeiterin. Länge: 15 mm.
Gewicht: 76 – 82 mg.

Der Bienenwolf gehört zu den Grabwespen. Sie sind einzeln lebende Wespen, die Bienen jagen und ihre Nester an sandigen Stellen graben. Jedes Nest besteht aus 5 – 7 Zellen. Links überfällt der Bienenwolf gerade eine Sammlerin und lähmt sie durch einen Stich. Dann transportiert er seine Beute zum Bau (Mitte). Dabei trinkt er den herausgequetschten Honig der Biene. Auf die Biene wird ein Ei gelegt. Da die Biene nicht tot ist, hat die schlüpfende Larve lebende Nahrung. In jede Zelle trägt der Bienenwolf 2 – 3 gelähmte Bienen.

Links: Fuß einer Arbeiterin. Rechts: Äußerstes Ende eines Fußes mit Krallen und dem Saugnapf, der es der Biene ermöglicht, auf glatten Flächen zu laufen. Oben: Kopf einer Königin (1), einer Drohne (2) und einer Arbeiterin (3), von vorne gesehen. Die Drohne hat im Vergleich zu den anderen beiden sehr große Augen.

Unten: Zwei sammelnde Bienen. Sie saugen mit ihren ca. 6,5 mm langen Rüsseln den Nektar aus den Blüten. Manche Bienen legen täglich 100 km zwischen Bienenstock und Blumen zurück. Sie orientieren sich nach der Blütenform, der Blütenfarbe, ihrem Geruch und dem Sonnenstand.

Bild unten: Entwicklung einer Biene. Von rechts nach links: Ei. Larve. Die Arbeiterinnen füttern die Larve 6 Tage lang. Danach wird die Zelle verschlossen, und die Larve verwandelt sich in die Puppe; links: Puppe, aus der eine Biene schlüpfen wird. Vom Tag der Eiablage bis zum Schlüpfen der Biene vergehen 21 Tage.

Der Hummer und die Languste

Wenn auch der Hummer riesige Scheren besitzt und die Languste lange Antennen, so macht doch auch die Färbung einen deutlichen Unterschied zwischen beiden Krebstieren. Der lebende Hummer ist dunkelblau, er wird erst beim Kochen rot. Die europäische Languste ist rötlich. Man nennt sie auch manchmal die Rote Languste, um sie von der rosafarbenen Languste der Küste Mauretaniens und der grünen Languste im Golf von Guinea zu unterscheiden.

Hummer und Langusten leben in felsigen Gegenden und nutzen jede Felshöhlung aus. Einmal in ihrem Leben jedoch schwimmen beide Tiere im offenen Wasser: wenn sie aus dem Ei schlüpfen, im Larvenzustand; dann gehören sie zum Plankton und treiben mit anderen Kleinlebewesen im Meer. Erst nach dem Larvenstadium werden die Krebse seßhaft und leben auf dem Meeresgrund, wo sie sich ständig häuten und heranwachsen. Die Schale der Krebstiere entspricht einem äußeren Skelett, einem festen Panzer. Bei der Häutung befreit sich der Hummer von seinem alten Panzer, indem er nach hinten herausschlüpft. Wenn der Panzer abgelegt ist, dehnt sich der Körper innerhalb weniger Stunden und erreicht seine neuen Maße (15% mehr an Länge und 50% mehr an Gewicht bei den ersten Häutungen). Der neue Panzer härtet innerhalb von zwei bis drei Wochen aus; während dieser Zeit frißt der Hummer seinen alten Panzer auf. Im ersten Lebensjahr häutet sich der Hummer zehnmal, dann seltener, bis sich das Tier nur noch einmal im Jahr oder alle zwei Jahre, je nach Geschlecht, häutet. Die Häutung ist für die Krebstiere eine kritische Zeit, denn sie können in dieser Zeit kaum Nahrung aufnehmen und sind außerdem, da ihr Körper weich ist, sehr verwundbar. Trotzdem leben in einer Felshöhle manchmal ein Hummer und ein Meeraal zusammen, ohne daß man sich recht erklären kann, warum die Tiere diese Wohngemeinschaft eingehen. Ganz sicher stellt der Meeraal für den Hummer zur Zeit der Häutung einen möglichen Feind dar.

Kleinere Krebse leben übrigens auch im Süßwasser. Der Europäische Flußkrebs war einmal in klaren Bächen und Seen weit verbreitet, bis er durch die Krebspest, eine gefährliche Krankheit, fast ausgerottet wurde. Er galt früher als beliebte Fastenspeise.

Hummer. Länge: 60 cm (bekanntes Maximum), Gewicht: 1,3 kg, mögliche Lebenszeit: etwa 50 Jahre.
Languste. Länge: 30 cm, Gewicht: 1 kg, Lebenszeit: unbekannt.

Der Hummer bevorzugt Weichtiere, Würmer und organische Abfälle. Mit seinen Scheren durchwühlt er den Meeresgrund auf der Suche nach Nahrung. Wenn er dabei eine Schnecke oder eine Muschel aufstöbert, zerbricht er ihre Schalen mit seinen Scheren und frißt sie. Im allgemeinen lebt der Hummer allein in seinem Unterschlupf, den er nur bei Nacht verläßt, um auf Nahrungssuche zu gehen.

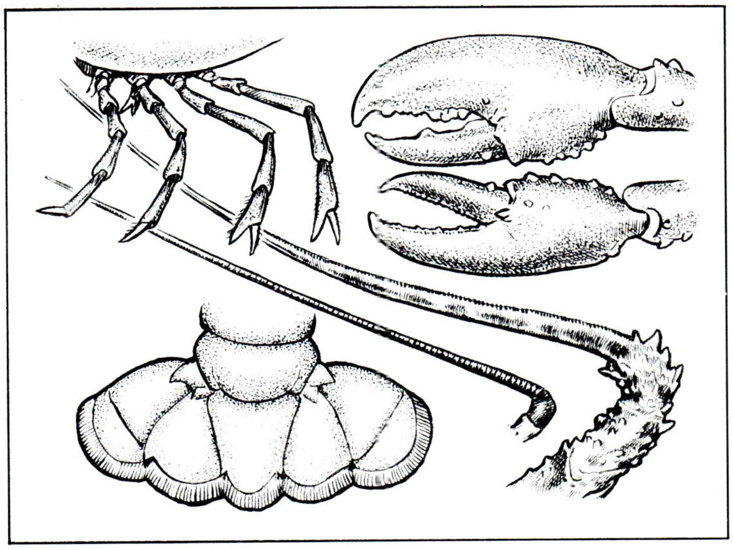

Beim Hummer und bei der Languste sind die zehn Beine am Kopfbruststück angewachsen. Im Gegensatz zur Languste aber besitzt der Hummer ein Paar großer Scheren. Die Languste ist dafür mit sehr langen Antennen ausgerüstet, die an ihrer Wurzel starke Dornen haben. Diese fehlen den Antennen des Hummers. Mit dem flachen Schwanzteil können sie schnell rückwärtsschwimmen, um einer Gefahr zu entgehen.

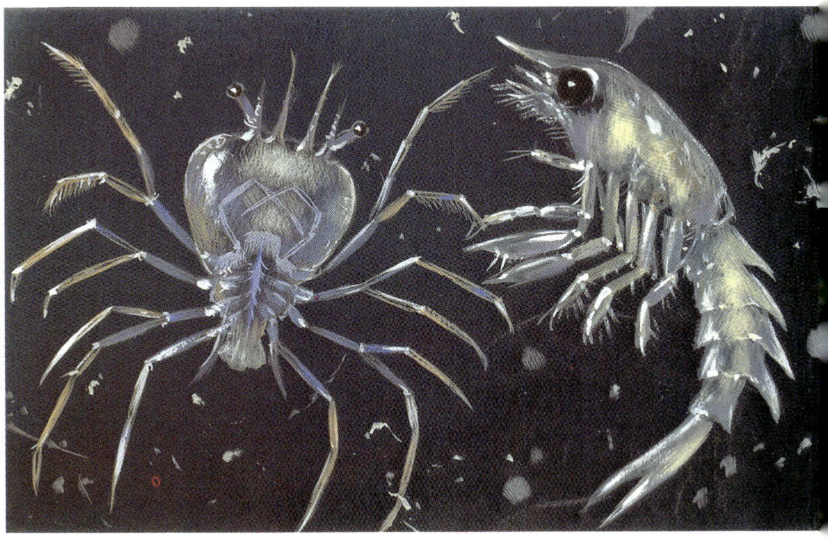

Die Eier des Hummers und der Languste bleiben am Hinterleib des weiblichen Tieres mehrere Monate haften, ehe die Larven schlüpfen. Bei der Geburt sind die Larven der Langusten flach und breit, sie haben Fortsätze, mit deren Hilfe sie im freien Wasser schwimmen. Die Larve des Hummers führt nach dem Schlüpfen ebenfalls zunächst ein Leben im Plankton.

Die gewöhnliche Languste, oder auch Rote Languste der europäischen Küsten, lebt in felsigen Gebieten. Sie hält sich gern in Felshöhlungen auf, wobei sie ihre Antennen herausstreckt. Der Panzer der Languste ist übersät mit spitzen Knötchen und Dornen; sie hat kein Scherenpaar wie der Hummer. Dennoch ernährt sie sich von zweischaligen Weichtieren und Seeigeln.

Der Igel

In der ersten Maiwoche habe ich meinen Gartenigel endlich wieder gesehen. Ich hatte schon Angst, er käme nicht mehr. Immer wieder entdeckte ich auf der Straße überfahrene Igel, und wer weiß, ob ihn nicht eine Ratte im Winterschlaf gefressen oder ob irgendein Nachbar den Reisighaufen im Winter verbrannt hatte, ohne zu wissen, daß ausgerechnet da mein Gartenigel seinen Winterschlaf hielt. Jetzt, da ich weiß, daß er lebt, kann ich aufatmen.

Gartengelände mögen Igel gern, vor allem wenn im Garten nicht allzusehr gefegt wird, wenn sie Blätter zum Wühlen finden und Gebüsche zum Sichverkriechen. Wer einen Igel im Garten hat, der kann das Schneckengift im Schrank lassen, er muß es sogar, denn auch die Igel sterben an dem Gift. Im Wald, im Park, auf Feldern, an vielen Orten habe ich schon Igel angetroffen.

Igel fressen so manches, was ihnen vor die Schnauze kommt, nicht nur Schnecken, die an unsere Erdbeeren wollen, auch Regenwürmer, Asseln, Spinnen und Tausendfüßler. Gelegentlich werden sie auch einen Frosch erbeuten oder ein Nest mit jungen Mäusen. Erwachsene Mäuse aber sind für die gemütlichen Igel viel zu flink. Igel fressen sogar giftige Tiere. Und sie vertilgen Wespen und Hummeln, ohne sich um die Stiche zu kümmern. Aber völlig giftfest sind Igel trotzdem nicht. Igel fressen zwar auch Äpfel, Birnen und Pilze, doch Vegetarier sind sie wohl mehr in Notzeiten. Meinem Igel habe ich manchmal ein rohes Ei gegeben – aufgeschlagen natürlich, das kleine Igelmaul schafft es nicht, ein Hühnerei zu öffnen. Bei kleinen Vogeleiern gelingt ihm das Öffnen wohl. Eine besondere Vorliebe hat mein Igel für Fisch, ob gebraten der geräuchert. Ja sogar sauren Hering schmatzt er mit größtem Appetit. Gelegentlich stelle ich ihm auch eine Schüssel mit verdünnter Milch hin. Die schlürft er gern, obwohl manche Leute meinen, Igel könnten Milch nicht richtig verdauen.

Länge: 22 bis 28 cm (+ Schwanz 3 bis 5 cm).
Gewicht: 1200 bis 1400 g.
Zeit der Trächtigkeit: zwischen 5 und 6 Wochen.
Lebensdauer: 3–7 Jahre.

Will der Igel eine Kreuzotter angreifen, schleicht er erst langsam auf sie zu, dann plötzlich, schneller als man es ihm je zutraut, schießt er auf die Schlange zu und beißt in ihren Körper. Dabei hat er die Stirnhaut vorgezogen und die Kopfstacheln gespreizt. Da die Stacheln des Igels länger sind als die Giftzähne der Otter, kann die Schlange dem Igel ihr Gift nicht einspritzen. Der Igel stößt immer wieder zu, bis er das Rückgrat der Schlange zerbissen hat. Dann verspeist er sie.

Stachelschwein

Erdferkel

Der Igel ist mit Maulwürfen und Spitzmäusen verwandt. Er ist nicht das einzige Säugetier mit Stacheln. Die anderen Stachelträger allerdings gehören zu völlig anderen Tiergruppen: die Stachelschweine in Afrika, die Baumstachler in Südamerika, wo ja auch die merkwürdigen Erdferkel leben. Igel haben ähnlich gebaute Zähne wie Maulwürfe und Spitzmäuse: keilförmig und spitz, ein richtiges Raubtiergebiß.

Die Abdrücke der Hinterfüße sind länger als die der Vorderfüße.

Das Bauchfell des Igels ist kuschelig weich.

Igel zeigen ein ausgesprochenes Familienleben. Die Mütter kümmern sich mit großer Fürsorge um ihre Jungen.

Während der Führungszeit lernen sie allmählich, welche Gefahren ihnen drohen und was man essen kann.

Die Igelmutter umsorgt sie und wacht darüber, daß sich die Kinder nicht zu weit voneinander entfernen. Sie verständigen sich mit hohen, feinen Lauten. Mit etwa zwei Monaten sind junge Igel so selbständig, daß sie ihre eigenen Wege gehen können. Dann will die Igelmutter nichts mehr von ihren Kindern wissen, sondern vertreibt sie, sobald sie ihnen begegnet.

Der Indische Elefant

Im Zirkus und auch in zoologischen Gärten sieht man meist den Indischen Elefanten.
Er läßt sich leichter zähmen und ist weniger nervös und angriffslustig als sein afrikanischer Vetter. In seinen Heimatländern Indien, Bangladesch, Burma, Thailand, Indochina, Malaysia, Borneo und Sri Lanka wird der Elefant schon lange als Helfer bei Holzarbeiten und anderen Tätigkeiten, die mit Menschenkraft nicht zu bewältigen sind, hinzugezogen. Er ist dort ein Haustier, das man auch zum Reiten benutzt, um im unwegsamen Gelände voranzukommen.
Jagden auf Tiger und Panzernashörner wurden früher mit Hilfe von gezähmten Elefanten unternommen, auf deren Rücken sich die Jäger ziemlich sicher fühlen konnten. Und auch zum Fang und zur Zähmung wilder Elefanten ist die Mithilfe dressierter Artgenossen notwendig.
Verfolgt und getötet wurden sowohl die Indischen als auch die Afrikanischen Elefanten vor allem wegen ihrer Stoßzähne, die das wertvolle Elfenbein liefern. Auch dort, wo sie inzwischen unter Schutz stehen, gelingt es Wilderern immer wieder, die grauen Riesentiere zu erlegen, nur um die Zähne mitzunehmen und an habgierige Händler zu verkaufen.
Der lange Rüssel der Elefanten ist ihre Nase. Es steckt eine gewaltige Kraft in diesem geschmeidigen Organ, das zur Nahrungsaufnahme, zum Wittern, zum Staubbad und zum Duschen gleichermaßen nützlich ist. Und vor einem Hieb mit dem Rüssel haben auch Großkatzen wie Tiger oder Leopard Respekt. Ein ausgewachsener Elefant hat außer dem Menschen keinen Feind.
Elefanten wittern gut, und auch ihr Gehörsinn ist ausgeprägt. Sehen können sie dagegen schlecht. Die großen Ohrlappen, die beim Afrikanischen Elefanten besonders eindrucksvoll sind, dienen der Regulierung der Körpertemperatur. Sie sind recht dünnhäutig und mit zahlreichen Blutgefäßen durchsetzt.
Wenn Elefanten im dichten Dschungel umherwandern und allerlei Pflanzen als Nahrung aufnehmen, sind sie nicht eben leise. Trotz ihrer Größe können sie sich aber bei Gefahr erstaunlich schnell davonmachen.

Kämpfe zwischen Elefantenbullen sind selten und kommen höchstens einmal in der Brunft vor. Meist begnügen sich zwei Rivalen mit gegenseitigem Imponieren und Androhen, wobei die Rüssel hochgehoben werden und ein lautes Trompetenkonzert anhebt. Alte Bullen leben als Einzelgänger. In den Herden schließen sich die Kühe, jüngere Männchen und Jungelefanten zusammen.

Indischer (rechts) und Afrikanischer Elefant (links) unterscheiden sich vor allem in der Größe, in der Ausbildung der Ohrlappen, der Wölbung der Stirn und der Form der Backenzähne.

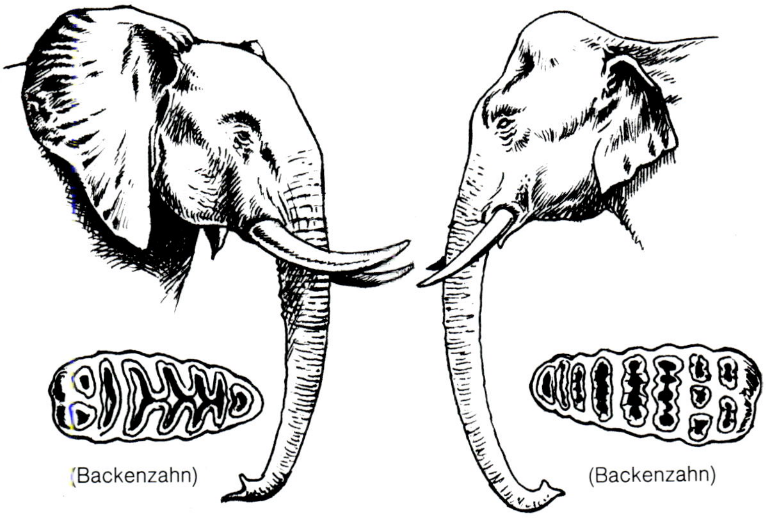

Ein junger Elefant wird nach einer Tragzeit von rund 21 Monaten geboren. Kurze Zeit nach der Geburt kommt er schon auf die Beine und geht mit der Herde, in der er den besten Schutz findet.

Eine Elefantenherde zieht auf der Suche nach Nahrung umher. Gefressen werden Gräser, Blätter und frische Zweige. Durch die Ausbreitung der Kulturlandschaft in die Wildnis hinein kann es zu Schäden durch Elefanten kommen, wenn sie in Plantagen und Felder eindringen.

Der Kabeljau

Die Kabeljaufische, von denen es mehrere Arten gibt, kommen nur im Nordatlantik und den anschließenden kalten Meeren vor, in denen die Wassertemperaturen zwischen 0 und 9 Grad Celsius betragen.

Jungfische halten sich in Küstennähe auf und bleiben meist dicht über dem Grund, wo sie sich von Meereswürmern und Krebschen ernähren. Der heranwachsende Kabeljau wandert in Gebiete, in denen das Meer 300–400 Meter tief ist. Hier macht er Jagd nach Fischen und Tintenfischen.

Die Paarungs- und Laichzeit des Kabeljaus fällt in die Monate Januar bis März, die Tiere kommen dann in Küstennähe. Ein einziges, etwa 1 Meter langes Weibchen, kann bis zu 4 Millionen Eier ablegen, die aber eine große Zahl von Feinden haben. Der größte Teil der Eier wird gefressen. Für die Menschen ist der Kabeljau ein beliebter Speisefisch, und sein Fleisch wird frisch gegessen oder auch als Vorrat eingelegt. Auf der Jagd nach seinen Beutetieren kann der Kabeljau lange Wanderwege zurücklegen. Er erreicht eine Länge von etwa 1,80 Meter und ein Gewicht bis 40 Kilo. 20 Jahre kann er alt werden.

Charakteristisch für den Kabeljau ist die Fleckenzeichnung auf dem Kopf, dem Rücken und an den Seiten. Deutlich ist auch ein ausgeprägter, heller Seitenstreifen zu erkennen und der besonders kräftig ausgebildete Bartfaden am Unterkiefer. Die Färbung dieser Fische allerdings ist je nach der Meeresregion, in der sie leben, unterschiedlich. Sie kann bräunlich, grünlich oder auch grau sein, und nur die Unterseite ist bei allen Tieren stets weißlich hell.

Tagsüber bildet der Kabeljau große Schwärme, die auf der Suche nach Nahrung durch das Meer streifen. Nachts halten sich die Fische dicht über dem Grund oder an der Wasseroberfläche auf. Im Winter nehmen sie viel weniger Nahrung zu sich als in den Sommermonaten, und während der Laichzeit fressen sie gar nicht.

Der Kabeljau besitzt drei voneinander getrennte Rückenflossen und zwei Afterflossen auf der Körperunterseite vor dem Schwanz. Am Unterkiefer sitzt ein einzelner Bartfaden, ein Tastorgan.

Der Kabeljau gehört zur Familie der Dorschfische, die alle wegen ihres schmackhaften Fleisches gerne gegessen werden. Vorne ein Seehecht und dahinter eine Seequappe, die auf dem Oberkiefer zwei weitere Bartfäden trägt. Den Seehechten fehlen diese Bartfäden.

Ein Dorschweibchen kann mehr als 4 Millionen Eier legen. Die Eier treiben an der Wasseroberfläche, und in ihnen entwickeln sich die Larven. Nach dem Schlüpfen sind die Jungfische etwa 2 Zentimeter groß und ernähren sich von winzigen Planktonlebewesen.

Der Kaiseradler

In den Wäldern aber auch in baumarmen Steppen war früher der Kaiseradler von den Mittelmeerländern bis zum Balkan und zur Westmongolei weit verbreitet. Hier ist die spanische Rasse dargestellt, bei der die hellen, fast weißen Schulterflecken besonders stark ausgeprägt sind. Der Kaiseradler ist etwas kleiner als der Steinadler, der in den Alpen zuhause ist, hat schwächere Fänge und wirkt etwas plumper und schwerfälliger.

Heute leben im europäischen Verbreitungsgebiet vielleicht noch zweihundert Paare dieses schönen Vogels. In Spanien gab es um 1980 noch etwa 60–70 Paare, heute sind es nur mehr 30–40. Der Rückgang des Kaiseradlers hat, wie meist, verschiedene Ursachen. Zum einen wurde er bejagt und abgeschossen. Es erging ihm damit nicht anders, als vielen großen Greifvögeln. Zum anderen nehmen die Vögel mit ihren Beutetieren Gifte auf, Pestizide, die überall in der Landwirtschaft verwendet werden. Die Altvögel können mit diesen Giften durchaus einige Zeit leben, aber auf Eier und Junge wirken sich die Schäden aus. So werden Eischalen dünn und zerbrechen während der Brutzeit. Oder die Jungen schlüpfen geschwächt und verkrüppelt und gehen nach kurzer Zeit ein. Der Kaiseradler jagt vor allem kleinere Säugetiere, wie Ratten, Eichhörnchen und Kaninchen. In Spanien stellten Kaninchen und Schlangen die Hauptbeute, aber durch eine Viruskrankheit, die Myxomatose, gehen jedes Jahr zahlreiche Kaninchen zugrunde, und für die Adler nimmt das Nahrungsangebot ab. Schließlich verunglücken die Adler auch an den Drähten der vielen Hochspannungsleitungen, die das Land überall durchziehen.

Ein Kaiseradlerpaar baut seinen Horst, der viele Jahre lang benützt wird, wenn die Vögel am Leben bleiben, in den Waldinseln der Steppen, in Auwäldern oder auf einzeln stehenden alten Bäumen. Das Weibchen legt jeweils zwei bis drei kalkweiße Eier und bebrütet sie im April und Mai. Wenn die Jungen geschlüpft sind, bleiben sie neun bis zehn Wochen im Nest. Dann sind sie flugfähig und wandern, oft mit dem Elternpaar, bis nach Mittelafrika, um dort den Winter zu verbringen.

Länge: 79–84 cm. Spannweite: 185–205 cm (Männchen), 200–215 cm (Weibchen). Gewicht: 3–3,5 kg.

Während das Weibchen am Horst sitzt und das Junge mit seinem Körper wärmt, hat das Männchen eine Elster erbeutet und bringt sie herbei. Gleich darauf streicht es wieder ab, und das Weibchen zerteilt die Beute und verfüttert kleine Brocken an das Junge.

Unten links sind die weißen Stellen am Flügelbug eines Altvogels dargestellt, darunter der Schwanz mit der dunklen Endbinde. Rechts daneben der Kopf eines Kaiseradlers mit dem hakenförmigen Oberschnabel.

Ein Kaiseradler streicht mit einem Zweig in den Fängen zu seinem Horst, um ihn auszubauen und zu festigen. Die Nestmulde, in der die Eier und später die Jungen liegen, wird mit weicherem Material ausgepolstert.

Seltener als Säuger erbeutet der Kaiseradler Vögel. Doch hier hat er ein Rothuhn überrascht und mit seinen dolchartigen, spitzen Krallen getötet.

Der Kalifornische Kondor

In früherer Zeit erstreckte sich das Verbreitungsgebiet dieses großen Vogels über ganz Nordamerika von Britisch-Kolumbien bis nach Florida. In den Jahren zwischen 1970 und 1975 lebten vielleicht noch 40 oder 50 Kondore in den Bergen Südkaliforniens. Inzwischen gibt es keine freifliegenden mehr. Die letzten Vögel wurden eingefangen, und in Gefangenschaft soll nun versucht werden, sie zur Fortpflanzung zu bringen, um das endgültige Aussterben der Art zu verhindern. Es ist sehr zweifelhaft, ob dies gelingen wird.

Der Kalifornische Kondor ist, wie sein naher Verwandter, der Anden-Kondor, ein reiner Aasfresser, der sich vom Fleisch verendeter größerer Tiere ernährt. In den früher höchstens von Indianern bewohnten Weiten Nordamerikas lebten Büffel, Elche und viele andere Tiere in großen Mengen. Mit der Besiedlung durch die Weißen wurden es bald weniger. Zwar kamen dafür die Haustiere, also Rinder, Pferde oder Schafe, ins Land, und wenn sie auf den Weiden eingingen, konnten sich die Kondore auch von ihnen ernähren. Mit den sich ständig verbessernden Haltungsbedingungen für die Haustiere nahm auch deren Sterblichkeitsrate ab, und zu irgendeiner Zeit wurde damit die Nahrung für den Kalifornischen Kondor knapp. Natürlich wurde er auch von den Weißen gejagt. Viele Kondore vergifteten sich an Ködern, die mit Strychnin versetzt waren, um Schakale und Wölfe zu vernichten. So sank ihre Zahl rasch, und die Zahl der nachwachsenden Jungen reichte nicht aus, diese Verluste wettzumachen. Ein Kondorweibchen legt nur jedes zweite Jahr ein einziges Ei, denn zwei Jahre benötigt der Jungvogel die Fürsorge seiner Eltern. Wann er schließlich selbst geschlechtsreif wird, ob im Alter von sechs Jahren oder noch später, ist bisher noch nicht genau bekannt.

Auf der Suche nach verendeten Tieren legten die Kondore große Strecken fliegend zurück. Bis zu 80 Kilometer am Tag konnten sie am Himmel segeln, begünstigt durch Aufwinde und nach Nahrung Ausschau halten.

Länge: 115 cm. Spannweite: etwa 290 cm. Gewicht: 8–10 kg. Lebensdauer: etwa 40 Jahre.

Der Kalifornische Kondor ist ein ausgezeichneter Segelflieger, der warme Aufwinde auszunützen weiß und lange Strecken ohne einen Flügelschlag zurücklegen kann. Wo sich viele Tiere aufhalten, etwa eine Rinderherde, verweilt der Kondor besonders lange. Hier sind die Chancen, ein totes Tier zu finden, besonders günstig. Am Abend kehrt der Kondor zu seinem Schlafplatz in den Felsen zurück.

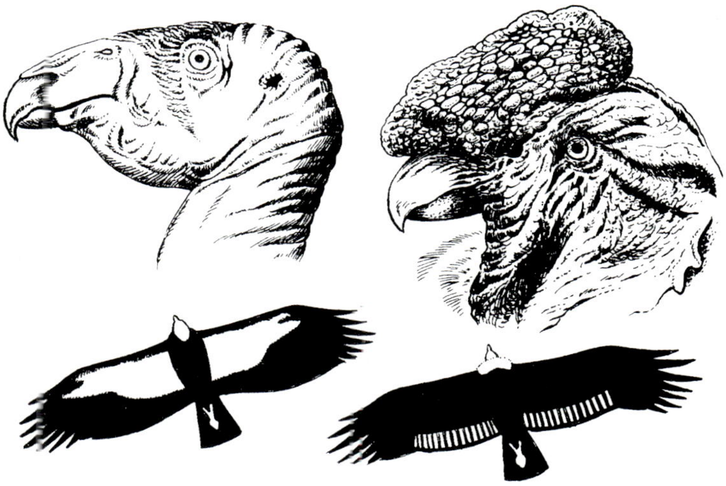

Kopf und Flugbild des Kalifornischen Kondors und der verwandten Art, des Anden-Kondors, unterscheiden sich deutlich. Der Anden-Kondor besitzt einen nackten fleischigen Wulst auf der Stirne.

Ein Kalifornischer Kondor hat sich an einem toten Rind sattgefressen und sitzt nun träge neben ihm, während die Sonne schon nahe am Horizont ist. Mit vollem Magen und Kropf fällt dem Vogel das Auffliegen vom Boden schwer.

Die Jagd auf den Kondor, solange er noch nicht geschützt war und später die Wilderei einzelner Vögel, hat ihren Beitrag zum Verschwinden der Art in Freiheit geleistet. Auch Eier wurden immer wieder geraubt. Denn je seltener eine Tierart wird, um so begehrter ist sie bei skrupellosen Sammlern.

Das Kaninchen

Früher gab es auf jedem Bauernhof einen Kaninchenstall. Vor allem die Kinder hatten sie zu pflegen. Kaninchen sind viel leichter zu halten als die meisten anderen Haustiere. Sie brauchen nur einen Holzstall von einem halben Quadratmeter Fläche, etwas Heu und ab und zu einmal eine Rübe. Das reicht, um sie zu ernähren. Schließlich fällt auch in der Küche noch manches ab, was die Kaninchen mit Wonne verputzen: die Blätter von Möhren, Kartoffelschalen oder Kohl. Wer seinen Kaninchen etwas besonders Gutes tun will, kann ihnen für den Sommer einen Auslauf aus einfachen Latten und Maschendraht bauen. Viele Kaninchen werden bei uns einfach zum Spaß gehalten. Besonders die Zwergkaninchen sind als Streicheltiere beliebt. In Notzeiten wurden bei uns in allen Gärten Kaninchen gehalten, um sie zu essen. In Frankreich ist Kaninchenfleisch viel begehrter als bei uns. Da gibt es schon lange Zuchtanstalten, wo Kaninchen sicher nicht immer ein frohes Leben führen. Sie werden gut ernährt, doch sie bekommen weder Möhrenkraut noch Löwenzahn, sondern tagaus tagein Futterwürfel. Unsere Stallkaninchen stammen alle von Europäischen Wildkaninchen ab - nicht etwa von Hasen, wie manche meinen. Fast in ganz Europa wurden die Wildkaninchen vom Menschen angesiedelt. Die alten Römer brachten sie nach Italien. Später legten die Klosterbrüder Kaninchengehege an, die meistens nicht ganz dicht waren. Zum richtigen Haustier wurde das Kaninchen erst vor 200 bis 300 Jahren. Wilde Kaninchen haben am liebsten sandige Gegenden. Dort können sie leicht zwei oder drei Meter tiefe Gänge bauen. In diesen Burgen wohnen sie und bekommen ihre Kinder.

Gewicht: Je nach Rasse bis 12 kg.
Lebensdauer: Etwa 10 Jahre.

Wildkaninchen haben ein merkwürdiges Verhalten. Beim Werben um das Weibchen und bei Kämpfen der Männchen bespritzen sie sich mit Harn (Bild links). Kaninchen geben zweierlei Kot ab. Einmal feste, runde Pillen (Bild Mitte) und eine zweite Kotform, die Magenpille genannt wird. Die weichen Magenpillen stammen aus dem Blinddarm und werden gleich vom After weggefressen. Kann ein Kaninchen diese Magenpillen nicht fressen, stirbt es. Magenpillen enthalten wichtige Wirkstoffe.

Es gibt sehr unterschiedliche Kaninchenrassen: große, kleine, gescheckte, einfarbige, blauäugige, braunäugige und rotäugige.

Fast nackt und blind werden die jungen Kaninchen geboren. Nach acht Tagen haben sie ein Fell, nach 10 Tagen öffnen sich die Augen. Rund einen Monat lang werden sie gesäugt. In einem Wurf sind 6 – 10 Junge. Tragzeit: 28 – 31 Tage.

Gute Kaninchenställe sollen luftig, aber windgeschützt sein. Weder Regen noch Sonne sollen die Kaninchen stören. Käfigböden aus Zement sind leicht zu reinigen, sind aber kühler als Holzböden.

Einen ganz wichtigen Dienst für den Menschen müssen die vielen Versuchskaninchen in der medizinischen Forschung leisten.

Der Karpfen

Karpfen können zwar sehr alt werden, aber hundertjährige Karpfen gibt es nur in Märchen. Das höchste Alter wurde von einem Karpfen mit 47 Jahren erreicht. Von 60 Karpfen, die in einem Teich gehalten wurden, waren nach 42 Jahren nur noch 7 vorhanden und nach 45 Jahren waren alle Tiere tot. Die größten Karpfen wiegen bis zu 30 kg. Einer der größten Karpfen, der in Amerika gefangen wurde, war 1,07 m lang und wog 27 kg. In günstiger Umgebung, zum Beispiel in warmen Ländern, wächst der Karpfen viel schneller. Auf Java erreichte ein 5,7 cm langer und 2,87 g schwerer junger Karpfen innerhalb von 45 Tagen eine Länge von 22 cm und ein Gewicht von 200 g. In einem Karpfenzuchtteich, in dem die Fische regelmäßig gefüttert werden, kann man sehr viel mehr Tiere halten als in einem natürlichen Gewässer. Der Karpfen kommt ursprünglich aus Osteuropa, Zentral- und Ostasien. Der Mensch hat ihn sehr früh in das übrige Europa und in fast alle Länder der Welt eingeführt. Bereits die Römer und Griechen kannten die Karpfenzucht. Der Karpfen liebt langsam fließende oder stehende Süßwasser. Lange Wanderungen unternimmt er nicht. Ein im Bodensee gekennzeichneter Karpfen legte jedoch an einem Tag 24 km zurück. Die Schwanzflosse benutzt der Karpfen als Antrieb, die Brustflossen und die Bauchflossen steuern beim Aufwärts- und Abwärtsschwimmen.

Die Körpertemperatur des Karpfens ist von der Wassertemperatur abhängig. Im Sommer fühlt er sich am wohlsten bei 20 bis 23 Grad. Im Winter hält er sich im tieferen Wasser auf und wird sehr ruhig. Während Jungkarpfen verschiedenen Tieren zur Beute fallen, haben alte große Karpfen keine natürlichen Feinde.

Länge: 1 m
Gewicht: 25 kg
Lebenszeit: bis zu 40 Jahre (manchmal mehr)

Das Karpfenweibchen legt seine Eier im seichten Wasser der Teichränder oder auf überfluteten Wiesen ab. Die Eier heften sich an den Wasserpflanzen an, und auch die ganz jungen, frisch geschlüpften Fischlarven halten sich in der Umgebung von Wasserpflanzen auf. Wenn die Weibchen die Eier ablegen und die Männchen die Eier besamen, kommt es an den Uferrändern der Seen und Teiche oft zu großen Ansammlungen von Karpfen. Unter schlängelnden Bewegungen des Körpers und mit heftigem Schlagen der Schwanzflossen werden Eier und Samen abgegeben. Ein Weibchen legt etwa 8000 Eier.

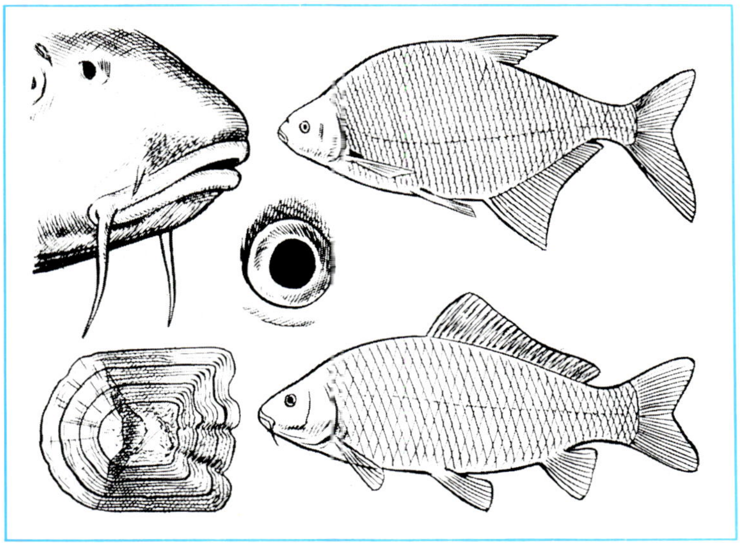

Am Maul besitzt der Karpfen Bartfäden mit Tastfunktion. Er kann seine Augen nicht schließen. Im trüben Wasser schlammiger Gewässer sucht er seine Nahrung fast ausschließlich mit Hilfe der Tastorgane. Ein durchschnittlich großer Fisch hat zwischen 1100 und 1200 Schuppen. Oben ist eine Brasse, unten ein Karpfen gezeichnet.

Bei einer Wassertemperatur von 19 Grad dauert die Entwicklung der Eier 5 Tage, bei 23 Grad nur drei Tage. Die frisch geschlüpften Fischlarven sind 5 mm lang. Zu Ende des ersten Sommers erreichen die Karpfen eine Länge von zwischen 6 und 15 cm und wiegen etwa 30 g. Im zweiten Jahr erreichen sie 20 cm und 200 g und im dritten wiegen sie im Durchschnitt 1 kg.

Von der Wildform des Karpfens, die überall am Körper Schuppen trägt, unterscheiden sich die beiden Zuchtformen, der Lederkarpfen und der Spiegelkarpfen, ganz deutlich. Der Lederkarpfen besitzt überhaupt keine Schuppen mehr, der Spiegelkarpfen trägt an den Rückenseiten und den Flanken noch einzelne Reihen sehr großer Schuppen.

Der Katzenhai

Flach auf dem Meeresboden, in der Nähe eines Algenbüschels, liegt ein Kleingefleckter Katzenhai auf der Lauer. Man sieht kaum, wie sich die fünf Kiemenspalten an den Körperseiten vor den Brustflossen öffnen und schließen. Die Augen untersuchen die Umgebung. Sie übermitteln keine sehr klaren Bilder, aber sie bemerken jede Lichtveränderung in der Umgebung und melden, wenn in ihrem Blickfeld ein Fisch oder ein Krebstier vorbeizieht. Außerdem besitzt der Katzenhai noch andere Sinnesorgane: Zum Beispiel liegen in seiner Haut, vor allem am Kopf und an den Körperseiten, Kanäle mit Tastorganen, die jede durch das Wasser übertragene Bewegung wahrnehmen. Ein Fisch wird also sofort bemerkt, und der Katzenhai macht sich an die Verfolgung. Dabei treibt ihn seine Schwanzflosse vorwärts, unterstützt durch wellenartige Bewegungen seines länglichen Körpers. Das Maul liegt unter dem Kopf, der Oberkiefer überragt den Unterkiefer. Das Maul ist mit mehreren Reihen kleiner Zähne ausgestattet, mit denen die Beute gepackt wird. Kleine Fische werden im Ganzen verschlungen. Die Katzenhaie ernähren sich nicht nur von Fischen, sondern auch von Weichtieren wie Muscheln, Tintenfischen und Krebstieren. Die Haut der Haie ist mit sehr spitzen sogenannten Hautzähnen bedeckt. Sie bestehen aus demselben Material wie die echten Zähne der Wirbeltiere. Man kann sie nur fühlen, wenn man mit der Fingerspitze von rückwärts zum Kopf hin über die Haut eines Haies streicht, da die Zähnchen mit ihren Spitzen nach hinten gerichtet sind. Früher benutzten Schreiner die Haihaut zum Abschleifen von Holz.

Die Eier der Haie entwickeln sich außerhalb des Mutterleibes. Sie liegen geschützt in einer Hülle aus hornartigem Material. Alle Haie sind wie die Rochen Knorpelfische, deren Skelett noch nicht verknöchert ist. Die Katzenhaie gehören zu den kleinsten Arten. Man findet sie im Mittelmeer, im östlichen Atlantik von Norwegen bis zur Westküste Afrikas.

Kleingefleckter Katzenhai. Länge: 60 cm, Gewicht: 4,5 kg, Lebenszeit: 7–8 Jahre.
Großgefleckter Katzenhai. Länge: 80 cm, Gewicht: 9,5 kg, Lebenszeit: 8–10 Jahre.

Die Haie vermehren sich nicht wie die meisten Knochenfische, deren Eier erst außerhalb des Körpers der Weibchen durch die Männchen befruchtet werden. Kurz vor dem Laichen nähert sich ein Haimännchen dem Weibchen, und beide schwimmen ein Stück gemeinsam unter geschmeidigen schlängelnden Bewegungen. Dann umschlingt das Männchen mit seinem Körper das Weibchen, das nun bewegungslos verharrt, und führt die langausgezogenen Anhänge seiner Bauchflossen in die Geschlechtsöffnung des Weibchens ein. Sie leiten den Samen in den Körper des Weibchens, die Befruchtung der Eier findet also im Inneren des Weibchens statt. Anschließend legt es die Eier ab.

Die männlichen Katzenhaie besitzen an ihrer Bauchflosse zwei Anhänge, die für die Paarung wichtig sind. Im Maul stehen viele Reihen spitzer Zähne, vor den Nasenöffnungen befinden sich häutige Lappen (oben rechts). Die Stellung der Rücken- und Bauchflossen zueinander ist beim Kleingefleckten und Großgefleckten Katzenhai unterschiedlich.

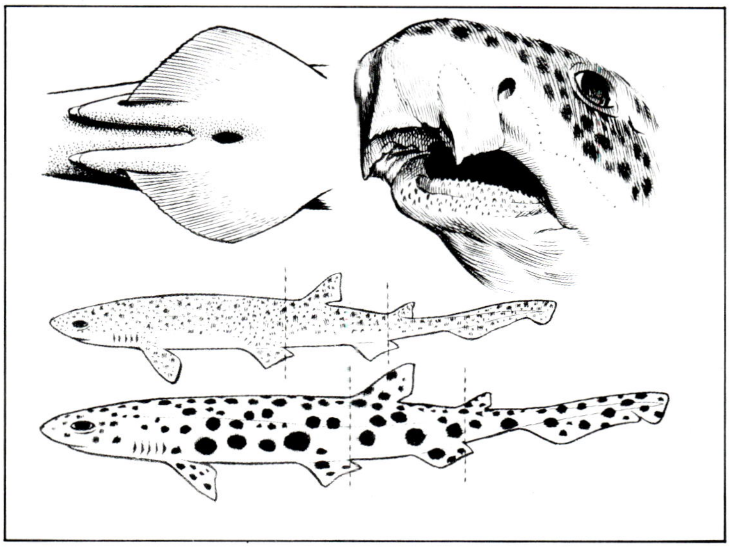

Das Ei wird von einer Kapsel aus hornartigem Material umgeben, die mit spiralförmigen Fäden versehen ist, mit denen sie sich verankern kann. Der Embryo entwickelt sich innerhalb von neun Monaten. Seinen Nahrungsbedarf deckt er aus der Nährkapsel, dem »Dottersack«, den man in der durchsichtigen Kapsel erkennen kann.

Der junge, eben geschlüpfte Katzenhai hat schon die Figur seiner Eltern. Er kann sich selbst ernähren, aber die Gefahr, daß auch er gefressen wird, ist groß. So mancher gerät in die Fangarme einer Seerose und wird verspeist.

Der Kiebitz

Steil steigt das Kiebitzmännchen mehrere Dutzend Meter in die Luft, um im nächsten Augenblick wieder fast senkrecht herabzustoßen, dabei schlägt es sehr schnell mit den Flügeln, was ein merkwürdiges fuchtelndes Geräusch verursacht. Es klingt, als würde man mit einer Weidenrute durch die Luft schlagen. Nur das Männchen kann dieses Geräusch erzeugen, da seine Flügelfedern am Ende etwas länger sind als die des Weibchens. Seinen Namen hat der Kiebitz allerdings nach seinem Ruf bekommen. Der Kiebitz begleitet seine akrobatische Vorführung mit lauten, hellen Rufen, die seine Aufregung zeigen und eventuellen Nachbarn seine Anwesenheit ankündigen sollen.
Im Norden der Bundesrepublik und in den Tiefebenen ist der Kiebitz noch recht häufig. Diese Zugvögel fliegen im allgemeinen in einer Höhe von weniger als 500 m, manchmal jedoch steigen sie auf bis in 4000 m Höhe, um Wolkenbänken auszuweichen. Sie fliegen mit einer Geschwindigkeit bis zu 65 km pro Stunde.

Eine originelle Methode. Der Kiebitz jagt in nassen Wiesen und Feldern und hält sich mit Vorliebe auf ebenen Flächen auf, wo das Gras nicht höher als 15 cm ist und Bäume selten sind. Seine Beutetiere macht er an Hand ihrer Geräusche ausfindig, und häufig wendet er dann eine ungewöhnliche Methode an, um die Beutetiere dazu zu bringen, den Schlamm oder die weiche Erde zu verlassen: Er stellt sich auf ein Bein, das andere streckt er und schlägt damit sehr schnell auf den Boden, um die Erdoberfläche zu erschüttern. Er frißt alle Insektenarten: Heuschrecken, Ameisen, Rüsselkäfer, Mistkäfer, Fliegen, aber auch Spinnen, Würmer und Weichtiere.

Länge: 32 cm
Gewicht: 200 – 250 g
Spannweite: 70 cm
Lebenszeit in der Natur: 25 Jahre maximal

Die Verpaarung der Kiebitze findet im März oder April statt. Oben links im Vordergrund ein Männchen und ein Weibchen. In der Mitte und rechts hat sich das Männchen in die Luft geschwungen und fliegt in geringer Höhe über seiner »Dame« hin und her. Unten, die Akrobatikvorführung geht weiter. Die anderen Kiebitze im Hintergrund haben sich noch nicht gepaart. Schließlich läßt sich das Männchen neben dem Weibchen nieder, das bereits mit dem Nestbau beginnt, indem es trockene Gräser im Schnabel herbeiträgt.

Oben der Flügel eines männlichen Kiebitz, darunter der Flügel eines Weibchens. Die breitere Form beim Männchen macht das Fluggeräusch möglich. Das Männchen hat längere Haubenfedern (12 cm) als das Weibchen (8 cm). Wie auch bei anderen kleinen Watvögeln, haben die Füße eine kleine Zehe, die nach hinten zeigt.

Das Weibchen legt vier birnenförmige Eier, sie sind grün-braun mit schwarzen Tupfen. Eine bis zwei Stunden nach dem Schlüpfen beginnen die Küken des Kiebitz bereits umherzulaufen, und schon ein paar Stunden nach ihrer Geburt entfernen sie sich vom Nest.

Wenn der Kiebitz zu nisten beginnt, liegt manchmal noch Schnee auf den Feldern. So kommt es vor, daß manche Gelege durch die Kälte zerstört werden.

Die Küken sind sehr kälteempfindlich. Vor allem fehlt ihnen bei Kälte das notwendige Futter, besonders kleine Insekten und Spinnen.

Der Kiwi

Neuseeland hat den fremdartigen Kiwi-Vogel, einen typischen Inselbewohner, zum Wappentier erkoren. Auch die nationale Rugby-Mannschaft schmückt sich mit diesem Namen. Geschäftsleute setzen ihre Produkte mit Vorliebe unter dem Zeichen des Kiwi ab, eine exotische Frucht trägt gleichfalls diesen Namen. Die neuseeländischen Kiwis, schwanz- und flügellos, gehören zu den wenigen Vögeln, die den Einbruch der europäischen Zivilisation in ihren angestammten Lebensbereich überstanden haben. Heute begeben sich diese Nachtvögel sogar auf Wiesen und Felder, um dort Nahrung zu finden.

Der Kiwi ist ein enger Verwandter der Moas oder Riesensträuße, die spätestens im vergangenen Jahrhundert ausgerottet wurden. Diese „Diornis" genannten Riesenvögel wurden bis zu drei Meter groß. Gleich wie der Vogel Strauß, der Nandu, der Kasuar und der Emu ist der Kiwi flugunfähig. Seine verkümmerten Flügel, die unter dem Federkleid versteckt sind, sind zwischen vier und fünf cm lang und enden in Krallen. „Apteryx" (ohne Flügel) lautet ihr wissenschaftlicher Gattungsname. Benannt wurde der kuriose Vogel von den Maoris, den Ureinwohnern der Insel, nach seinem Schrei bei Einbruch der Dämmerung und während der Nacht. Lange Zeit diente er den Maoris als willkommener Leckerbissen. Mit seinen Federn schmückten die Ureinwohner ihre Wohnstätten.

Da die Kiwis nachtaktive Vögel sind, weiß man noch recht wenig über ihre Lebensweise. Den Tag verbringen sie in einem Bau oder unter einem umgestürzten Baumstamm, erst abends verlassen sie zur Nahrungssuche diese Orte (Abbildung oben). Sie halten sich vor allem in den Bergwäldern auf, gehen jedoch auch in den Busch, auf natürliche Wiesen und sogar in Plantagen. Der männliche Kiwi ist für das Ausbrüten der verhältnismäßig großen Eier zuständig. Die Eier der größten Kiwi-Arten wiegen im Durchschnitt 435 Gramm, das entspricht 17,5 % des Gewichtes des Weibchens. Bei der kleinsten Kiwi-Art entspricht das Ei-Gewicht 25 % des Körpergewichts. Wenn das Weibchen also 1350 Gramm wiegt, ist das Ei 310 Gramm schwer. Kein Vogel mit vergleichbarem Gewicht legt derart schwere Eier.

Größe des Kiwi: 35 bis 55 cm, je nach Art.
Gewicht: ein bis drei Kilogramm, je nach Art.

Bei Einbruch der Dämmerung (links) verläßt dieser Kiwi seinen Unterschlupf, um sich auf Nahrungssuche zu begeben. Im Vergleich zu den meisten anderen Vogelarten hat der Kiwi einen hochentwickelten Geruchssinn, mit dem er seine Nahrung im Humus und im lockeren Waldboden aufspürt. Er frißt vor allem Insekten, Spinnen, Würmer, Nacktschnecken und Tausendfüßler.

Rechts: Nachdem der Vogel seinen Schnabel in den Erdboden gesteckt hat, zieht er bald einen Wurm heraus.
Offensichtlich bilden Regenwürmer den Hauptbestandteil seiner täglichen Nahrung. Er frißt jedoch auch Samenkörner, Beeren und Früchte. Auf der neuseeländischen Nord-Insel macht sich eine Kiwi-Art in den Plantagen als Ungezieferjäger nützlich.

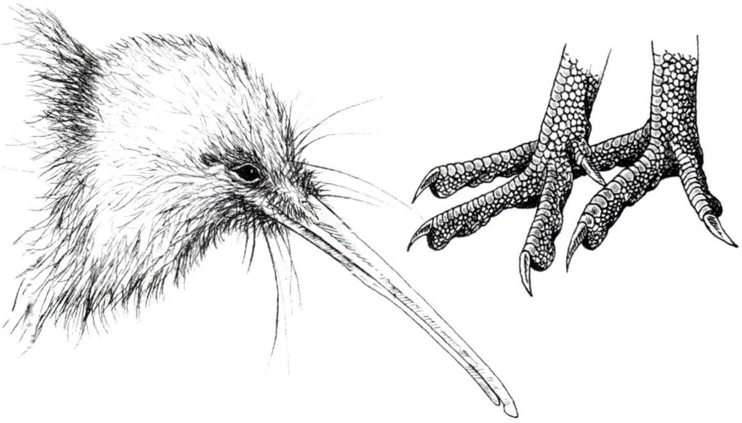

Insgesamt gibt es drei Kiwi-Arten. Der oben abgebildete Vogel zeichnet sich durch kleine Augen und einen gekrümmten Schnabel aus. Die Nasenlöcher befinden sich am äußersten Ende des Schnabels. Bei anderen Arten liegen sie am Schnabelansatz. Rechts: Kiwi-Füße. Sie sind recht robust, da sich diese Vögel ausschließlich laufend oder rennend vorwärtsbewegen. Kiwi-Weibchen neben einem Ei. Das Gelege dieses Vogels besteht aus einem oder höchstens zwei Eiern. Die Eier der großen Kiwi-Arten erreichen ein durchschnittliches Ausmaß von 12 mal 8 cm und werden in einer Erdhöhle abgelegt. Die Bebrütung nimmt 75 bis 80 Tage in Anspruch. Nach dem Ausschlüpfen bleibt der Nachwuchs sechs Tage lang ohne Futter.

Tiertragödie: Dieser Kiwi fiel einem Waldbrand zum Opfer. Durch diese Katastrophen verenden regelmäßig zahlreiche Vögel. Außerdem wird der Lebensraum vernichtet. Holzeinschlag und die Entfernung von Gestrüpp haben gleichfalls verheerende Folgen. Daher appelliert man an die Landwirte, kleine Waldstücke unangetastet zu lassen. Auf diese Art und Weise könnte wenigstens ein Teil des für Kiwis nötigen Lebensraumes bewahrt werden. Über den gesamten Bestand der Kiwis weiß man auch heute noch viel zu wenig.

Der Koala

Der Koala oder Koalabär Australiens ist wahrscheinlich neben dem Känguruh das auf der ganzen Welt bekannteste Beuteltier. Seine Beliebtheit verdankt er wohl seinem teddybärartigen Aussehen. Vor hundert Jahren lebten Millionen dieser Baumkletterer in Australien überall dort, wo es Eukalyptuswälder gab. Leider machten sich viele Leute einen „Spaß" daraus, die harmlosen und wenig scheuen Bärchen von den Bäumen zu schießen. Später wurde ihr weiches und dauerhaftes Fell mit der Silberfarbe zu einem gesuchten Handelsobjekt, und schließlich rodete man vielerorts die Eukalyptuswälder, um Farmland zu gewinnen. 1927 waren dann die Koalas in einigen Staaten Australiens bereits ausgerottet. In den dreißiger Jahren endlich wurden sie unter Schutz gestellt, und inzwischen ist man bemüht, sie dort wieder anzusiedeln, wo sie zuvor vertrieben oder getötet worden waren.

Das Junge wiegt bei der Geburt nur $5^1/_2$ Gramm und verbringt die ersten sechs Monate im Beutel der Mutter. Später reitet es auf ihrem Rücken und hält sich mit Händen und Füßen im Fell fest.

In den Zoologischen Gärten Europas sind Koalabären nicht zu sehen. Der Grund hierfür liegt in der sehr einseitigen Nahrung dieser Tiere. Koalas sind nämlich reine Pflanzenfresser oder, noch besser gesagt, Blätterfresser. Und sie nehmen nur die Blätter von Eukalyptusbäumen. Aber auch hier ist nicht jede der etwa 350 Eukalyptusarten Australiens ihr Geschmack. Nur rund 20 Eukalyptusarten mögen sie und fünf von diesen ganz besonders. Und schließlich sind Koalas auch noch wählerisch in der Auswahl der Blätter. Dafür haben sie, wie man durch Zufall herausfand, einen guten Grund. Gerade die Blätter des Lieblingsbaumes der Koalas, des Manna- oder Zuckereukalyptus, enthalten zu bestimmten Jahreszeiten eine recht hohe Menge an Blausäure, die tödlich wirkt, wenn sie aufgenommen wird. Solche Blätter lassen die Koalas also unberührt. In Europa läßt sich auf die Dauer die richtige Eukalyptusnahrung für diese Tiere nicht beschaffen.

Länge: 60-82 cm. Gewicht: bis 16 kg. Lebensalter: etwa 20 Jahre.

Koalas sind ausgezeichnete Kletterer, aber sie bewegen sich nur langsam. Der Daumen der Hand ist abspreizbar, und die Hand kann sowohl zum Umgreifen eines dünneren Astes beim Klettern benutzt werden als auch zum Herbeiholen der Blätter, die der Koala frißt. Zum Ausruhen und Schlafen setzen sich die Bärchen mit Vorliebe in eine Astgabel.

zum Herbeiholen der Blätter, die der Koala frißt. Zum Ausruhen und Schlafen setzen sich die Bärchen mit Vorliebe in eine Astgabel.

Auf der Zeichnung unten links sieht man einen Koalabären in Schlafstellung. Er hält sich mit allen vier Beinen fest und stützt sich mit dem Rücken ab. Rechts oben ist die Beuteltasche eingezeichnet. Sie öffnet sich nach hinten. Koalas haben keinen Schwanz. Darunter, schraffiert, das heutige Verbreitungsgebiet in Australien.

Hier ist ein junger, etwa sechs Monate alter Koala gerade dabei, aus dem Beutel seiner Mutter herauszusteigen, in dem er kaum mehr genügend Platz findet.

Dieser Kleine ist schon weiter herangewachsen und reitet auf dem Rücken der Mutter. Aber nur selten kommen Koalas auf den Boden herunter, in der Regel nur, wenn sie auf einen anderen Baum wollen.

Die Kohlmeise

Meisen können lernen. Es war im Jahre 1921, als es in England einigen Meisen auf dem Lande gelang, mit den Schnäbeln die Deckel der Milchflaschen durchzustoßen. Sie hatten sofort ihre Vorliebe für die Sahne, die sich oben in den Flaschen abgesetzt hatte, entdeckt. So gewöhnten sie sich rasch daran, die Milchflaschen zu öffnen. Andere Meisen beobachteten das und machten es ihnen nach. Innerhalb einiger Jahre hatte sich diese Angewohnheit bei Meisen weit verbreitet. So haben sich die kleinen Vögel eine neue Nahrungsquelle erschlossen. Aber bisher ist ein solches Verhalten nur in England beobachtet worden.

Die Kohlmeise baut ihr Nest in alle möglichen Höhlen und Vertiefungen. Es können alte Spechtlöcher sein, Mauerritzen, Briefkästen und natürlich Vogelnistkästen. Die Nesthülle wird mit Moos, Wurzeln, trockenen Gräsern und Laub reich ausgepolstert. Das Innere wird schließlich mit Federn und Haaren besonders weich ausgelegt. Die Kohlmeise ist fast ständig in Bewegung. In kurzen Abständen läßt sie ihre hellen Rufe hören. Wenn sie im Geäst herumflattert und klettert, hängt sie sich oft mit dem Rücken nach unten an einen Zweig, um an seinem äußersten Ende etwas abzupicken. Im nächsten Augenblick schon sitzt sie am Stamm eines großen Baumes, um unter der Rinde nach Nahrung zu suchen. Große Insekten, Nüsse und Sonnenblumensamen werden mit den Füßen festgehalten und mit dem Schnabel bearbeitet, bis die Schale aufspringt.

Länge: 14 cm
Flügelspannweite: 22 cm
Gewicht: 15 bis 21 g
Lebenszeit in der Natur: 2 bis 3 Jahre.

Die Kohlmeise findet ihre Nahrung auf Bäumen, Büschen und auf der Erde. Im Sommer frißt sie die Eier und Larven von Schmetterlingen, Fliegen, Blattläusen, Käfern und Spinnen. Im Herbst und Winter ernährt sie sich vor allem von ölhaltigen Sämereien, Früchten und Beeren. Butter- oder Margarinepäckchen, die zum Frischhalten auf den Fensterbänken liegen, werden oft von Meisen aufgepickt. Auch das Fett, das noch an Tierhäuten haftet, die zum Trocknen aufgehängt werden, nehmen die Meisen gerne.

Mit ihrem kurzen und kräftigen Schnabel kann die Kohlmeise die Schale einer Haselnuß aufhacken. Von verwandten Arten unterscheidet sie sich durch die weißen Bäckchen, den schwarzen Kopf und die gelbe Brust, die von einem breiten schwarzen Längsband durchzogen ist. Ihre Füße sind kurz, aber kräftig.

Mehr als 70 % der im Sommer geborenen Meisen sterben vor Ende des darauffolgenden Winters. Der Sperber ist ein Feind der ausgewachsenen Vögel. Das Gelege und die Jungvögel sind oft Opfer von Klimaschwankungen oder sie fallen dem Waldkauz, dem Marder, dem Wiesel und anderen kleinen Raubtieren zum Opfer.

Das Weibchen legt 8 bis 12 Eier. Sie sind 18 mm lang, 14 mm breit und wiegen etwa 2 g. Das Weibchen bebrütet sie alleine während 13 oder 14 Tagen. Die Eltern bringen pro Tag 300 bis 400 mal Nahrung für die Jungen, im gleichen Zeitraum nehmen die Jungen 0,5 bis 1,5 g an Gewicht zu.

Die Kolibris

Der kleinste Kolibri mißt von der Schnabelspitze bis zum Ende seiner Schwanzfedern nur sechs Zentimeter und wiegt ganze zwei Gramm. Kolibris kommen nur in Nord- und Südamerika vor, zwischen Alaska und Feuerland, und einige von ihnen machen in jedem Jahr weite Wanderungen, etwa von Kanada nach Mittelamerika. Dabei legen sie im Herbst und Frühjahr jeweils bis zu 3500 Kilometer zurück und überfliegen im Nonstopflug den Golf von Mexiko.

Die Nahrung der Kolibris besteht aus Nektar, den sie aus den Kelchen von Blüten saugen, und aus winzigen Insekten, die sie auch an und in den Blüten finden. Für den Blütenbesuch sind diese Vögel gut ausgestattet. Ihre Schnäbel sind den Formen der Kelche angepaßt. Arten mit besonders langen und zum Teil auch sichelförmig gebogenen Schnäbeln fliegen zu Blüten mit tiefen Kelchen, in denen auch der Nektar sich weit im Inneren ansammelt und von kurzschnäbeligen Arten nicht erreicht werden könnte. Im Schwirrflug stehen diese Vögel in der Luft, stekken ihre Schnäbel in die Blüten und fliegen dann blitzschnell weiter zur nächsten.

Das Federkleid der Kolibris besitzt bei vielen Arten leuchtende, farbige Stellen, die aber nur zu erkennen sind, wenn das Licht im richtigen Winkel darauf fällt. Vor allem im dichten Bewuchs tropischer Wälder wirken diese Farbsignale als Erkennungszeichen für Artgenossen. Einer der schönsten Kolibris ist der Topaskolibri, der im Tiefland des Amazonas vorkommt. Im Bild links ist oben das Männchen und unten das Weibchen zu sehen.

Topaskolibris suchen nach Blüten hoch oben in den Baumwipfeln und entlang von Wasserläufen, wo auch viele Insekten vorkommen.

Die Nester der Kolibris sind ebenso klein und zart wie die Vögel selbst. Oft werden sie aus Spinnweben, feinsten Pflanzenfasern oder Moos gebaut, auf Ästen oder in den Wurzelstöcken umgefallener Bäume. Sie sind meist in der Farbe des Nistmaterials der Umgebung gut angepaßt und dadurch sehr schwer zu entdecken. Die Jungen, in der Regel sind es zwei, werden auch mit Nektar gefüttert, bis sie flügge sind, das Nest verlassen können und sich selbständig machen.

Dieser Engelkolibri erreicht eine Spitzengeschwindigkeit von etwa 45 Kilometern in der Stunde, wenn er von einer Blüte zur nächsten schwirrt. Er senkt den Schnabel in den Kelch und holt sich den Nektar heraus. Dabei übertragen die Kolibris Blütenstaub von den männlichen Blüten auf die weiblichen und bestäuben dadurch die Pflanzen, wie es bei uns die Insekten tun. Da Kolibris sehr gut Farben sehen können, sind die Blüten, die sie besuchen, oft leuchtend rot.

Kolibris sind die einzigen Vögel, die auch nach rückwärts und nach der Seite fliegen können. Die Form und Länge des Schnabels ist bei den einzelnen Arten sehr unterschiedlich.

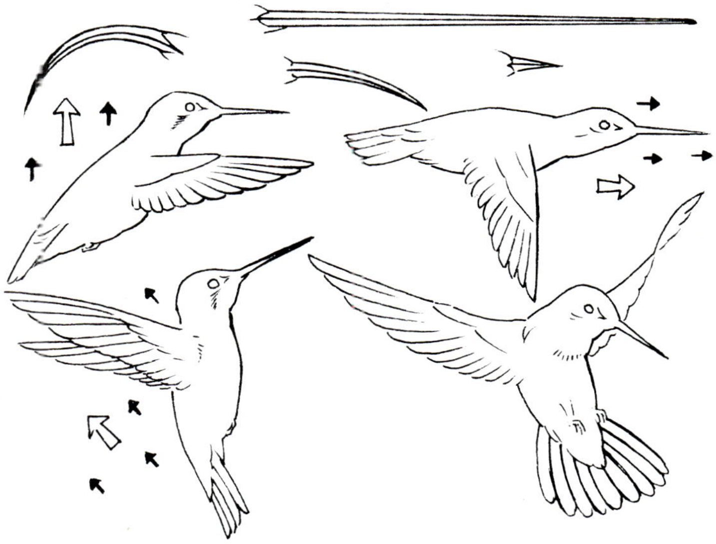

Unten ist ein Kolibrinest abgebildet, in dem die beiden weißen, winzig kleinen Eier zu erkennen sind. Hier ist das Nest fest und sicher auf einem Ast verankert worden.

Der Schwarzkopfkolibri aus Jamaica besitzt zwei extrem lange Schwanzfedern. Es sind Schmuckfedern.

Der Kolkrabe und die Alpendohle

Viele Menschen meinen, Tiere würden niemals spielen. Aber wenn ein Kolkrabe sich mit seinen Füßen an einen Ast klammert und ein paar Minuten mit dem Kopf nach unten schaukelt, oder wenn er im Wind flugakrobatische Kunststücke vollführt und dabei laute Rufe ausstößt, ist das nicht ein Spiel? Kolkraben haben ein weites Jagdrevier. Tagsüber streifen sie von der Felswand, in der ihr Horst steht, weit umher. Die Almen, Felder und Waldränder werden nach Nahrung abgesucht. Besonders im Winter und Frühjahr können die Raben dort verendetes Rehwild finden oder eine Gemse, die eine Lawine in den Tod gerissen hat. Kolkraben sind Allesfresser. Sie ernähren sich von Aas, von kleinen Tieren, aber auch von Früchten und Beeren. Seit es die großen Müllhalden am Rande der Städte und in den Wintersportorten gibt, kann man dort immer Kolkraben beobachten. Sie suchen auf den Müllhalden nach Nahrungsresten.

Kolkraben kommen in Europa, Asien und in Nordamerika vor. Sie waren früher in den Ebenen Westeuropas sehr viel weiter verbreitet. Nachdem sie aber stark verfolgt und bejagt wurden, sind sie nahe an den Rand der Ausrottung gekommen.

Erst seit in manchen Gebieten Europas – so in Deutschland – der Kolkrabe ganzjährig unter Schutz steht, nimmt seine Zahl wieder zu.

Kolkrabe
Länge: 50 bis 63 cm
Gewicht: 1 bis 1,3 kg
Flügelspannweite: 1,15 bis 1,30 m
Lebenszeit: 69 Jahre in Gefangenschaft

Alpendohle
Länge: 37 cm
Gewicht: 160 bis 240 g
Flügelspannweite: 75 cm
Lebenszeit: etwa 15 Jahre

Zur Nistzeit duldet der Kolkrabe keine anderen großen Vögel in seiner näheren Umgebung. Er verjagt sie und greift sogar den Steinadler an, wenn er zu nahe vorbeifliegt. Trotz seiner Vorliebe für Aas frißt der Kolkrabe auch die Gelege des Steinhuhns. Manchmal kämpfen Kolkraben miteinander um besonders gute Nahrungsbrocken.

Der Kolkrabe unterscheidet sich von der Rabenkrähe durch seine größere Spannweite und durch seinen keilförmig zulaufenden Schwanz. Alpendohle und Alpenkrähe unterscheiden sich vor allem durch ihren Schnabel. Die Alpendohle hat einen relativ kurzen, gelben Schnabel (oben rechts), die Alpenkrähe einen langen, etwas gebogenen und roten Schnabel (unten links).

Der Kolkrabe baut seinen Horst in einer Felswand, in Waldgebieten auch auf Bäumen. Jedes Pärchen baut mehrere Nester innerhalb seines Reviers und benutzt sie wechselseitig. Die Eier werden im März gelegt, die Brutzeit beträgt etwa 20 bis 21 Tage. Das Weibchen brütet alleine.

Kolkraben, Alpendohlen, Saatkrähen, Rabenkrähen und Dohlen, sie alle sind größere schwarze Vögel, die bei uns vorkommen. Echte Alpenvögel sind die Alpenkrähe und die Alpendohle.

Der Komodo-Waran

Ein auf Java lebender Holländer erfuhr um das Jahr 1910 von einer gewaltigen Echse, die angeblich auf der Insel Komodo beobachtet worden war. Den phantastischen Geschichten nach war diese drachenähnliche Kreatur sechs Meter lang. Sogar Menschen soll dieses Tier angegriffen haben. Der skeptische Forscher ließ weitere Beobachtungen anstellen. Es kam heraus, daß auf Komodo unter anderem tatsächlich Riesenechsen lebten. Die Tiere waren jedoch lediglich drei Meter lang und alles andere als Drachen aus der Sagenwelt. Wie ein Lauffeuer verbreitete sich die Nachricht von dieser Entdeckung. Bald darauf schickten die Zoodirektoren zahlreicher Länder Expeditionen auf die Insel. Denn auch sie wollten solch eine Riesenechse für ihre Sammlung. Als die Echsenjagd langsam überhand nahm, wurde 1926 der Fang des Komodo-Warans verboten.

Er gehört zur Gruppe der Warane, die meist durch beachtliche Körpermaße auffallen. Von sämtlichen Riesenechsen ist der Komodo-Waran die beeindruckendste Art. Zu Beginn der achtziger Jahre gab es offiziellen Schätzungen zufolge noch ungefähr 5000 Komodo-Warane, möglicherweise ist der Bestand eher geringer.

Der Komodo-Waran zählt zu den großen fleischfressenden Echsen. Er frißt alle möglichen Tiere, angefangen von Insekten, Echsen, Schlangen, Vögeln, Nagern und toten Fischen bis hin zu Kleinhirschen und Wildschweinen, auch die Eier von Großfußhühnern verschmäht diese gefräßige Echse nicht. Bisweilen frißt er sogar den eigenen Nachwuchs. Mit seinen scharfen Zähnen knackt er die Knochen des Beutetiers und zerteilt es in bis zu drei Kilogramm schwere Fleischstücke, die er verschluckt. Wenn er seine Mahlzeit beendet hat, hängt sein Bauch manchmal bis auf den Boden hinab. Man hat schon beobachtet, wie sich vier große Warane über jeweils einen Hirsch hergemacht haben. In der Regel jedoch jagt der Komodo-Waran alleine. Er gräbt einen zwischen vier und fünf Meter langen Bau unter einem Baum oder unter Felsgestein. Im August legt das Weibchen zwischen 12 und 20 Eier. Die in die Erde abgelegten Eier sind zehn Zentimeter lang und wiegen 200 Gramm.

Länge des Komodo-Warans: 2 bis 3 m. Sein Gewicht: 100 bis 150 kg.

Dieser Komodo-Waran ist auf der Jagd. Nachdem er die zwei Wildschweinfrischlinge entdeckt hat, pirscht er sich vorsichtig heran (Mitte). Während er einen Frischling verschlingt, gelingt dem anderen die Flucht. Er zerbeißt die Beute und verschluckt sie vollständig (rechts). Der Waran wagt sich auch an erwachsene Wildschweine heran. Auf der Suche nach Nahrung legt diese Riesenechse beachtliche Strecken zurück. Um schneller vorwärts zu kommen, hält sie sich an die von Hirschen und Wildschweinen im Busch und im hohen Gras geschaffenen Wildwechsel. Während der Trockenzeit von Juni bis Oktober bevorzugt sie den Schatten und legt eine gemächlichere Gangart ein.

Seitliche Ansichten eines Warankopfes. Gleich wie bei den übrigen Waranen läuft er schmal zu. Meistens reckt die Großechse ihren Kopf in die Höhe. Hinter den Augen erkennt der Betrachter die spaltförmige Ohröffnung. Rechts eine mit fünf starken Krallen bewehrte Warantatze. Dem Menschen wird dieser „Drache" in der Regel jedoch nicht gefährlich.

Vergleich zwischen dem Komodo-Waran (oben) und der Perleidechse (unten): Die Perleidechse ist die größte europäische Eidechsenart (zwischen 40 und 70, in Ausnahmen bis 90 cm lang). Der Schwanz der Perleidechse ist zweieinhalbmal so lang wie der Körper.

Trotz seiner Schwerfälligkeit ist der Komodo-Waran ein guter Schwimmer. Mühelos erreicht er auf diese Weise die seinem Revier benachbarten Inseln. Er kann sogar mehrere Kilometer schwimmend zurücklegen. Wissenschaftler haben daraus gefolgert, daß die Riesenechse möglicherweise zunächst in Australien lebte und die Insel Komodo auf dem Wasserweg erreicht hat.

Der Kondor

Der Kondor lebt in den Anden von Venezuela bis Feuerland. Auf seinen gewaltigen Schwingen gleitet er durch die Lüfte von Meereshöhe bis hinauf auf 5000 m und höher. Schon im 19. Jahrhundert sah ihn der deutsche Gelehrte Alexander von Humboldt über den Hängen des Chimborazo in einer Höhe von etwa 7000 Metern. Sehr selten fliegen andere Vögel in solcher Höhe. In den nördlich von Peru gelegenen Ländern hält sich der Kondor vorwiegend an den Küsten auf, die vom kühlen Humboldtstrom berührt werden. Im Norden von Kolumbien und in Venezuela findet man ihn selten. Je weiter man nach Süden kommt, umso häufiger kann man ihn antreffen. Der Kondor lebt in der Regel alleine, nur in der Brutzeit paarweise. Selten bildet er mit anderen Vögeln eine Gruppe von mehreren Dutzend Tieren.

Ein deutliches Merkmal dieses Vogels ist sein nackter, rötlicher Kopf und ein ebenfalls nackter Hautkamm am Kopf über dem Schnabel. Beim ausgewachsenen Tier mißt er etwa 4,5 cm in der Höhe und 10 cm in der Länge. Er ist bereits beim Jungvogel zu erkennen, entwickelt sich aber mit zunehmendem Alter immer stärker. Jungvögel haben zunächst ein gleichmäßig braun-schwarzes Gefieder mit einer schwärzlichen Halskrause.

Erst nach vier Jahren beginnt sich diese Halskrause weiß zu verfärben. Nach fünf Jahren werden auch die Schultern und ein Teil der Flügel weiß. In der Paarungszeit unterscheidet sich der männliche Kondor vom weiblichen durch nackte häutige Halslappen, die seitlich herabhängen. Wenn das Männchen erregt ist, färben sich diese Lappen leuchtend rot. Das weibliche Tier ist kleiner und besitzt keinen Kamm. Seine Iris ist rot, die des Männchens braun. Die Horste dieser Vögel liegen an den steilen Felsenküsten, die zum Meer hin abfallen.

Länge: 1 m
Gewicht: 12 kg
Flügelspannweite: fast 3 m
Lebenszeit: 68 Jahre in Gefangenschaft

Als Aasfresser sucht der Kondor vor allem die Kadaver großer Tiere. Das sind zum Beispiel verendete Vikunas, Schafe und Lamas. Nur äußerst selten und wohl nur dann, wenn er sehr hungrig ist, greift er auch noch lebende Tiere an. In den Kolonien von Kormoranen und anderen Meeresvögeln, die auf den der peruanischen Küste vorgelagerten Inseln brüten, findet er ebenfalls Nahrung.

Die erwachsenen Kondorweibchen und die Jungvögel haben noch keinen fleischigen Kamm. Die Flügel des alten Vogels zeigen einen großen weißen Fleck, der von den Federn der Armschwingen gebildet wird.

Der Kondor brütet nur alle zwei Jahre, denn die Aufzucht der ein oder zwei Jungen dauert sehr lange. In Chile liegt die Brutzeit im September oder Oktober. Die Altvögel bringen die Nahrung für die Jungen herbei. Mit sechs Monaten sind die Federn der Jungen soweit ausgebildet, daß sie fliegen können. Aber noch bis zum Alter von zwei Jahren bleiben sie in Gesellschaft der Eltern.

Wie alle Geier ist der Kondor ein ausgezeichneter Segler. Besonders im Aufwind an den Berghängen kann er lange Zeit ohne Flügelschlag seine Bahnen ziehen. Während er kreist, beobachtet er ständig das Land unter sich, um ein Aas zu entdecken.

Die Welt der Korallen

Winzig kleine Tiere sind die Erbauer der gigantischen Korallenriffe des Großen Barriere-Riffs und der Atolle der südlichen Meere: Die Polypen sind gleich wie die Nacktschnekken Weichtiere. Nach ihrem Tod bleibt lediglich ein Kalkgerippe, die Koralle, zurück. Diese Überreste lagern sich auf den Kalkgerippen der Vorgänger ab. Mit der Zeit entstehen riesenhafte Riffe, die, je nach Polypenart, jährlich zwischen 1 mm und 28 mm anwachsen. In manchen Fällen wachsen diese Meeresgebilde sogar noch stärker. Man kann davon ausgehen, daß ein 50 m hohes Riff etwa 1800 Jahre alt ist. Während sein Fundament aus kalkhaltigen Gerüsten besteht, befinden sich auf dem oberen Teil die noch lebenden Polypen. Insgesamt gibt es etwa 5000 Korallenarten. Die dort lebenden Polypen sind mit sechs bis acht Fangarmen ausgestattet. Polypen sind mit den Seerosen verwandt und leben häufig in Verbindung mit Algen. Man trifft sie praktisch nur bis in 40 m Meerestiefe an, denn sie benötigen für ihre Entwicklung Wärme und Licht. Korallen können nur in den tropischen Meeren bei Temperaturen zwischen 20 und 28 Grad entstehen. Die meisten Korallenriffe findet man daher im Pazifik und im Indischen Ozean.

Korallenriffe sind sehr vielfältig strukturierte Lebensgemeinschaften. Sie setzen sich zusammen aus zahlreichen Tieren und Pflanzen, die zwar praktisch getrennt leben, aber dennoch voneinander abhängig sind. Im Meereswasser, das sie umgibt, finden sie ihre Nahrung. Ins Wasser legen die Korallenriffbewohner auch ihre Eier und Larven ab. Im Meer, ohne das sie nicht existieren könnten, liegt mit anderen Worten ihr Lebensraum. Die rot, gelb oder grün gefärbten Korallen ähneln Bäumen, Blumenkohlköpfen, Fächern, Orgelpfeifen oder einem verzweigten Geweih. Sie sind zwar hart, doch ist das Korallenriff ein höchst empfindliches Gebilde. So können Stürme die Korallen ebenso zerbrechen wie Fische mit zangenartigen Zähnen. Seesterne fressen ihrerseits die Polypen. Auch die Einleitung von Abwässern ins Meer wirkt sich für die Korallenriffe verheerend aus. Die Atoll genannten Korallenriffe sind in Form eines Ringes angelegt. Im Mittelpunkt des Ringes liegt eine vom offenen Meer getrennte Lagune. Sie ist mit dem Meer nur durch verschiedene Öffnungen in den Riffen, sogenannten Zuflußrinnen, verbunden. Eines der berühmtesten Atolls ist das Bikini-Atoll. Es gehört zu den Marshall-Inseln, die im Pazifischen Ozean liegen.

Ansicht eines teilweise freiliegenden Korallenriffs bei Ebbe. Die Korallen gleichen Pflanzenbüscheln oder in manchen Fällen Sträuchern. Die Riffe entstehen in der Nähe der Meeresküsten. Sämtliche Korallen benötigen für ihre Existenz warmes und klares Meereswasser. Schlick und im Wasser gelöster Sand würden sie ersticken. Korallenriffe gibt es zwischen dem 35. Breitengrad im Norden und dem 32. Breitengrad im Süden. Sogenannte „Barriereriffe" entstehen in einem bestimmten Abstand zum Festland, etwa entlang der Küste Floridas. Das größte Atoll der Welt, die Wake-Insel – sie gehört zu den Marshall-Inseln – erstreckt sich über 2175 Quadratkilometer.

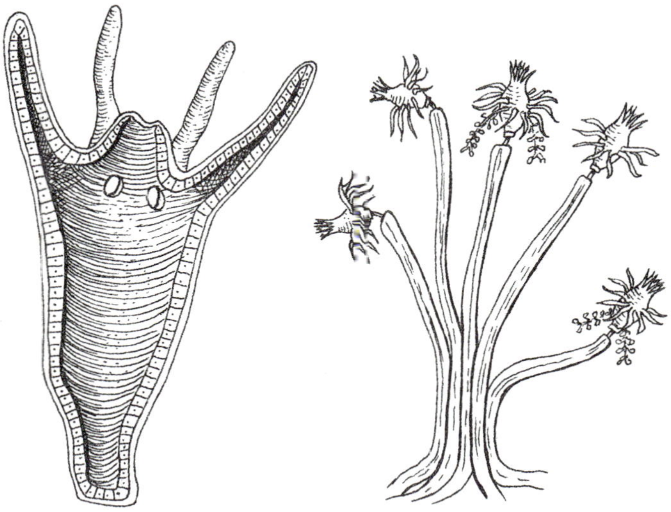

Struktur eines Polypen, eines der Lebewesen der Korallenriffe. Links Querschnitt eines herausgelösten Polypen. Oben befindet sich der von Fangarmen umgebene Mund. Darunter verläuft die Magenhöhle, ganz unten der Polypenfuß. Die Polypenwandung besteht aus zwei Schichten. Rechts eine kleine Polypenkolonie.

Im Reich der Korallenriffe lauern auch Raubfische. Diese Muräne etwa wartet darauf, daß Fische in der Nähe ihrer Grotte vorbeischwimmen, um sie zu packen. Der Barakuda und mehrere Haifischarten bewegen sich blitzschnell auf einzelne Fische zu, die sich nicht mehr in Sicherheit bringen können.

Die Clownfische gehören zu der Gruppe der Korallenfische, die sich ständig in der Nähe großer Seerosen aufhalten. Ist Gefahr in Verzug, flüchten diese Fische zwischen die Tentakeln der Seerosen. Die Berührung mit diesen Fangarmen kann für andere Tiere tödlich enden. Die Clownfische hingegen leben in enger Verbindung mit den Seerosen, die ihnen nicht gefährlich werden und sie sogar gegen Feinde schützen. Clownfische sind zwischen 8 und 15 cm lang. Seerosen ihrerseits haben einen Durchmesser zwischen 15 und 40 cm.

Der Kormoran

Der Kormoran gehört zu den Vögeln mit der weitesten geographischen Verbreitung. Man findet ihn von Labrador bis Australien, in Grönland, Island, am Mittelmeer, in Südafrika und Eurasien. Die Familie der Kormorane umfaßt etwa dreißig Vogelarten, von denen viele nur in einem ganz begrenzten Gebiet zu finden sind. So zum Beispiel der Galapagoskormoran, dessen Flügel so rückgebildet sind, daß er flugunfähig geworden ist. Die Kormorane halten sich gern in Mündungsgebieten auf, an großen Wasserläufen, die von Wäldern gesäumt werden und an den felsigen Küsten der ganzen Welt. Selten sind diese Tiere Einzelgänger. Sie schließen sich möglichst in größeren Trupps zusammen. Zur Zeit der Wanderungen fliegen die Kormorane in großer Höhe und bilden dabei eine Keilformation. Sie nisten in Kolonien, häufig direkt am Boden auf kleinen felsigen Inseln, an der Breitseite einer Felswand, aber auch auf Bäumen. Auf dem Boden wird das Nest aus Zweigen und Pflanzenteilen gebaut, die sich mit der Zeit durch die Exkremente der Vögel verfestigen. Entlang der Küsten Chiles und Perus haben riesige Ansammlungen von Kormoranen zur Anhäufung ihrer Exkremente, dem Guano, beigetragen. Der Guano wird industriell genutzt und weltweit als Dünger verkauft. Die Jungvögel schlüpfen nackt und blind. Nach drei Tagen öffnen sich die Augen, und bald wächst ihnen dann ein dunkler Flaum. Nach zehn bis zwölf Wochen sind die jungen Kormorane selbständig. Anders als bei den übrigen Wasservögeln bleibt das Gefieder der Kormorane beim Tauchen und Schwimmen nicht trocken, sondern durchnäßt. Das verringert den Auftrieb und erleichtert die Jagd unter Wasser. Aber die Vögel müssen anschließend ihr Gefieder möglichst rasch trocknen, um wieder flugfähig zu werden. So sieht man sie oft am Ufer mit ausgebreiteten Schwingen stehen, damit Sonne oder Wind die Federn trocknen können.
In Japan und China werden auch heute noch Kormorane zum Fischfang abgerichtet. Sie bekommen einen Ring um den Hals, der ihnen das Verschlingen kleiner Fische zwar erlaubt, größere Fische jedoch nicht durchläßt. An einer langen Leine werden die Vögel zum Tauchen und Jagen ins Wasser gebracht. Sobald sie einen für den Menschen brauchbaren Fisch erbeutet haben, tauchen sie mit ihm auf und lassen ihn sich abnehmen. Früher war diese Art des Fischfangs allgemein üblich, inzwischen haben allerdings modernere Fangmethoden die Jagd mit Kormoranen weitgehend ersetzt.

Länge: 92 cm, Spannweite: 1,52 m, Gewicht: 1,7–2,8 kg, Lebenszeit: etwa 40 Jahre

Wenn der Kormoran schwimmt, liegt sein Körper tief im Wasser; nur Hals und Rücken schauen noch heraus. Dann taucht er, um nach Fischen zu jagen. Hat der Kormoran ein Beutetier gefangen, kann er es gleich unter Wasser verschlingen; häufiger jedoch kehrt er an die Oberfläche zurück, wirft die Beute einmal hoch und verschlingt sie dann mit dem Kopf voran. Die Speiseröhre ist in ihrer ganzen Länge sehr dehnbar und bietet mehreren Fischen hintereinander Platz.

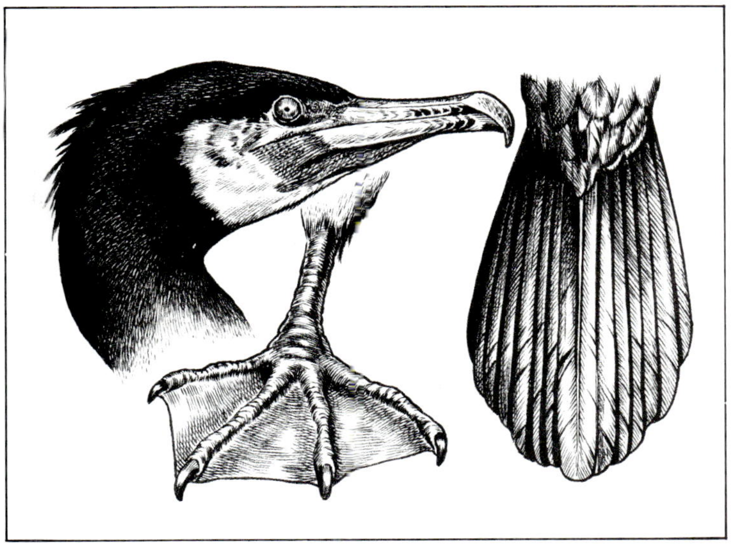

Der Kormoran hat einen geraden, recht langen Schnabel, dessen Spitze hakenförmig gebogen ist; an der Wurzel ist der Schnabel gelb. Die Füße sind schwarz und tragen Schwimmhäute zwischen allen vier Zehen. Der Schwanz ist keilförmig und besteht aus 14 Federn. Das blau-schwarze Gefieder schimmert grünlich.

Das Weibchen des Kormorans legt drei bis vier Eier von länglicher Form. Die Eltern wechseln sich beim vierwöchigen Brüten ab. Die Jungen schlüpfen nackt. Sobald sie etwas kräftiger sind, nehmen sie sich selbst die Nahrung aus dem Kropf ihrer Eltern.

Nach dem Schwimmen und Tauchen ruhen die Kormorane gern auf einem Felsen oder auf einem niedrigen Ast. Sie verweilen längere Zeit mit ausgebreiteten Flügeln, wobei sie sich möglichst gegen den Wind und die Sonne stellen. Auf diese Weise trocknen sie ihr Gefieder. Mit den großen Schwimmhäuten können sie nicht sehr geschickt laufen, aber dafür schwimmen sie um so besser. Im Flug erreichen sie immerhin eine Geschwindigkeit von 100 Stundenkilometern.

Der Krake

Die Kraken gehören zu den Tintenfischen. Der Name „Fisch“ ist allerdings etwas irreführend, denn die Tintenfische haben mit den echten Fischen überhaupt nichts zu tun. Es sind Weichtiere und damit Verwandte der Schnecken und Muscheln. Eine äußere Schale besitzen sie aber nicht. Kraken haben sehr gut entwickelte Augen, acht lange Fangarme, an deren Unterseite Saugnäpfe zu finden sind und ein Gebiß, das an den Schnabel eines Papageis erinnert.

Tagsüber verbringen die Kraken die meiste Zeit in einer Höhle, deren Eingang sie mit kleinen Steinen, Korallenstücken und Muschelschalen tarnen und verkleinern. In der Dämmerung und nachts gehen sie auf Beutefang und verzehren Muscheln, Schnecken, Garneelen und Fische.

In der Haut der Kraken finden sich zahlreiche Farbzellen, und die Tiere können sehr schnell ihre Farbe wechseln. So passen sie sich ihrer jeweiligen Umgebung an und sind dann ausgezeichnet getarnt. Werden sie von einem Feind verfolgt, dann stoßen sie eine Wolke schwarzer, tintenartiger Flüssigkeit aus, hinter der sie sich unsichtbar machen und in das nächste Versteck fliehen.

Auf dem Meeresgrund bewegen sich die Kraken kriechend mit Hilfe ihrer Arme fort. Sie können aber auch sehr schnell rückwärts davonschwimmen, indem sie Wasser durch einen Trichter ausstoßen. Das funktioniert im Prinzip wie ein Raketenantrieb.

Bei der Werbung um ein Weibchen wechseln die Männchen sehr schnell ihre Farben, um dem Weibchen zu imponieren und betasten es mit den Armen, bis es sich begatten läßt.

Kraken ernähren sich von Fischen, Muscheln und anderen Meerestieren. Hier fängt ein Krake eine Garneele, indem er sie mit seinen Fangarmen ergreift. Getötet und zerkleinert wird die Beute mit dem papageienartigen Gebiß. Auf der Unterseite der Fangarme sind die zwei Reihen von Saugnäpfen zu sehen.

Ein Schnitt durch einen Kraken zeigt die inneren Organe. 1 Gehirn, 2 Giftdrüse, 3 Magen, 4 Tintenbeutel, 5 Nieren, 6 Kiemen, 7 Trichter, 8 Kopfvene, 9 Mund, 10 Papageienschnabel.

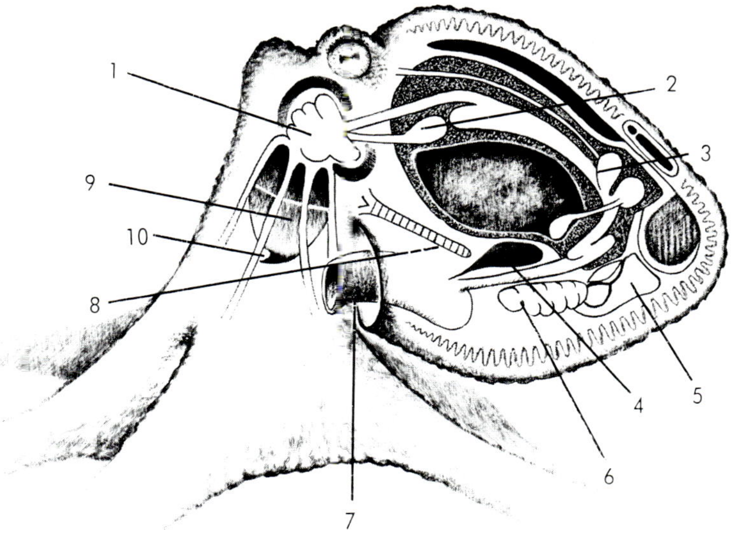

Krakenweibchen legen traubenförmige Eischnüre, heften sie an die Decke einer Höhle und bewachen sie, bis die Jungen schlüpfen. Vorne ein Ei mit einem fast schlüpfreifen Jungtier.

Auf seinen langen Fangarmen kann sich der Krake fortbewegen und aufrichten. Gut zu erkennen ist das große Auge mit der schlitzförmigen Pupille.

Der Kranich

Jeden Herbst, Ende September bis Anfang Oktober, wenn die Jungen flugfähig geworden sind, ziehen die Kraniche aus ihren Brutgebieten im Norden Europas und Asiens auf einer langen Reise in den Süden. Die Vögel aus den skandinavischen Gebieten fliegen über Mittel- und Westeuropa nach Südspanien, Kraniche aus Sibirien überwintern in Indien und Pakistan oder in China. Sie halten auf der Wanderung ganz bestimmte, in langer Tradition überlieferte Zugstraßen ein. Meist hört man zuerst die trompetenden Rufe der Vögel und wird dadurch auf sie aufmerksam gemacht. Zur Rast fallen die grauen Kraniche auf weiten Feldern und Wiesen ein. Sie ernähren sich sowohl von allen möglichen kleinen Tieren als auch von Pflanzen und von deren Samen und Wurzeln. Im Frühjahr, zur Balzzeit, führen die Kraniche hüpfend und mit den Schwingen schlagend einen eigenartigen Tanz auf, sie laufen umeinander herum und nehmen Grasbüschel oder kleine Zweige im Schnabel vom Boden auf, die sie dann in die Luft werfen. Ein solcher Tanz eines Vogels wirkt ansteckend auf die anderen, und bald sind ganze Gruppen der langbeinigen Vögel in Bewegung. Kraniche brüten nicht nur im Hohen Norden. Es gibt auch noch einige wenige Brutpaare in Deutschland und Brutgebiete im nordöstlichen Mittelmeerraum.

Das Nest eines Kranichpaares liegt fast immer auf einer kleinen Insel im Wasser, in einem Sumpf oder einem Moor, so daß es vor Bodenfeinden gut geschützt ist. Das Weibchen legt jedes Jahr nur zwei Eier, die von den Eltern abwechselnd bebrütet werden. Die gelblich-grauen Dunenjungen sind Nestflüchter und folgen den Eltern bald zu Fuß durch Moor und Wald. Auch schwimmen können die Kleinen, und das ist wichtig, damit sie von ihrer Nestinsel sicher herunterkommen. Die Nahrung für die Jungen bringen die Altvögel in der ersten Zeit im Schnabel herbei und halten sie den Küken vor. Mit etwa 70 Tagen sind die Jungkraniche flügge.

Länge: 113 bis 122 cm. Gewicht: Um 5 kg. Spannweite: Über 2 m. Lebensdauer: 42 Jahre in Gefangenschaft.

Ein Kranichküken ist schon geschlüpft und wird von einem Altvogel bewacht. Wenig später verläßt es das Nest zu einem ersten Ausflug. Wenn auch das zweite Junge aus dem Ei geschlüpft und sein Dunenkleid trocken ist, gehen beide Jungen mit den Eltern auf Nahrungssuche.

Kraniche haben einen langen, geraden Schnabel, lange Beine mit drei kräftigen Vorderzehen und verlängerte Armschwingen, die am Rückenende einen Federbusch bilden.

Nach dem Schlüpfen wiegen die Kranichküken etwa 120 Gramm. Ihr Dunenkleid ist gelblich gefärbt. Wenn sie dann ihr erstes richtiges Federkleid bekommen haben, zeigt dieses noch nicht die schwarz-weiße Musterung am Hals, die so auffallend für die alten Vögel ist.

Meist fliegen die Kraniche auf dem Zug in einer Keilformation. Der vorne an der Spitze fliegende Vogel wird von Zeit zu Zeit durch einen anderen abgelöst, weil dort der meiste Luftwiderstand zu überwinden ist.

Der Kuckuck

Ohne jemals seine richtigen Eltern gesehen zu haben, macht sich der junge Kuckuck in einer Nacht in Richtung tropisches Afrika auf die Reise. Es ist eine weite Reise von 4000 bis 10000 km, je nachdem, ob der Vogel von Süd- oder Nordeuropa aufbricht. Ohne anzuhalten überfliegt er die 2000 Wüstenkilometer, und im folgenden Frühjahr macht er die gleiche Reise in umgekehrter Richtung, um wieder in seine Heimatgebiete zu kommen. Niemand weiß bisher genau, welcher geheime Führer ihn auf dieser langen Reise leitet, wie er sich orientiert und wie es ihm gelingt, genau den Ort wiederzufinden, an dem er geboren wurde. Die Brutgewohnheiten des Kuckucks unterscheiden sich stark von denen anderer Vögel. Lange Zeit hat man alle möglichen Geschichten über ihn erzählt. Da er auch dem Sperber, einem kleinen Greifvogel, in Größe und Gefiederfärbung etwas ähnlich sieht, wurde früher an das Märchen geglaubt, daß sich der Kuckuck bei Einbruch des Winters in einen Sperber verwandelt. Bereits in der Antike haben die alten Griechen diese Geschichte erzählt.

Der Kuckuck ist ein Brutschmarotzer. Er baut kein Nest, er brütet auch seine Eier nicht selbst aus, sondern läßt sie von anderen Vogelarten ausbrüten und die Jungen großziehen. Der Kuckuck kommt in Graslandschaften, in Wäldern, an Teichen und in den Bergen vor. Dort findet er überall Vögel, zu denen er seine Eier ins Nest legen kann. Bereits Ende Juli oder im August verläßt er Europa, um das Mittelmeer zu überqueren und sich dann in den bewaldeten Grasebenen des tropischen Afrikas niederzulassen. Im Frühjahr kommen die ersten Kuckucke Anfang April zurück. Im Mai kann man dann überall den wohlbekannten Ruf der Männchen hören.

Länge: 34 cm

Flügelspannweite: 60 cm, Gewicht: 110 g

Lebenszeit in der Natur: bis 13 Jahre

Hier legt ein Kuckucksweibchen gerade ein Ei in das Nest einer Heckenbraunelle. In einem Frühjahr legt es etwa 12 Eier in die Nester ein und derselben Vogelart. Beliebte Wirtsvögel für Kuckuckseier sind zum Beispiel das Rotkehlchen, der Zaunkönig und der Teichrohrsänger. Wenn das Kuckucksweibchen ein Ei in ein fremdes Nest legt, nimmt es manchmal ein Ei des Wirtsvogels mit dem Schnabel heraus und trägt es fort.

Die Ähnlichkeit zwischen dem Ei des Kuckucks und dem des Wirtsvogels ist oft verblüffend. Allerdings ist das Kuckucksei meist etwas größer. Hier sieht man jeweils das Ei eines Kuckucks mit dem Ei einer Heckenbraunelle (links) und eines Teichrohrsängers (rechts).

Wenn der junge Kuckuck schlüpft, ist er nackt und blind. Er wirft aber alles, was außer ihm im Nest ist, also die Eier seiner Wirtsvögel oder auch die frisch geschlüpften Jungen heraus. Er nimmt sie auf seinen Rücken und befördert sie über den Nestrand. Das wiederholt er so oft, bis er alleine im Nest sitzt.

Die Singvogeleltern kümmern sich nicht um die herausgefallenen Eier oder Jungen und diese gehen zugrunde. Sie füttern aber unermüdlich den jungen Kuckuck, der nun im Nest sitzt und bei jeder Annäherung der Singvogeleltern zu betteln beginnt. Dabei sperrt er seinen Schnabel weit auf.

Die Lederschildkröte

Unter den Meeresschildkröten, die nur noch zur Ablage ihrer Eier den flachen Sandstrand aufsuchen und dort mühsam an Land gehen, ist die Lederschildkröte die größte Art. Der Rückenpanzer erwachsener Tiere kann eine Länge von zwei Metern aufweisen und ihr Gewicht liegt dann zwischen dreihundert und vierhundert Kilo. Dagegen wiegen frischgeschlüpfte Lederschildkrötenbabies nur ein paar Gramm und sind 6 cm lang.
Diese jungen Schilkröten müssen viele Gefahren überstehen. Schon auf dem Weg zum Wasser lauern Möwen und andere Seevögel auf die leichte Beute. Haben die kleinen Schildkröten das Wasser erreicht, dann werden sie von Raubfischen, Haien und Kraken verfolgt. Doch sind Meeresschildkröten dem Leben im Wasser hervorragend angepaßt. Ihre Vorderbeine sind zu abgeflachten Ruderflossen umgebildet, der Rückenpanzer ist ebefalls sehr flach ausgebildet und bietet dem Wasser kaum Widerstand beim Voranschwimmen. Der papageienartige Schnabel mit seinen scharfen, verhornten Rändern, besitzt an der Spitze zwei scharfe zahnähnliche Greifer, mit denen die Nahrung, die aus Tintenfischen, Quallen und kleineren Fischen besteht, gut und sicher gegriffen und festgehalten werden kann.
Lederschildkröten kommen im Atlantik, im Mittelmeer, im Pazifischen und im Indischen Ozean vor, in Gebieten mit relativ warmen Strömungen. Sie sind aber auch schon in arktischen Gewässern beobachtet worden, doch halten sie sich hier sicher nicht für längere Zeit auf.
Gelegentlich strecken die Lederschildkröten ihren Kopf und Hals senkrecht aus dem Wasser, wenn sie sich an der Oberfläche aufhalten. Sie sehen dann gar nicht schildkrötenähnlich aus und können leicht für ein unbekanntes Fabelwesen gehalten werden.

Wenn die Weibchen der Lederschildkröten ihre Eier ablegen müssen, suchen sie flache Strände in den warmen Gebieten der Erde auf und schieben sich dort nachts schwerfällig an Land. Die flossenartigen Beine können den schweren Körper nicht vom Boden abheben. Einige Meter von der Wasserkante entfernt graben die Weibchen Gruben in den Sand und legen 50–100 Eier, die dann wieder mit Sand bedeckt werden.

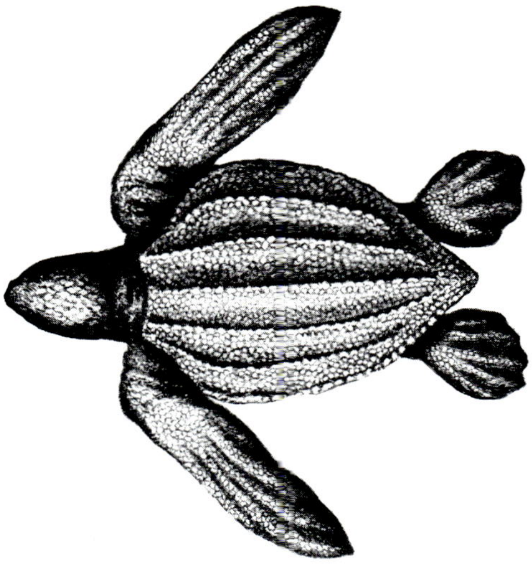

Die Lederschildkröte hat ihren Namen von einer lederartigen, dicken Haut, die dem eigentlichen Rückenpanzer aus Hornplatten aufliegt. In der Mitte des Rückenpanzers sind fünf oder auch sieben deutliche Längskiele angeordnet.

Nach sieben bis acht Wochen schlüpfen die Jungen, graben sich aus der Nestgrube durch den lockeren Sand nach oben und machen sich so schnell sie können in Richtung Wasser davon, wobei viele von Vögeln gefressen werden.

Das Fleisch der Lederschildkröte ist für den Menschen nicht schmackhaft, und so wurden diese großen Reptilien nie sehr stark verfolgt. Doch heute sind andere Umstände Schuld am Rückgang der Schildkrötenbestände. Vor allem werden immer mehr der flachen Sandstrände verbaut oder für Urlaubszentren genutzt, so daß die Tiere keine ruhigen Buchten mehr finden, an denen sie Eier legen können. Dazu kommen noch die natürlichen Verluste durch Feinde, wie die großen Haie.

Die Lemuren

Nur auf Madagaskar und den benachbarten Komoreninseln leben Lemuren. Es sind Halbaffen, deren kleinste Vertreter nur die Größe einer Maus erreichen. Andere, wie der Indri oder der Sifaka, werden bis siebzig Zentimeter groß. Nach einer alten madagassischen Sage sollen Indris und Menschen die gleichen Stammeltern haben, und wenn man einen Indri aufrecht auf dem Boden laufen sieht, der einen aus großen Augen und unter langen Wimpern hervor ansieht, so mag man fast selbst daran glauben. Die Eingeborenen nennen ihn deshalb auch Babakoto, was soviel bedeutet wie „Vatersohn". Noch vor gar nicht langer Zeit wäre es unvorstellbar gewesen, daß ein Eingeborener auf einen Indri Jagd gemacht hätte. Die Tiere sind heute vor allem durch das Roden der Wälder bedroht und auf kleine Gebiete zurückgedrängt. Sie leben einzeln, paarweise oder in kleinen Trupps bis zu fünf Tieren auf den Bäumen. Es sind Tagtiere, wie die Sifakas, und ernähren sich ausschließlich von Pflanzen. Ihre lauten Rufe, vielleicht die lautesten Rufe aller Tiere auf Madagaskar, beginnen mit einem Art Bellen und gehen dann in ein wehklagendes Heulen über.

Über das Familienleben der Indris weiß man sehr wenig. Auf jeden Fall werden die Jungen auf dem Rücken oder am Bauch der Mutter mitgetragen. In Gefangenschaft sind diese sehr spezialisierten Pflanzenfresser schwer zu halten.

Der Mausmaki erreicht nur eine Kopf-Körpergröße von 12 Zentimetern. Sein Schwanz ist so lang wie der Körper. Mausmakis verstecken sich tagsüber in Baumlöchern und machen nachts Jagd auf Insekten und andere Kerbtiere. Die Weibchen bringen nach einer Tragzeit von rund sechzig Tagen in einem Nest aus Gras und Laub zwei oder drei Junge zur Welt. Die Kleinen wiegen nur zweieinhalb Gramm.

Wenn ihnen im Nest Gefahr droht, packt sie die Mutter mit den Zähnen und transportiert sie an einen anderen, sicheren Ort.

Auch die Sifakas sind tagsüber munter und schlafen nachts. Sie sonnen sich gerne in den Mittagsstunden auf einem Ast, breiten die Arme aus und lassen sich den Bauch wärmen. Es sind ausgezeichnete Springer, die mit einem Satz zehn Meter und mehr überwinden können. Am Boden laufen sie aufrecht oder springen wie Känguruhs.

Unten links sieht man die Hand eines Fingertieres oder Aye-Aye. Besonders der Mittelfinger ist lang und dünn. Mit ihm holen sich die Aye-Ayes Insektenlarven aus Löchern und hinter Rindenstücken heraus. Rechts Kopf und Schwanz eines Katta, der zu den bekanntesten Lemuren gehört, und links der Kopf eines Sifaka.

Mausmakis sind noch recht häufig. Sie leben in Wäldern, aber auch in Pflanzungen und im Buschland. Da sie so winzig sind, werden sie nicht gejagt.

Das Aye-Aye mit seinen langen Fingern ist sehr selten geworden. Wahrscheinlich kommt es nur mehr in zwei Waldgebieten auf Madagaskar vor. Das Weibchen baut in einer Astgabel ein Kugelnest, in dem es ein einziges Junges zur Welt bringt.

Der Leopard

Der Leopard ist eine der gewandtesten Großkatzen. Er macht Sprünge von 6 bis 8 m, erklimmt ohne Mühe Bäume und wagt sich sogar auf verhältnismäßig dünne Äste. Von seinem hohen Versteck aus wartet er auf eine vorbeiziehende Beute, die er dann anspringt und selten verfehlt. Kleinere Beutetiere bringt er ebenfalls auf den Baum, um sie zu fressen, ohne von Hyänen und Schakalen gestört zu werden. Am Boden versucht er, seine Beute mit wenigen Sprüngen zu erreichen. Er jagt nie lange hinterher. Geschmeidigkeit zeichnet alle Bewegungen des Leoparden aus. Er ist auch sehr geschickt, wenn es gilt, sich vor dem Menschen im hohen Bewuchs zu verstecken. Leoparden leben gerne in grasbewachsenen Savannengebieten mit einzeln stehenden Bäumen und Büschen. Verschiedene Leopardenrassen kommen sowohl in Afrika als auch in Asien vor. Das Fell der schwarzen Leoparden ist so dunkel, daß man die Flecken kaum mehr wahrnehmen kann. Diese Tiere leben im Südosten Asiens, aber auch in Äthiopien und in den Bergen von Kenia. Die verschiedenen Rassen der Leoparden zeigen auch unterschiedliche Größe. Tagsüber versteckt sich der Leopard im Dickicht, auf einem Baum, aber auch zwischen Felsen. In der Dämmerung und nachts geht er auf Jagd. Dabei schleicht er sich entweder an die Beute oder er sucht sich einen Platz, wo er ihr auflauert.

Aus manchen Gebieten ist der Leopard bereits völlig verschwunden, weil er wegen seines Felles unablässig gejagt wurde. Äußerst selten greift ein Tier einen erwachsenen Menschen oder ein Kind an. Beutetiere sind kleine Säuger, Gazellen und Vögel, wie etwa die Perlhühner, Trappen oder Frankolinen.

Länge: 1,35 m + 90 cm Schwanz
Schulterhöhe: 70 cm; Tragzeit: 90 Tage
Gewicht: 40 bis mehr als 70 kg
Lebenszeit: 21 Jahre (in Gefangenschaft)

Hier bringt der Leopard ein Beutetier, das er soeben geschlagen hat, auf einen Baum, um es in Ruhe fressen zu können. Auch die Reste seiner Mahlzeit bleiben auf dem Baum. Der Leopard bewacht sie in der Nähe, um sie zu einem späteren Zeitpunkt zu verzehren. Die große Katze braucht etwa 2 bis 3 kg Fleisch pro Tag. Sehr häufig schlägt er Thomson-Gazellen, kleine Nagetiere oder junge Warzenschweine.

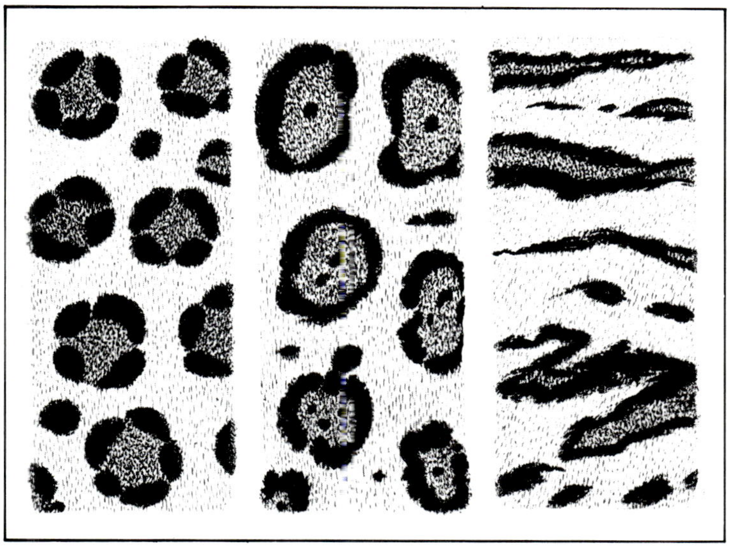

Im Gegensatz zum Geparden haben die Flecken des Leoparden die Form von Rosetten, ohne einen Punkt in der Mitte (links). Bei dem in Amerika lebenden Jaguar sind in der Mitte der Rosette ein bis drei Punkte (Mitte). Der Ozelot hat längliche Flecken (rechts)

Junge Leoparden werden in einem Versteck, einer Felsvertiefung oder einer Grotte, manchmal auch in einem Stachelschweinbau geboren. Bei der Geburt sind sie blind und wiegen etwa 700 g. Zwischen dem 7. und 9. Tag öffnen sie die Augen. Zunächst saugen sie bei der Mutter, dann fressen sie das Fleisch, das ihre Mutter ihnen bringt. Mit 6 Monaten sind sie selbständig.

Trotz seiner Stärke und seiner Krallen ist der Leopard manchmal gezwungen, sich zurückzuziehen. Paviane, die ein ebenso gefährliches Gebiß haben, können ihn durchaus in die Flucht schlagen. Junge Leoparden werden manchmal Opfer der Hyänen, des Löwen oder auch eines Krokodils, wenn sie sich zu nahe an den Rand eines Gewässers wagen. Der schlimmste Feind des Leoparden ist aber immer noch der Mensch.

Die Libelle

Libellen sind räuberisch lebende Insekten, die Jagd auf andere fliegende Tiere machen. Sie lassen sich an Ufern von stehenden und langsam fließenden Gewässern beobachten. Mit Hilfe ihrer ausgezeichneten Augen, die aus etwa 10 000 Einzelaugen zusammengesetzt sind, erkennen sie ihre Beute auf 1,50 m Entfernung.

Libellen erreichen eine Geschwindigkeit von 25 km in der Stunde, wobei ihre Flügel bis zu 30 mal pro Sekunde schlagen. Die großen Libellenarten jagen häufig mehrere Kilometer vom Wasser entfernt. Nur zur Fortpflanzung müssen sie immer das Wasser aufsuchen. Sie legen ihre Eier an die Stengel von Wasserpflanzen, und die Larven der Libellen entwickeln sich im Wasser. Das Leben einer fertigen Libelle ist nicht sehr lange. Ein oder zwei Wochen dauert das Leben der Seejungfern, zwei oder drei Monate das der Teufelsnadeln. Die Larven allerdings können zwei Monate und sogar fünf Jahre im Wasser verbringen. Von Mai bis Oktober kann man die Libellen auf ihren Jagdflügen beobachten. Ab und zu setzen sie sich auf einen Schilfhalm oder ein Blatt und ruhen sich aus.

Bei schönem Wetter sind sie meist unermüdlich in der Luft. Die Männchen vieler Arten beanspruchen ein Gebiet für sich alleine und verjagen daraus alle Artgenossen. Bei den Libellen finden wir kein Puppenstadium wie etwa bei den Schmetterlingen oder den Käfern. Die Eier werden im Sommer gelegt, und die Larven schlüpfen im darauffolgenden Frühjahr. Beim Schlüpfen sind die Larven nur 2 bis 3 mm lang, aber schon sehr gefräßig. Sie ernähren sich von kleinen Wassertieren und verbringen die ganze Larvenzeit im Wasser. Dabei atmen sie mit Hilfe von Kiemen, die am Ende des Hinterleibes sitzen. Sie häuten sich während des Larvenstadiums bis zu zehnmal. Von der dritten oder fünften Häutung an lassen sich die Anlagen der Flügel erkennen. Die Libellen haben unter den Vögeln zahlreiche Feinde. So gehören sie z. B. zur Lieblingsnahrung der Baumfalken. Die graubraun gefärbten Larven, die sich meist am Grund des Gewässers aufhalten, werden von Wasservögeln wie der großen Rohrdommel und den Reihern gefangen.

Länge: 30-85 mm je nach Art
Lebenszeit: unterschiedlich

Die ausgewachsene Larve klettert an einem Pflanzenstiel aus dem Wasser. Ihr Körper ist ziemlich dunkel gefärbt. Durch Zusammenziehen der Muskulatur bricht die Haut auf der Brustseite auf. Langsam erscheint die Libelle.

Sobald die Beine aus der Puppenhülle herausgezogen sind, hängt die Libelle mit dem Oberkörper nach unten. Nun entfalten sich langsam die Flügel. Nach mehreren Stunden schließlich fliegt die Libelle zum ersten Mal.

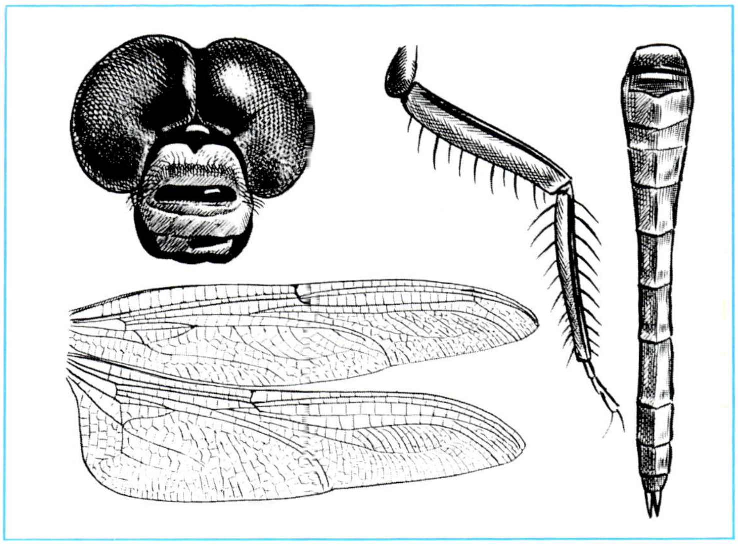

Die Larven der Libellen haben am Kopf eine Fangmaske, die sich aus der Unterlippe bildet. Am Ende der Fangmaske sind zwei kleine Zangen, mit denen die Larve die Beute fassen kann. Blitzschnell wird die Fangmaske nach vorne ausgeklappt und bringt die gepackte Beute zum Mund. Die Libellenlarven sind äußerst gefräßig. Kleine Fische, Molch- und Froschlarven, Würmer und Wasserinsekten gehören zu ihrer Nahrung.

Zur Fortpflanzung packt das Männchen mit zwei Fortsätzen an seinem Hinterleib den Hals des Weibchens. Das Weibchen biegt sodann seinen Hinterleib nach vorne, um die Geschlechtsöffnung des Männchens zu erreichen. So fliegen dann beide Insekten einige Zeit miteinander. Dabei werden die Samenzellen an das Weibchen übergeben. Die befruchteten Eier legt das Weibchen unter Wasser ab.

Je nach Art haben die Libellen einen sehr schlanken Körper, z.B. die Seejungfern und Schlankjungfern. Bei den Teufelsnadeln dagegen ist er breiter und kürzer. Mit den Beinen klammert sich die Libelle an den Pflanzen fest, und mit den Beinen ergreift sie auch die Beute. Am Kopf sind die beiden großen Facettenaugen zu erkennen.

Der Löwe

Im Nationalpark Serengeti in Tansania leben etwa 1500 Löwen neben 2 Millionen anderen großen Säugetieren. Viele von ihnen sind Beutetiere der Löwen. Als Wissenschaftler einem Löwen 21 Tage lang ununterbrochen folgten, beobachteten sie, daß er in dieser Zeit nur siebenmal fraß und zwar ausschließlich Tiere, die von den Löwinnen seiner Gruppe getötet worden waren. Nur ein einziges Mal versuchte der männliche Löwe, einen kleinen Dikdik, eine Antilopenart, zu fangen. Aber die Antilope entkam ihm. Meist fressen Löwen nur, was sie selbst erlegt haben. Manchmal aber machen sie auch den Hyänen ihre Beute streitig. Wenn der Löwe Gelegenheit zum Fressen hat, kann er 33 kg Fleisch auf einmal zu sich nehmen. Ein Zebra wird von einem Löwenrudel innerhalb einer halben Stunde bis auf das Skelett verspeist.
Seinen Namen »König der Tiere« verdankt der Löwe zweifellos dem majestätischen Bild, das er mit seiner Mähne an Kopf und Hals bietet. Die Färbung der langen Haare ist unterschiedlich und reicht von gelblich bis schwarz.
Der Löwe ist von allen katzenartigen Tieren das einzige, das wirklich gesellig lebt. Er bildet Rudel mit einem oder mehreren Männchen, einigen Löwinnen und den Jungtieren.
Der Löwe lebt in der Savanne, er jagt vor allem in der Abenddämmerung und ruht sich während des Tages aus. Früher war der Löwe in ganz Afrika verbreitet. Heute ist er aus dem Norden völlig verschwunden und im Osten bereits sehr selten geworden. Nur in Kenia, Tansania und in den Nationalparks trifft man ihn noch häufiger an.

Länge: 3,25 bis 3,70 m (mit Schwanz)
Schulterhöhe: 90 bis 110 cm
Gewicht: 200 bis 275 kg (maximal)
Lebenszeit: 15 bis 20 Jahre in der Natur
Höchstgeschwindigkeit: 60 km/h

Löwen jagen entweder alleine oder in Gruppen. Häufig treiben die männlichen Tiere eine Zebra- oder eine Gnuherde zu einem Platz, an dem die Löwinnen sich zwischen Pflanzen verborgen aufhalten und die Beute abfangen. Mit ein paar Sprüngen ist sie erreicht und wird meist durch den Ansprung der Löwin oder einen Tatzenhieb zu Fall gebracht. Durch einen Biß in die Kehle wird sie getötet. Zuerst fressen die Löwen, dann sind die weiblichen Tiere an der Reihe, und zum Schluß kommen die Jungen.

Der Schwanz des Löwen endet in einer Haarquaste. Der Löwe hat starke einziehbare Krallen, wie alle anderen Katzentiere, mit Ausnahme des Geparden. Mit seinen Zähnen und Tatzen tötet ein Löwe etwa 20 bis 30 große Tiere pro Jahr, um sich zu ernähren.

Die Löwin bringt 1 bis 5 Junge zur Welt. Die Jungen haben eine rötlich-gelbe Färbung und ein geflecktes Fell. Die Flecken verschwinden mit der Zeit, nur bei den weiblichen Tieren bleiben sie manchmal auf den Tatzen und an den Körperseiten erhalten. Erst im Alter von mindestens 3 Jahren kann sich der Löwe fortpflanzen. Die Jungen werden 7 oder 8 Monate lang von der Mutter gesäugt.

In einigen Gebieten Ostafrikas haben Löwinnen und Jungtiere die Angewohnheit, sich im Geäst der Bäume, einige Meter über dem Boden, auszuruhen. Hier werden sie von zahlreichen Insekten und Fliegen nicht so belästigt wie am Boden. Die männlichen Tiere tun das nur selten. Sie sind zu schwer, um auf die Bäume zu klettern. Löwenjunge spielen gerne. Manchmal muß dann die Schwanzquaste der großen Löwen dafür herhalten.

Der Luchs

Vor zweihundert Jahren gab es Luchse noch in vielen Gebieten Europas. Aber schon Anfang unseres Jahrhunderts war diese größte europäische Katzenart nur noch in Spanien, Skandinavien, Polen, Rumänien, Bulgarien, der Tschechoslowakei und in Rußland zu beobachten, und bis heute gehen die Bestände fast überall noch weiter zurück. Dem Luchs ergeht es nicht anders, als den Bären und Wölfen. Sie waren für den Menschen schon immer Konkurrenten, die nicht nur andere Wildtiere, wie Rehe, Hasen und Hühnervögel als Beute schlugen, sondern die sich auch ab und zu ihren Anteil unter den Haustieren, besonders den Schafherden und Rindern holten.

Außerdem waren große Raubtiere immer schon gefürchtet und verhaßt, sie konnten ja dem Menschen selbst ans Leben wollen. Daß sie in Wirklichkeit den Menschen nur dann angriffen, wenn sie zuvor von ihm durch Fallen oder Schüsse verletzt worden waren, mochte niemand so recht wahrhaben.

Der Luchs jagt vor allem junge Rehe und Hirsche, Hasen und Bodenvögel. Alte, starke Tiere können aber auch erwachsene Hirsche, Wildschweine und sogar Elche angreifen, andererseits müssen in mageren Zeiten auch Mäuse, Eidechsen oder Schlangen als Nahrung dienen. Dem Menschen geht der Luchs möglichst aus dem Weg. Er lebt so heimlich und kann sich so lautlos und vorsichtig bewegen, daß man ihm auch dort, wo er noch häufiger vorkommt, kaum einmal begegnet. In den vergangenen Jahren, etwa seit 1970, ist der Luchs in manchen Gegenden der Bundesrepublik, der Schweiz, Italiens und in Frankreich wieder eingebürgert worden. Das hat besonders den Jägern vielerorts nicht gefallen, fürchten sie doch, daß der Luchs zu viel Schaden unter dem Wild anrichten könnte. In erster Linie holt er sich aber kranke und schwache Tiere, die sowieso eingehen würden. Junge Luchse werden im April oder Mai in einem sicheren Versteck zwischen Felsen oder Baumwurzeln geboren. Meist sind es zwei bis drei in einem Wurf, die von der Mutter betreut werden.

Länge: 91–130 cm (Weibchen sind kleiner als Männchen)
Schulterhöhe: um 60 cm. Gewicht: 15–38 kg.
Alter (in Gefangenschaft): 17 Jahre.

Dieser Luchs hat einen Hasen aufgespürt. Er schleicht sich in guter Deckung an, erreicht ihn mit zwei, drei federnden Sprüngen und schlägt ihn mit der Vorderpfote, um ihn schließlich mit einem Biß zu töten. Der Luchs jagt fast alle Tiere, denen er kräftemäßig überlegen ist, unter den Vögeln besonders die Bodenvögel wie Auerhuhn, Birk- und Haselhuhn. Sein Revier umfaßt 1500 bis mehrere tausend Hektar. Die Größe ist abhängig von der Anzahl der dort vorkommenden Beutetiere.

Der Luchs ist deutlich größer als die Wildkatze. An der Spitze seiner Lauscher (Ohren) stehen pinselförmige Haarbüschel. Ältere Luchse haben einen Backenbart. Der Schwanz ist beim Luchs kurz und eigentlich nur ein kleiner Stummel. Oben ist ein Luchsschwanz gezeichnet, darunter der einer Wildkatze.

Ein Luchsweibchen mit ihren beiden Jungen, die hier etwa zehn Wochen alt sind. Sie werden nach einer Tragzeit von rund 9 Wochen geboren. Ein gutes Jahr bleiben sie mit der Mutter zusammen.

Dort, wo der Luchs wieder angesiedelt wurde, ist er ganzjährig geschützt. Manche Tiere wurden mit Halsbandsendern ausgestattet, so daß man ihre Wanderungen und bevorzugten Aufenthaltsorte mit Peilgeräten verfolgen und bestimmen konnte.

Der Maikäfer

Drei Jahre unter der Erde, drei Wochen an der Luft. Was für ein merkwürdiges Leben führt der Maikäfer! Drei Jahre lang (manchmal fünf, wenn das Klima kalt ist wie in Mitteleuropa) lebt seine Larve unter der Erde und frißt die Wurzeln von allen möglichen Pflanzen. Im August oder September entwickelt sie sich zum geflügelten Insekt, bleibt aber weiterhin versteckt in der Erde. Erst im folgenden Frühjahr kommt der Käfer ans Tageslicht. Und am Ende dieser langen Vorbereitungszeit bleiben ihm dann nur einige Wochen zum Leben. Das ausgewachsene Tier frißt zwei 2 Wochen lang Baum- und Blumenblätter, vermehrt sich dann und stirbt. Es ist also die Larve, in der Umgangssprache »Engerling« genannt, die am längsten lebt. Die Maikäfer treten in Scharen nur alle drei Jahre auf.

Bei uns gibt es zwei Maikäferarten. Sie unterscheiden sich nur durch Kleinigkeiten: die Farbe des Vorderkörpers (schwarz beim Feldmaikäfer und braun beim Waldmaikäfer), das Ende des Hinterleibs, spitz zulaufend beim einen und abgerundet beim anderen. Der Waldmaikäfer lebt vorwiegend in Wäldern, wo seine Larven wirkliche Schäden anrichten; die Larven des Feldmaikäfers halten sich an Getreidewurzeln, Luzerne- und Gemüsewurzeln auf Feldern und in Gärten. Die ausgewachsenen Tiere fressen bei Nachteinbruch die Blätter von Apfelbäumen, Birnbäumen, Kastanien, Buchen, Eichen, Weiden und Nußbäumen. Die Schäden, die die Maikäfer anrichten, sind abhängig von der Dichte der Pflanzen und der Zahl der Larven. Manchmal müssen ganze Gemüsebeete umgepflanzt werden, weil alle Wurzeln abgefressen sind. Heute allerdings sind Maikäfer in vielen Gebieten nur mehr selten zu beobachten.

Länge: 20 – 30 mm (Waldmaikäfer: 20 – 25 mm)
Lebenszeit der Larven: 3 – 5 Jahre
Lebenszeit der ausgewachsenen Tiere: etwa 11 Monate

Im Mai legt der Maikäfer seine Eier ab, in etwa 10 – 12 cm Tiefe im Boden von Wiesen, Luzernenfeldern oder sehr jungen Waldpflanzungen. Links legt ein Weibchen seine Eier (insgesamt 60 – 80), aus denen nach 4 – 6 Wochen die Larven schlüpfen. Mitte: Eine Larve (Engerling genannt) nagt an einer Wurzel. Im Sommer bohren sich die Engerlinge bis in eine Tiefe von 60 cm unter der Oberfläche, um der Trockenheit zu entgehen. Rechts: Die Larve hat sich in eine Puppe verwandelt.

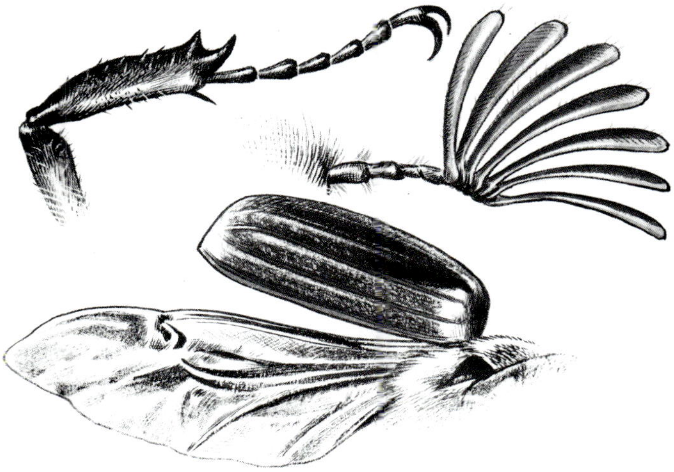

Oben links eines der sechs Beine des Maikäfers. Die fünf Glieder, von denen das letzte in zwei Krallen endet, bilden die Fußwurzel. Oben rechts ein aufgefalteter Fühler. Er besteht aus sieben Lamellen bei den Männchen und sechs bei den Weibchen. Unten: Der harte Vorderflügel schützt die weichen Hinterflügel, mit denen die Käfer fliegen.

Wenn die Larven zu zahlreich sind (zum Beispiel 70 auf einem Quadratmeter), dann fehlt es an Nahrung und viele sterben. Hier frißt eine ausgewachsene Larve (6,5 cm lang) aus Hunger und Wurzelmangel eine kleinere auf.

Wie der Marienkäfer hat auch der Maikäfer zwei harte Vorderflügel und zwei dünne und zerbrechliche Hinterflügel. Beim Fliegen hebt er die Vorderflügel an und bewegt die Hinterflügel. Der Maikäfer fliegt meist abends zu den Bäumen, auf denen er fressen will. Sein Orientierungssinn leitet ihn zu Waldrändern und Baumgruppen.

Der Manta

Manta oder Teufelsrochen heißt die größte Rochenart. Rochen gehören, wie auch die Haie, zu den Knorpelfischen, deren Skelett noch nicht verknöchert ist wie bei den übrigen Fischen. Mantas leben in den tropischen Gebieten des Atlantischen und Pazifischen Ozeans auf hoher See und lassen sich selten in Küstennähe sehen. So gefährlich der Name dieser Rochenart auch klingt, in Wirklichkeit ist sie recht harmlos. Doch die Spannweite der spitzauslaufenden Flossen mißt bis zu 9 Meter, und natürlich kann ein unbeabsichtigter Schlag mit diesen „Flügeln" ein kleines Boot zum Kentern bringen oder einen Schwimmer schwer verletzen. Das geschieht aber selten. Ein geschickter Taucher kann sich sogar am Manta festhalten und mitziehen lassen, ohne daß der Fisch ihn abwehrt. Für gewöhnlich ziehen die Mantas mit ruhigen Flossenschlägen durch das Wasser und nehmen mit ihrem breiten Maul kleine Nahrungstiere auf. Ab und zu werden sie übermütig und springen aus dem Wasser, um mit einem lauten Klatschen wieder zurückzufallen.

Rechts und links der Mundöffnung befinden sich zwei vorragende Hautlappen, mit denen Beute in das Maul hineingejagt werden kann. Seitlich von diesen Lappen sitzen die Augen, und an der Unterseite des Kopfes liegen die Kiemenspalten, durch die das Atemwasser ausströmt.

Oft heften sich Schiffshalter, Fische, die eine Saugvorrichtung am Kopf haben, an der Bauchseite der Mantas fest und lassen sich mittragen. Mantas erreichen ein Gewicht von 3 Tonnen.

Das Fleisch der Teufelsrochen schmeckt zwar nicht, doch enthält ihre Leber ein sehr vitaminreiches Öl. Aus diesem Grund werden die Rochen gejagt. Schwimmen sie dicht an der Oberfläche, dann können sie harpuniert werden und ziehen das Boot mit den Fischern in voller Fahrt an der Harpunenleine hinter sich her. Die Jagd ist nicht ungefährlich, weil der Rochen abtauchen kann. Nach einiger Zeit ist er erschöpft und stirbt.

Der Vorderkörper eines Manta läßt, von unten gesehen, die Kiemenspalten erkennen und die beiderseits des Maules stehenden Hautlappen.

Hier läßt sich ein Taucher von einem Manta mitschleppen, der sich nicht im geringsten wehrt und nicht versucht, durch Schläge mit dem langen Schwanz den Taucher loszuwerden.

Mantas legen keine Eier, sondern bringen voll entwickelte Junge zur Welt. Manchmal wird das Junge, das etwa 80 cm lang ist, geboren, wenn das Weibchen aus dem Wasser springt.

Der Marienkäfer

Grasmücken, denen man 760 Mal Marienkäfer anbot, rührten sie nicht an. Ein Rotkehlchen schnappte zwar nach einem, ließ ihn aber sofort wieder los, und ein anderes Rotkehlchen rieb sich den Schnabel, nachdem es einen Käfer zerquetscht hatte; danach rührte es 8 Monate lang keinen mehr an, eine sehr schlechte Erinnerung war zurückgeblieben. Eine Wacholderdrossel, die in einem Zeitraum von 2 Monaten 200 Marienkäfer bekam, fraß nur 11 davon. Wie läßt sich eine solche Abneigung gegenüber diesen appetitlich aussehenden Käfern erklären?
Tatsache ist, daß die Marienkäfer sehr gut gegen etwaige Verfolger geschützt sind, einmal durch ihre starke Färbung und weiter durch den starken und unangenehmen Geschmack ihre Blutes, das sie aus ihren Fußgelenken austreten lassen, wenn man sie stört. Aber dieser Schutz wirkt nicht immer, denn einige kleine Vögel, wie der Fliegenschnäpper, fressen Marienkäfer, ohne die geringste Abneigung zu zeigen.
Die Marienkäfer sind gelb, orange oder rot. Ob Larven oder ausgewachsene Tiere, sie alle suchen Blattläuse in Feldern und Gärten. Einige Blattläuse verteidigen sich, indem sie wachsartige Fäden produzieren, die die Unterkiefer der Marienkäferlarven verkleben, und diese müssen sich dann lange putzen. Wenn es ihnen jedoch gelingt, die Blattläuse von der Seite oder von vorne anzugreifen, entgehen sie dieser Waffe. Oben verzehren mehrere Marienkäfer die Blattläuse, die den Saft einer Pflanze aufsaugen. Ein Marienkäfer mit zwei Punkten kann davon 30 – 40 am Tag fressen, die Larven 12 – 50.
Die Marienkäfer haben eine rundliche Form; der am stärksten gefärbte Teil ihres Körpers sind die beiden harten Flügel, die die beiden Membranflügel, die das Fliegen ermöglichen, schützen. Auf diesen harten Flügeln findet sich eine, je nach Art und Tier, unterschiedliche Zahl von Punkten. So entstanden auch die Namen, Zweipunkt, Siebenpunkt oder Vierpunkt.

Länge: 3,5 – 5,5 mm, je nach Art

Links ein auffliegender Marienkäfer; er hebt seine roten Elytren (Vorderflügel) an, entfaltet die hinteren Flügel und hebt sich in die Luft. Vom Wind davongetragen gerät er in eine Gruppe von Rauchschwalben (Mitte), und eine von ihnen schnappt ihn. Die Schwalben jagen im Flug und nehmen alle Insekten auf, die ihnen begegnen, ob es Pflanzenschädlinge sind oder nicht – die Schwalben machen da keinen Unterschied.

Den Winter verbringen die Marienkäfer in Gruppen, ein Tier dicht bei dem anderen. Gegen Ende des Herbstes bilden sie Kolonien von mehreren Dutzend Tieren und richten sich auf das Überwintern im Schutz einer Pflanze, eines Pfostens oder am Waldrand ein.

Die Marienkäfer sind rot oder gelb, mit schwarzen Punkten. Unten: Vier verschiedene Arten. Sie haben kurze aber kräftige Kiefer und kleine Fühler. Rechts unten: Ihre Beine bestehen aus 5 Gliedern, hier sieht man nur drei, die anderen sind vom Körper verdeckt.

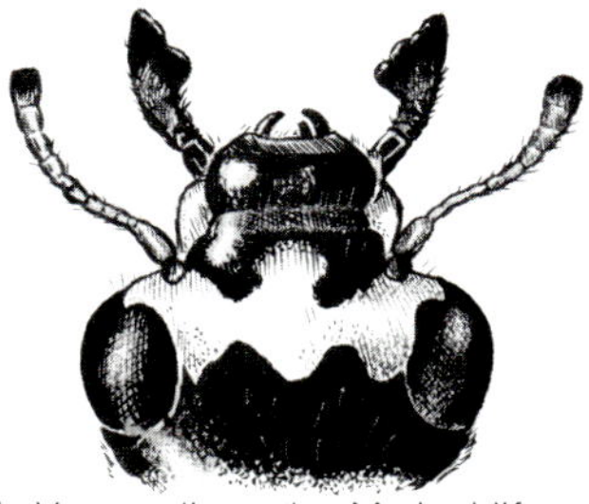

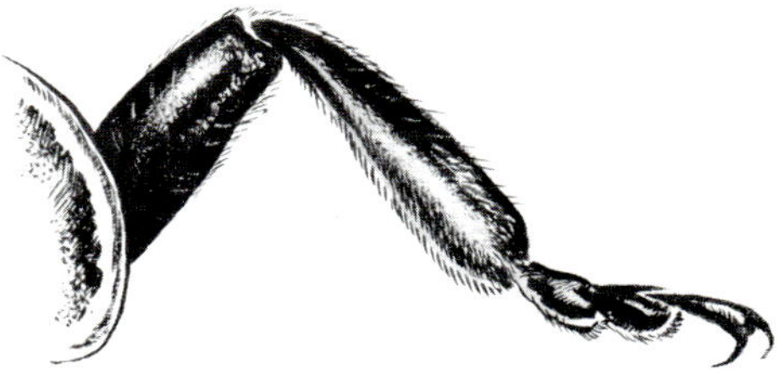

Die Verwandlung des Marienkäfers. Das Weibchen legt 100 bis 200 Eier.
A: Die Eier liegen in Gruppen von 9 – 15 beieinander
B: Nach etwa 10 Tagen schlüpfen die Larven
C: Eine vollständig entwickelte Larve
D: Die Larve verwandelt sich in eine Puppe, aus der einige Tage später das Insekt wird.

Der Maulwurf

Mit seinen schaufelähnlichen Vorderpfoten gräbt der Maulwurf in der Erde ein Netz von Gängen, das bei den Weibchen 30–40 m lang sein kann und bei den Männchen zwischen 50 und 150 m. Ebenfalls mit den Vorderpfoten wirft der Maulwurf den Aushub auf, der als Maulwurfshaufen wohl bekannt ist; es sind kleine Haufen lockerer Erde aus den Gängen, die am dichtesten an der Erdoberfläche liegen. Beim Auswerfen der Haufen kann es vorkommen, daß sich der Maulwurf bei Tageslicht zeigt. Auch junge Tiere kann man manchmal bei Tageslicht beobachten, besonders wenn sie von der Mutter abwandern, um ein eigenes Revier zu suchen.

Der Maulwurf ist fast blind. In der Dunkelheit des Erdreiches orientiert er sich mit Hilfe seines Geruchs- und Tastsinnes, letzterer ist gut entwickelt. Außerdem verläßt er sich auf seine erstaunliche Fähigkeit, Erschütterungen wahrzunehmen (er flüchtet, wenn die Erde erschüttert wird). In seinen Gängen kann der Maulwurf sehr schnell sowohl vorwärts als auch rückwärts laufen. Sein Fell hat keinen Haarstrich und legt sich nach beiden Richtungen um. Die Nahrung besteht aus Regenwürmern, Engerlingen und anderen Bodentieren. Vor Wintereinbruch legt der Maulwurf ein Vorratslager von Regenwürmern an: man hat in Maulwurfsgängen bis zu 470 Würmer gefunden. Um sie an der Flucht zu hindern, lähmt der Maulwurf die Würmer, indem er den Kopfteil abbeißt. Der Maulwurf sammelt auch Insektenlarven, die mit den Regenwürmern seine Grundnahrung ausmachen, außerdem frißt er Tausendfüßler und Schnecken. Die Insekten, die er am häufigsten fängt, sind Engerlinge, Larven von Springkäfern und Bachschnaken. Der Maulwurf verzehrt täglich zwischen 40 und 50 g Nahrung. Er frißt nicht etwa die Pflanzenwurzeln, kann sie aber durchtrennen, wenn er einen Gang gräbt. Auch wenn die Maulwurfshaufen auf einem Rasen nicht schön aussehen, soll man dem Maulwurf nicht nachstellen.

Länge: 13 – 14 cm (+ Schwanz 3 cm)
Gewicht: 80 – 120 g
Lebenszeit in der Natur: ca. 3 Jahre

Beim Graben der Gänge arbeiten die Vorderpfoten des Maulwurfs abwechselnd. Seine sehr empfindliche Schnauze spielt dabei keine Rolle. Der Maulwurf kann in 20 Minuten 6 kg Erde bewegen (Mitte); diese Arbeitsleistung entspricht der eines Minenarbeiters von 75 kg, der pro Stunde 12 Tonnen Kohle umschaufeln würde, eine enorme Leistung also. Rechts: Die Maulwurfshaufen, die man auf den Feldern findet, sind zwischen 15 und 30 cm hoch.

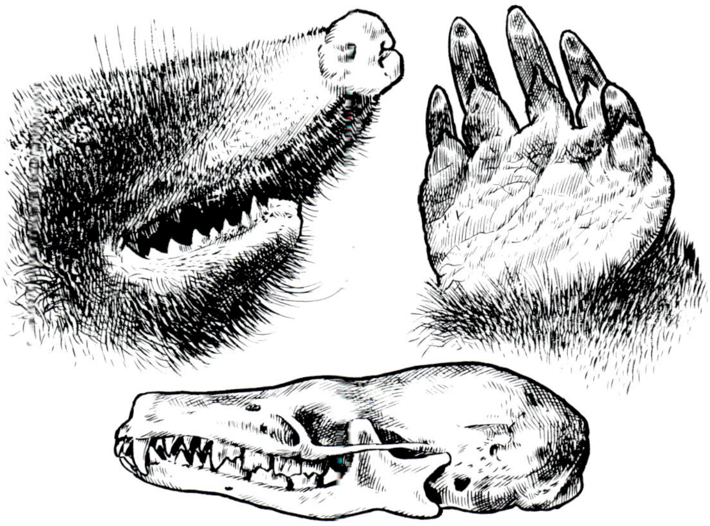

Die Schnauzenspitze ist reich ausgestattet mit Geruchs- und Tastorganen. Rechts: Vorderpfote von unten gesehen. Die Handinnenfläche ist unbehaart. Der Schädel des Maulwurfs hat eine längliche Form wie der der Waldspitzmaus. Auf den Kiefern sitzen 36 Zähne.

Der Maulwurf paart sich im März-April. Die drei oder vier Jungen werden im Mai oder Juni geboren. Sie sind zunächst nackt und blind, ihr Fell bekommen sie im Alter von 14 Tagen, ihre Augen öffnen sich mit drei Wochen. Das Nest des Maulwurfs liegt häufig unter einem besonders großen Maulwurfshaufen.

Dieser Maulwurf verzehrt eine Maikäferlarve. Er frißt eine große Menge von diesen Insekten, die für Pflanzen schädlich sind. Ein ausgehungerter Maulwurf kann 12 g Regenwürmer auf einmal fressen, ehe er satt ist. In Gefangenschaft kann ein Maulwurf nicht lange ohne Nahrung auskommen. Auch im Winter ist er ständig auf Nahrungssuche, da er keinen Winterschlaf hält.

Der Mäusebussard

Der Mäusebussard kann, wie die meisten anderen Greifvögel, ausgezeichnet sehen. Deren Augen haben mehr Sehzellen, als etwa die des Menschen. Die Sehzellen sind für das Wahrnehmen von Einzelheiten in der Umgebung verantwortlich. So ist es für den Bussard möglich, vom Himmel aus oder von einem Baum eine Maus auf 50 oder gar 100 m Entfernung ohne weiteres zu entdecken.

Bussarde sind Zugvögel. Vor allem die in Nordeuropa brütenden Bussarde wandern im Herbst in mildere Gebiete. Von Skandinavien kommend ziehen sie dann über die Ostsee. An den Stellen, an denen sie die Ostsee am liebsten überqueren, können sie gezählt werden. So flogen etwa am 18. September 1950 1447 Mäusebussarde von Schweden nach Dänemark. Fünf Tage später wurden 9300 Vögel an der Südspitze Skandinaviens gezählt.

Der Bussard ist im Flug nicht so schnell und beweglich wie der Wanderfalke und nicht so stark wie der Habicht. Er gehört aber zu unseren häufigsten Greifvögeln und läßt sich gut beobachten. Gerne sitzt er auf einem Telegraphenmast, einem Zaunpfahl oder dem kahlen Ast eines Baumes, um nach Beute Ausschau zu halten. Die Färbungen des Mäusebussards sind sehr unterschiedlich. Es gibt fast dunkelbraune Tiere und andere, die sehr viel weißes Gefieder zeigen. Die meisten Bussarde, die im Winter bei uns zu beobachten sind, ziehen im Frühjahr wieder nach Norden.

Länge: 53 bis 55 cm
Flügelspannweite: 120 bis 140 cm
Gewicht: 500 bis 1300 g
Lebenszeit: in der Natur um 15 Jahre

Im Frühjahr beginnt ein Bussardpaar mit dem Bau seines Horstes. Der Horst wird in einem Baum in einer Höhe von etwa 6 bis 10 m errichtet. Zunächst ist der Horst nicht sehr groß (etwa 70 cm Durchmesser). Aber wenn die Vögel ihn mehrere Jahre hintereinander benutzen, wird er ständig vergrößert und erreicht schließlich ein beträchtliches Ausmaß. Jedes Frühjahr fügen die Vögel neue trockene Zweige, Moos und Blattwerk hinzu. Zur Zeit der Paarung kreisen Männchen und Weibchen über den Wald, in dem sie nisten, und stoßen miauende Laute aus.

Der gebogene Schnabel dient zum Zerkleinern der Beute und zum Rupfen der Vögel und Säugetiere. Die Augen haben ein weites Blickfeld. Der Bussard packt die Beute mit seinen Fängen. Die großen Flügelfedern sind auf einer Seite eingekerbt.

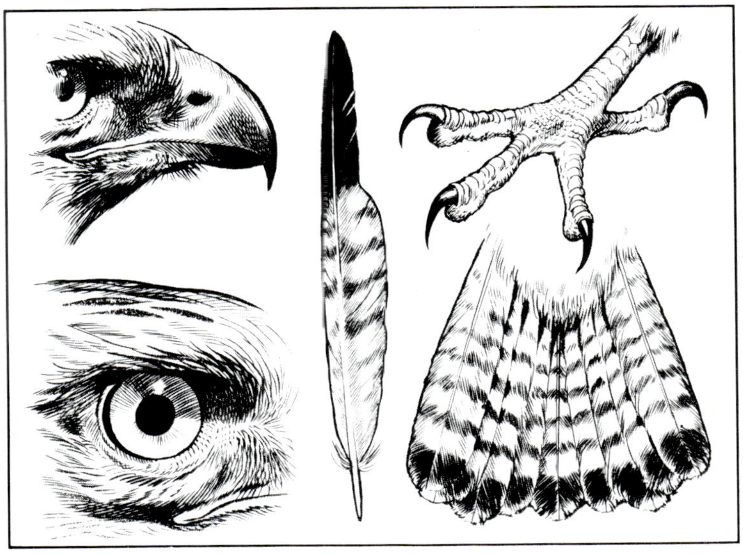

Im April legt das Bussardweibchen 1 bis 3 Eier, sehr selten auch fünf. Es bebrütet sie 35 Tage. Beim Schlüpfen haben die Jungen einen weißlichen Flaum. Wenn sie zwei Wochen alt sind, beginnen die endgültigen Federn zu wachsen. Nach etwa 45 Tagen verlassen die Jungen den Horst.

Wenn Mäuse im Überfluß vorhanden sind, stellen sie den Großteil der Nahrung. Aber neben Mäusen jagt der Bussard auch Maulwürfe, junge Kaninchen, Hasen oder Jungvögel. Insekten, vor allem Käfer und sogar Regenwürmer, stehen ebenfalls auf seiner Speiseliste.

Die Mönchsrobbe

Von den vielen Touristen, die heute ihren Urlaub am Mittelmeer verbringen, wird kaum einer wissen, daß dort einmal die Mönchsrobbe sehr häufig war. Vor etwa zwanzig Jahren schätzte man ihren Bestand auf ungefähr 5000 Tiere. Heute leben vielleicht noch 500. Die Küsten des Mittelmeeres sind durch die vielen Menschen derart verbaut worden, und der Freizeitbetrieb im und am Wasser hat so stark zugenommen, daß den Robben kaum mehr ein ruhiger Platz geblieben ist, an dem sie sich sonnen oder gar ihre Jungen zur Welt bringen können. Zum Beispiel gab es an der Küste Sardiniens tiefe Grotten, in denen die Robben vom Meer kommend noch lange Zeit Zuflucht fanden. Dann drangen aber auch hier Badende und Sporttaucher ein und vertrieben die Tiere. Auch die Fischer waren nicht gut auf die Robben zu sprechen, da sie Fischfresser sind. Sie verfolgten und töteten sie.
Mönchsrobben kommen auch im Schwarzen Meer vor, an der Nordwestküste Afrikas, auf Madeira und auf den Kanarischen Inseln. Diese Robbenart unternimmt keine großen Wanderungen im Meer. Sie hält sich zum Fischfang vor den Küsten auf und geht dann zum Ruhen und zum Gebären an Land. Diese Ortstreue ist mit ein Grund, warum Mönchsrobben durch menschliche Störungen besonders gefährdet sind. Außerdem gibt es im ganzen Bereich des Mittelmeeres heute praktisch keine Küste und keine Insel mehr, an die der Mensch nicht mit Segel- oder Motorbooten herankommt.
Die wenigen Mönchsrobben, die es noch im Mittelmeer gibt, sind sehr scheu geworden. Während sie früher meist am Tage an sandigen Küstenstellen lagen, um sich zu sonnen, kommen sie jetzt nur mehr nachts an Land.
Die Oberseite der Mönchsrobbe ist einfarbig braun, die Unterseite gelblichweiß gefleckt und erinnert an eine Mönchskutte. Daher stammt auch der deutsche Namen dieser Robbenart. Als Fischjäger ist die Mönchsrobbe ein schneller und gewandter Schwimmer. Die gleichförmigen, spitzen Zähne im Ober- und Unterkiefer eignen sich gut, um die schlüpfrige Beute festzuhalten und zu töten. Nur sehr selten fangen Mönchsrobben auch einmal einen Seevogel.

Länge: 210–270 cm. Gewicht: 280–320 kg.
Lebensalter: etwa 25 Jahre

Die Mönchsrobbe jagt unter Wasser. Hier hat sie einen Aal erbeutet. Sehr häufig werden von ihr Fischschwärme angegriffen, zum Beispiel Makrelen. Eine ausgewachsene Robbe braucht pro Tag etwa 11 Kilo Nahrung. Die

Jungtiere werden 5–6 Wochen an Land von der Mutter gesäugt, bevor sie ins Wasser gehen und selbst mit dem Fischfang beginnen.

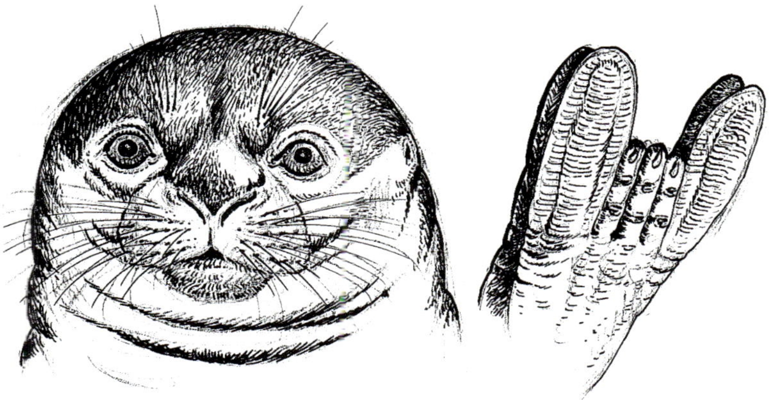

Den Mönchsrobben fehlen äußere Ohrmuscheln. Sie haben kräftige Schnurrbarthaare, einen runden Kopf und nach vorne gerichtete Augen. Rechts sind die zu Flossen umgebildeten Hinterbeine rechts und links des sehr kurzen Schwanzes gezeichnet.

Alle zwei oder drei Jahre paaren sich die Robben im Wasser. Nach einer Tragzeit von 11 Monaten wird das Junge an Land geboren. Es ist dann etwa 80 cm lang und wiegt um 22 Kilo.

Besonders die lauten und schnellen Motorboote stören die Robben und jagen sie vom Land ins Wasser, wenn sie dicht an der Küste vorbeifahren.

Wiederholen sich solche Störungen zu häufig, finden die Tiere keine Ruhe mehr.

Der Moschusochse

Der Name Moschusochse ist etwas irreführend, da diese Säugetiere näher mit den Schafen und Ziegen verwandt sind als mit den Rindern. Sie sind die einzigen Großtiere der Arktis, die auch der größten Kälte und den schlimmsten Schneestürmen trotzen können, ohne sich einzugraben oder sonstwie zu verbergen. Die dicke Wollschicht des Haarkleides, das im Winter besonders dicht und lang ist und dann bis zu den Hufen hinabreicht, schützt vor jedem Wetter. Bei einer Außentemperatur von -27° Celsius wurden im Fell eines Moschusochsen immerhin noch +2° Celsius gemessen. Während eines Schneesturmes drängen sich die Tiere einer Herde dicht zusammen, die Kälber stehen in der Mitte, die alten Kühe und Bullen nehmen die schlechteren Plätze außen ein. Auch wenn die Hauptfeinde der kleinen Kälber, die Wölfe, auftauchen, bilden die erwachsenen Moschusochsen eine dichte Schar um die Jungen, die spitzen Hörner und mächtigen Schädel nach außen gerichtet. Diese „Festung" ist praktisch uneinnehmbar.

Moschusochsen leben gewöhnlich in kleinen Herden von 6–8 Tieren, darunter zwei oder drei Weibchen mit ihren Jungen und ein altes Männchen. Dieses wacht über die Herde und treibt sie zusammen, wenn Wölfe auftauchen. Tiefer Schnee ist aber wohl der ärgste Feind dieser Tiere, da sie dann schlecht an die Nahrung herankommen. Sonst finden sie auch im Winter Gräser und Flechten, die der Wind an vielen Plätzen freilegt. Im Sommer ernähren sie sich auch von Blättern und frischen Trieben der Zwergweiden.

Heute kommen Muschusochsen nur noch auf Grönland und auf einigen Inseln des arktischen Kanadas, wie z.B. Graham und North Devon, vor. In Alaska sind Moschusochsen wieder angesiedelt worden, nachdem sie zuvor durch Jäger ausgerottet worden waren.

Länge: 2,30 m. Rückenhöhe: 1,30 m. Gewicht: Bis zu 300 kg.

Hier haben sich die Moschusochsen im Kreis um ihre Jungen aufgestellt, um angreifende Wölfe abzuwehren, die nur den Kleinen gefährlich werden können. Die alten Tiere sind zu mächtig und verteidigen sich erfolgreich mit den Hörnern.

An den Füßen sind jeweils zwei Hufe ausgebildet. Die geschwungenen Hörner laufen nach außen spitz und glatt zu und bilden auf der Stirn ein breites Hornschild. Bei den Männchen werden sie bis 67 cm lang.

Die Paarungszeit fällt in den Juli und August. Die Jungen werden dann im April oder Mai des folgenden Jahres geboren und besitzen von Anfang an ein dichtes Fell. Sie folgen auch schon nach wenigen Stunden den Müttern.

Offenes Wasser, Flüsse und Seen bilden für die Moschusochsen kein Hindernis, da sie ausgezeichnet schwimmen können und sie ihr Fell auch hier vor der Kälte schützt.

Das Murmeltier

Viele Tiere, wie die Fledermäuse, die Siebenschläfer und auch das Murmeltier halten einen Winterschlaf. Nach Nahrung zu suchen, die in dieser Jahreszeit spärlich ist, wäre wenig sinnvoll. So ist es für die Tiere besser, einige Monate zu ruhen. Im Sommer kommen die Murmeltiere jeden Morgen aus ihrem Bau und verteilen sich im Gras. Eines streckt sich auf einem Felsen aus und nimmt ein Sonnenbad. Andere zanken sich oder spielen miteinander. Die meisten aber fressen. Von einem Bau zum anderen gibt es Wechsel. Manche führen zu Steinen, und andere wieder verlieren sich in der Wiese. Die ältesten Murmeltiere kennen jede Einzelheit ihres Reviers. Sie sind sehr neugierig, mißtrauen aber doch allem, was ungewöhnlich ist. Das Murmeltier lebt in den Alpen und den Karpaten in kleinen Kolonien in einer Höhe zwischen 1500 und 3000 m. Sein Bau ist ein 3 bis 10 m langer Gang, der einen Durchmesser von etwa 20 cm hat und in eine 1 m breite Kammer mündet. Der Bau befindet sich 1 bis 1,50 m unterhalb der Erdoberfläche. Nach der Schneeschmelze wird der Eingang von Steinen und Erdreich befreit. Dann beginnen die Murmeltiere mit dem Hausputz. Erde und altes Heu wird hinausgeworfen.

Einige Baue sind dauernd bewohnt, andere dienen nur als gelegentliche Zufluchtsorte und sind daher nicht mit den Gängen verbunden. So können die Murmeltiere jederzeit bei Gefahr auf dem schnellsten Weg in einem Loch verschwinden. Im Vergleich zu vielen anderen Säugetieren, die sich auf einen feinen Geruchsinn verlassen, hat das Murmeltier ein ausgesprochen gutes Sehvermögen.

Länge: 60 cm (+ 15 cm Schwanz)
Gewicht: 5 bis 7 kg
Lebenszeit: 13 Jahre

Im Winter hält das Murmeltier in seinem Bau Winterschlaf. Wenn sich die Nadeln der Lärchen zu verfärben beginnen, häuft das Murmeltier trockene Gräser zu einem weichen Lager aufeinander. Im Oktober beginnt es mit dem Winterschlaf. Seine Körpertemperatur sinkt auf etwa 9 °C herab. Zusammengerollt, steif und kalt, scheint es wie tot dazuliegen. Aber sein Herz schlägt, und das Tier atmet auch. Im Frühjahr kündigen die Glockenblüten der Troddelblumen sein Erwachen an.

Das Murmeltier besitzt, wie alle Nagetiere, scharfe Schneidezähne (links). Diese Zähne wachsen ständig nach und schleifen sich aneinander ab. Die Fußabdrücke des Murmeltieres kann man auf den Schneefeldern sehen, nachdem es im Frühjahr erwacht ist.

Vier bis fünf junge Murmeltiere werden in einem Bau geboren. Im Juni kommen sie zum ersten Mal heraus. Sie sind noch etwas unvorsichtig und sehr verspielt. Erst mit zwei Jahren haben sie ihre endgültige Größe erreicht. Von der Mutter werden sie 35 Tage lang gesäugt.

Die Silhouette des Steinadlers kennt das Murmeltier sehr genau. Wenn es auf einem Felsen liegt und einen Steinadler entdeckt, stößt es einen lauten Pfiff aus. Im gleichen Augenblick stürzen alle seine Artgenossen in das nächstgelegene Loch. Erst nach und nach kommen sie wieder hervor, mit dem Kopf voran, und suchen ängstlich den Himmel nach ihrem Feind ab.

Das Okapi

Im Jahre 1850 hörte der englische Naturforscher Stanley von einem großen, bis dahin unbekannten Säugetier, das in den fast undurchdringlichen Urwäldern des Kongogebietes in Afrika leben sollte. Aber erst fünfzig Jahre später brachte der Engländer Johnston Fellstücke dieses Tieres mit nach Europa.

Man vermutete zunächst, daß es sich um eine Pferdeart handeln würde, aber als dann zwei Schädel und eine ganze Haut an das Londoner Museum gelangten, war man sich klar, daß es etwas anderes sein mußte. Das immer noch unbekannte Tier bekam den Namen Okapi, nach dem Namen, mit dem es von den Pygmäen des Urwalds bezeichnet wurde. Sie nannten es „o'api".

Inzwischen weiß man natürlich mehr über das Okapi, wenn auch die meisten Beobachtungen aus zoologischen Gärten stammen. In Freiheit, in seinem natürlichen Lebensraum, ist es fast nicht aufzufinden und noch weniger über einen längeren Zeitraum zu verfolgen. Trotz seiner Größe ist es im dichten Pflanzenwuchs gut verborgen. Es wittert und hört ausgezeichnet und verschwindet, bevor ein Mensch nahe genug herangekommen ist. Schließlich verbringen die Tiere die meiste Zeit ihres Lebens als Einzelgänger. Nur Mutter und Kind bleiben mehrere Monate zusammen, und während der Paarungszeit suchen die Männchen die Weibchen auf.

Das Okapi ist mit der Giraffe verwandt. Es ist etwas kleiner, trägt auch nicht den langen Giraffenhals, aber die Männchen haben am Kopf zwei mit Fell überzogene Knochenzapfen, wie die Giraffen auch. Die weiße Streifung auf den Keulen und an den Beinen trägt sehr stark dazu bei, daß die Körper der Tiere im Spiel von Licht und Schatten getarnt werden.

Das rechte Okapi im Bild unten angelt gerade mit seiner Zunge nach Blättern und frischen Trieben eines Baumes. Es frißt aber auch viele andere Pflanzenteile, die es unter anderem vom Boden aufnimmt.

Die sehr lange, bewegliche und bläulich gefärbte Zunge der Okapis ist ein ausgezeichnetes Hilfsmittel, um an hochstehende Pflanzennahrung heranzureichen. Sie wird aber auch zur Fellpflege verwendet, zum Reinigen und Glätten des Haarkleides. Bachläufe und seichtere Wasserstellen kann ein Okapi ohne Schwierigkeiten durchwaten. Zur Not schwimmt es auch über tiefere Stellen.

Links ist noch einmal die Streifung auf den Keulen und an den Hinterbeinen dargestellt. In der Mitte oben der Kopf eines weiblichen Tieres, darunter der eines Männchens. Rechts davon zum Vergleich der Kopf einer Giraffe.

Alle zwei Jahre etwa bringen die Okapiweibchen ein Junges zur Welt, das schon kurze Zeit nach der Geburt aufstehen kann und dann seiner Mutter folgt. Es wird ungefähr acht Monate lang gesäugt, bleibt aber auch später noch bei der Mutter, bis diese wieder ein Junges bekommt.

Leoparden gehören zu den Feinden der Okapis. Sie lauern an einer erhöhten Stelle, um das Okapi anzuspringen und es zu töten.

Der Orang-Utan

Orang-Utan bedeutet in der Sprache der Malaien „Waldmensch“. Nach dem Gorilla, der in Afrika vorkommt, ist der Orang-Utan der größte Menschenaffe. Tatsächlich lebt er im Wald, in den Urwäldern Sumatras und Borneos. Er kann dank seiner relativ langen Arme und Beine sehr gut klettern und hält sich auch die meiste Zeit in den Bäumen auf, wo er sich von Blättern und Früchten ernährt. Am Boden ist er weit weniger geschickt als die Gorillas oder gar die Schimpansen.

Die Zahl der heute noch freilebenden Orang-Utans einigermaßen genau zu bestimmen, ist schwer, aber eindeutig sind sie von der Ausrottung bedroht, und die Bestände sind seit Mitte des Jahrhunderts immer kleiner geworden. Schuld daran ist überwiegend der Rückgang der Wälder. Durch die ständig wachsende Zahl der Menschen werden immer größere Gebiete für Ackerbau und Viehzucht benötigt, die Wälder werden gerodet oder abgebrannt. Aber eben nur in den Wäldern finden die Orangs Schutz und Nahrung. Früher vor allem wurden auch immer wieder Orang-Utan-Weibchen getötet, die kleine Junge hatten, um diese Babies dann an Zoologische Gärten oder an Privatleute zu verkaufen. Die meisten lebten nicht lange.

Inzwischen sind die Orang-Utans streng geschützt, und in den Zoos werden genügend Junge geboren.

In speziell dafür gebauten und eingerichteten Urwaldstationen werden junge Orangs durch geschulte Pfleger auf ihr Leben in Freiheit vorbereitet. Die Jungen stammen entweder aus Zoologischen Gärten oder es sind Waisen, deren Mütter starben. Auch werden immer noch einmal unrechtmäßig gefangene Affenkinder gefunden und beschlagnahmt. Sie alle kommen in die Auswilderungsstationen, bis sie alt genug sind und geübt im selbständigen Auffinden der Nahrung, im Klettern und im Umgang mit den Artgenossen. Dann können sie zurück in die Wälder, ihre eigentliche Heimat.

Kopf-Rumpflänge: etwa 125–150 cm.
Gewicht: Weibchen etwa 40 kg, Männchen etwa 75–100 kg.
Im Zoo können Orangs erheblich schwerer werden: bis 188 kg.
Lebensalter (in Gefangenschaft): 26 Jahre.

Hier hat ein malaiischer Jäger eine Orang-Utan-Mutter mit einem Jungen aufgespürt, tötet die Mutter und nimmt das Junge mit, um es für viel Geld zu verkaufen. Das ist natürlich gegen das Gesetz, geschieht aber immer wieder. Viele der auf diese Art geraubten Jungen gehen ein, bevor sie verkauft werden, weil sie nicht die richtige Nahrung erhalten, sich erkälten oder andere Krankheiten bekommen.

Unten rechts ist der Kopf eines jüngeren Orang-Utan-Männchens abgebildet, links der eines alten Männchens, bei dem die haarlosen Wangenwülste zu erkennen sind. Darunter die Hand eines Orangs mit dem abspreizbaren Daumen. Beim Gehen am Boden stützt sich der Orang auf den umgebogenen Fingern ab.

Ein junger Orang wird nach einer Tragzeit von nicht ganz 8 Monaten geboren und wiegt dann 1,1–1,5 kg. Er klammert sich gleich im langen Fell der Mutter fest, wird aber gleichzeitig von ihr gehalten. Die Jungen wachsen sehr langsam und sind mit etwa zehn Jahren geschlechtsreif.

Ein älterer Orang-Mann bei der Nahrungssuche auf dem Boden. Früchte und Blätter stellen die Hauptnahrung, aber auch Insekten und kleine Wirbeltiere werden manchmal verspeist.

Der Ozelot

Die meisten Menschen kennen den Ozelot vermutlich nur in Form einer Pelzjacke oder eines Pelzmantels. Eben wegen dieser Mode ist die etwa ein Meter große Wildkatze aus den Waldgebieten Mittel- und Südamerikas in vielen Gegenden selten geworden. Über die Zahl der Tiere in ihren Heimatgebieten weiß man nur ungenau Bescheid. Sie leben im dichten, feuchten Dschungel, aber auch in trockenen Buschzonen, aber stets sehr heimlich und verborgen. Die einheimischen Jäger wissen sie dennoch zu finden und stellen ihnen überall nach, weil das Fell nach wie vor ein begehrtes Objekt ist und Geld einbringt.
Der Ozelot klettert recht gut, aber er ist in den Bäumen nicht besonders geschickt. Stammabwärts rutscht er immer mit dem Kopf nach oben und dreht sich erst um, wenn er herunterspringen kann. So jagt er auch hauptsächlich seine Beute am Boden. Sie besteht aus allen möglichen kleineren Tieren, wie Ratten, Meerschweinchen, Agutis und Affen. Aber auch Vögel, Echsen und wirbellose Tiere frißt der Ozelot.

Ein Ozelotweibchen bekommt nach einer Tragzeit von etwa 70 Tagen zwei bis vier Junge. Die Jungen können in den Tropen rund um das Jahr geboren werden. Wenn sie von Menschen von klein an mit der Hand aufgezogen wurden, bleiben sie sehr zahm und anhänglich. Allerdings eignen sie sich kaum für eine Wohnung, denn sie riechen streng und markieren durch Harnspritzen ihre Umgebung.
Lange Zeit wußte man über das nächtliche Leben der Ozelots kaum Bescheid. Erst nachdem einige Tiere mit einem kleinen Sender an einem Halsband ausgestattet worden waren, ließen sich ihre Aktivitäten, die Wanderungen und die Ruheplätze bestimmen. Beobachtungen in Peru zum Beispiel ergaben, daß das Wohngebiet eines Ozelots zwischen 1,6 und 8 Quadratkilometer groß ist. Die Größe des Gebiets hängt vor allem von dem Angebot an Beutetieren ab. Jeder Ozelot hat offenbar mehrere geschützte Plätze im Dickicht, an denen er sich ausruht und schläft.

Kopf-Rumpflänge: 65-100 cm. Schwanzlänge: 30-45 cm. Gewicht: um 12 kg.

Die Langschwanzkatze, die auch Baumozelot genannt wird, sieht dem Ozelot sehr ähnlich. Die Felle beider Arten sind nur sehr schwer zu unterscheiden. Aber der Baumozelot klettert wesentlich besser und kommt stets mit dem Kopf voran einen Baumstamm herunter. Hier begegnet er einem Ameisenbär, zieht sich aber zurück, nachdem dieser ihn bedroht, denn die scharfen Krallen des Ameisenbären sind gefährliche Waffen.

Die Verbreitungsgebiete des Ozelots und der Langschwanzkatze sind fast gleich. Sie liegen in Mittel- und Südamerika. Auf der Zeichnung des Kopfes eines Ozelots sind die dolchartigen Eckzähne zum Töten der Beute zu erkennen.

Junge Ozelots sind verspielt wie andere Katzenkinder auch. Sie üben sich schon früh im Fangen von Beute, und wenn es nur ein Schmetterling ist, der hier von einem kleinen Ozelot mit der Tatze festgehalten wird.

Ozelots fressen neben Säugetieren und Vögeln auch kaltblütige Tiere. Dieser Ozelot beobachtet einen Fisch, der unter dem Baumstamm im Wasser steht.

Die Papageien

In den tropischen Wäldern der alten und neuen Welt und besonders auch Australiens, doch auch in offenen Landschaften sind die Papageien und Sittiche zuhause. Die meisten von ihnen besitzen ein farbenprächtiges Federkleid, viele sind vorwiegend grün gefärbt mit einigen wenigen farbigen Flecken. Nur dunkle Arten gibt es selten, und so gehört ein schwarzer Kakadu aus Australien zu den Seltenheiten.

So schön Papageien für unsere Augen sein mögen, so unangenehm ist ihre laute, kreischende Stimme.

In Mittel- und Südamerika kommen in achtzehn Arten die großen, langschwänzigen Aras vor. Auch sie sind bunt, wie der Arakanga oder Gelbflügelara links im Bild. Bis zu neunzig Zentimeter mißt der Vogel, wobei allerdings sein Schwanz schon die Hälfte davon ausmacht. In kleinen Trupps durchstreift er die Wälder in den Ebenen und ernährt sich von Früchten und Samen. Die Pflanzer lieben diese Vögel nicht, denn sie können in Obstplantagen großen Schaden anrichten. Die Wangen des Aras haben nackte Hautstellen. Die Schnäbel werden nicht nur zum Pflücken und Zerkleinern der Nahrung benutzt, sondern auch zum Klettern.

Mit dem hakenförmigen zugespitzten Oberschnabel kann sich ein Papagei fest im Gezweig verankern. An seiner Innenseite befindet sich eine gewellte Reibeplatte, mit der harte Körner unter Zuhilfenahme der dicken und fleischigen Zunge zerrieben werden.

Der Hyazinthara ist einfarbig blau und mit einem Meter Gesamtlänge der größte Papagei der Welt. Er bewohnt die Wälder des Amazonas. Jungaufgezogene Papageien werden sehr zutraulich, und viele Arten werden in allen Ländern der Erde als Haustiere gehalten. Heute dürfen allerdings nur mehr wenige Papageien und Sittiche eingeführt und gehandelt werden. Aber man versucht, sie in Gefangenschaft zu züchten, was bei einigen leicht, bei anderen dagegen nur schwer gelingt.

Das Alter der Papageien wird meist übertrieben. Viel älter als fünfzig Jahre werden auch sie nicht, aber ein australischer Kakadu überlebte in Gefangenschaft immerhin achtzig Jahre.

Aras nisten wie die meisten Papageien und Sittiche in Baumhöhlen. Die großen Arten müssen entsprechend große Höhlen finden, die Platz bieten für den brütenden Altvogel und später für die heranwachsenden Jungen. Die Weibchen legen ihre Eier auf den Boden der Höhle, ohne ein eigentliches Nest zu bauen.

Ober- und Unterschnabel der Papageien haben ein spitzes, beziehungsweise scharfes, meißelförmiges Ende. Auch hartschalige Samen können damit leicht geöffnet werden.
Eine eigenartige Federhaube ziert den Kopf eines schwarzen Kakadus. Die Zehen, zwei nach vorne und zwei nach hinten, eignen sich ausgezeichnet zum Klettern und umgreifen Zweige und Äste fest und sicher.

Die Unzertrennlichen, kleine Sittiche, haben ihren Namen zurecht, denn ein Paar bleibt zeitlebens zusammen. Es gibt verschiedene Arten. Alle ernähren sich von Früchten und Samen.

Nach dem Schlüpfen sind die Jungen zunächst nackt und ihre Augen sind geschlossen. Sie öffnen sich um den zwölften Tag.

Graupapageien gehören zu den beliebtesten Haustieren, weil sie die menschliche Stimme lernen. Sie können Worte, ganze Sätze und Pfiffe täuschend ähnlich nachahmen.
In ihrer afrikanischen Heimat werden Graupapageien auch von Greifvögeln geschlagen.

Die Paradiesvögel

Der Name Paradiesvogel leitet sich von einer märchenhaften Geschichte ab. Als die ersten Federbälge von toten Paradiesvögeln aus der kaum erforschten Inselwelt Neuguineas nach Europa gelangten, besaßen diese keine Beine mehr. Sie waren von den einheimischen Papuas, die aus den Federn der farbenprächtigen Vögel allerlei Schmuck und Zierrat herstellten, gleich nach dem Töten der Tiere abgeschnitten worden. So glaubte man, diese Vögel müßten ihr ganzes Leben in der Luft zubringen, denn am Boden konnten sie sich ohne Beine ja nicht fortbewegen. Man dachte, sie würden auch im Flug ihre Eier ausbrüten, um dann zur Aufzucht der Jungen ins Paradies zurückzukehren. Oben ein Großer Paradiesvogel. Paradiesvögel leben vor allem auf Neuguinea und den benachbarten Inseln sowie im Nordosten Australiens. Sie kommen sowohl in den Bergen als auch in der Ebene vor, immer jedoch in dichten Wäldern. Erst in unserem Jahrhundert wurden Einzelheiten ihrer Lebensgewohnheiten bekannt, da es äußerst schwierig war, sie in der Natur aufzuspüren, zu fotografieren oder gar zu filmen. Aber die Farben dieser Vögel und ihre zum Teil merkwürdig geformten Schmuckfedern waren früher ein besonderer Grund, ihnen nachzustellen, sie zu töten und die Federn auch bei uns als Zierrat zu verwenden. Noch um 1900 wurden aus Neuguinea etwa 25–30000 Bälge von Paradiesvögeln importiert. Inzwischen sind sie geschützt.

Vor allem die Männchen der dreiundvierzig Paradiesvogelarten besitzen die glänzenden bunten Federn, während die Weibchen weit unscheinbarer aussehen. Seit auch in der Heimat dieser Vögel die Wälder geschlagen werden, sind einige Arten schon sehr selten geworden.

Wenn Paradiesvögel balzen, stellen sie ihr buntes Federkleid auf die merkwürdigste Art und Weise zur Schau. Der oben abgebildete Blaue Paradiesvogel läßt sich kopfunter von einem Ast hängen und schaukelt mit ausgebreiteten Flügeln hin und her. Natürlich sollen durch diese Werbung Weibchen angelockt werden.

Unten ist eine Schmuckfeder vom Kopf des Prinz-Albert-Paradiesvogels oder Wimpelträgers zu sehen, die bis zu 48 Zentimeter lang sein kann. Darunter Schnabel und Fuß der selben Art.
Ganz unten eine Schmuckfeder und ein Flügel einer anderen Art.

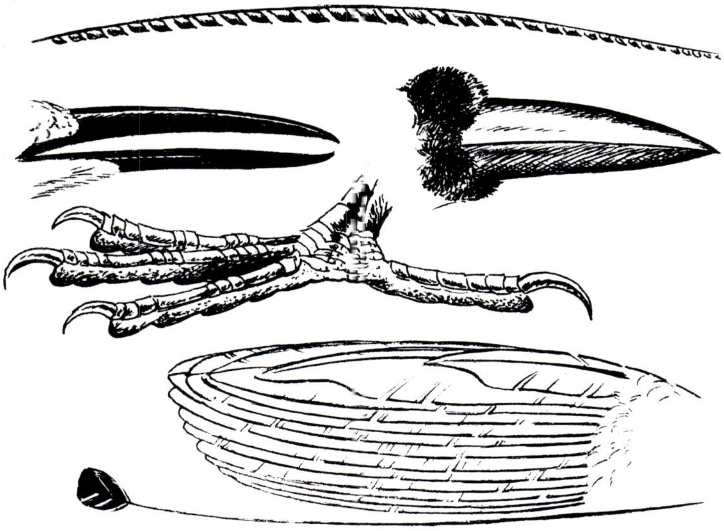

Verwandt mit den Paradiesvögeln sind die Laubenvögel. Sie sind nicht ganz so farbenprächtig, aber die Männchen bauen, um Weibchen anzulocken, kleine Lauben aus Gräsern und Hölzchen und schmücken sie mit allerlei Blüten, bunten Kieselsteinen und anderen farbigen Dingen. Hier ist die Laube eines Rothaubengärtners abgebildet.

Ein Pärchen des Prachtparadiesvogels. Das unten sitzende Männchen balzt ein Weibchen an. Diese Art wird etwa 17 Zentimeter groß.

Der Pavian

Fünf verschiedene Pavianarten leben in den afrikanischen Savannen, in Horden von 30 bis 50 Tieren. Manchmal sind auch nur 10 Tiere zusammen, ein andermal bis zu 150. Das Leben der Paviane ist recht gut erforscht. Da sie in verhältnismäßig offener Landschaft vorkommen und einen großen Teil ihres Daseins auf dem Boden verbringen, lassen sie sich viel besser beobachten als die waldbewohnenden Schimpansen und Gorillas. Paviane haben kräftige Kiefer und eine längliche Schnauze, die an bestimmte Hunderassen erinnert. Daher nennt man sie auch Hundskopfpaviane. Ihr Hauptfeind ist der Leopard, dem sie möglichst aus dem Wege gehen. Der Leopard muß sich aber auch vor den dolchartigen Eckzähnen der Pavianmännchen in acht nehmen. Abends suchen sich die Paviane eine Baumgruppe, wo sie ins Geäst klettern und die Nacht auf den Bäumen verbringen können. Auf Bäume flüchten sie auch, wenn sie vom Löwen angegriffen werden. Die Paviane ernähren sich im wesentlichen von pflanzlicher Kost, nehmen daneben aber auch sehr gerne Insekten, vor allem Wanderheuschrecken, Ameisen und Termiten. Bei Gelegenheit fressen sie auch einmal ein kleines Wirbeltier, eine junge Gazelle etwa oder einen jungen Vogel. Die großen Eckzähne sind vor allem Verteidigungswaffen und werden beim Drohen unter Artgenossen gezeigt. Paviane vermehren sich das ganze Jahr über.

Die Weibchen verpaaren sich mit den ranghohen Männchen. Die gegenseitige Körperpflege spielt eine wichtige Rolle im Leben der Paviane. Dabei werden Schmutzpartikelchen, aber auch Schmarotzer und Parasiten auf der Haut der Tiere entfernt.

Länge: 85 cm + 45 cm Schwanz
Schulterhöhe: etwa 70 cm; Gewicht: 17 bis 33 kg
Lebenszeit: etwa 10 Jahre (Guineapavian)
Tragzeit: 150 bis 195 Tage je nach Art

Die Aufstellung in einer umherwandernden Horde ist klar gegliedert: Die ältesten männlichen Tiere, die Anführer, befinden sich in der Mitte, in der Nähe der weiblichen Tiere und der Jungen. Sie sind bereit, diese mit den großen Eckzähnen, die gewaltigen Dolchen gleichen, zu verteidigen. Am Rand halten sich die ausgewachsenen männlichen Tiere von niederem Rang auf. Diese warnen zuerst vor einem auftauchenden Feind. Wenn sich ein Leopard der Herde nähert, stellen sich die männlichen Tiere mit drohenden Gebärden und entblößten Eckzähnen gegen den Feind, worauf sich der Leopard oft zurückzieht. Pro Tag wandern die Affen etwa 8 bis 10 km in einem Gebiet, das sie regelmäßig durchstreifen.

Die Füße enden in je 5 Fingern, der Daumen kann den anderen Fingern etwas gegenübergestellt werden. Finger und Zehen unterscheiden sich kaum voneinander. Sie sind alle sehr beweglich. Die ausgewachsenen Paviane haben Kinnbacken, das heißt Hauttaschen, die sich ausdehnen können, wenn sie mit Nahrung gefüllt werden.

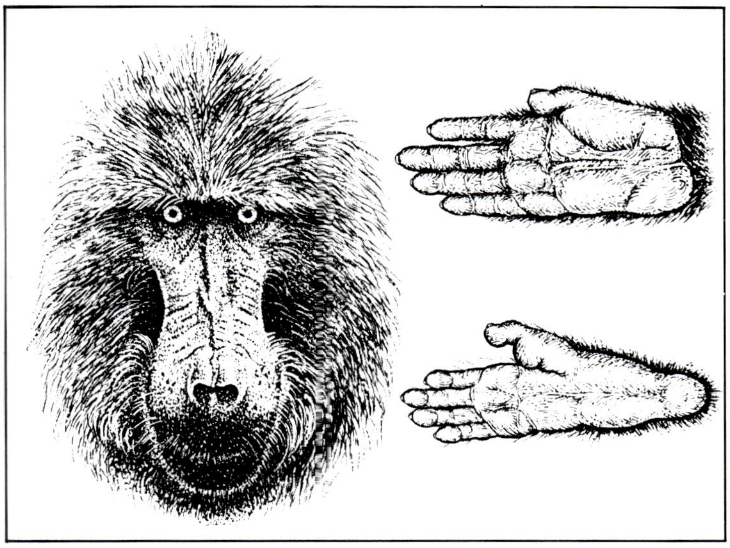

Bei den Pavianen gibt es keine eigentliche Familie, und das Weibchen zieht die Jungen alleine groß. Aber alle Tiere in der Horde zeigen Interesse an den Jungen. Zu Beginn hält das Muttertier das Junge in den Armen. Wenn die Horde unterwegs ist, klammert sich das Kleine an den Bauch der Mutter. Später reitet es auch huckepack auf dem Rücken. Allmählich wird die Bindung an die Mutter immer lockerer, und schließlich können die Jungen auf eigenen Beinen der Horde folgen.

Die älteren männlichen Tiere überwachen alle Mitglieder der Horde, besonders aber die untergeordneten Männchen.
Wenn diese miteinander Streit bekommen, dann greifen die älteren ein und trennen sie, um eine Ausweitung des Kampfes und Unruhe in der ganzen Horde zu verhindern. Auch Weibchen mischen sich häufig in Streitereien ein, die aber nie lange anhalten.

Der Pfau

Es gibt wohl kaum einen Zoo oder Vogelpark, in dem keine Pfaue umherlaufen und im Frühjahr zur Paarungszeit ihr Rad schlagen. Die langen, prächtig gefärbten Federn, die nur die Männchen besitzen, sind allerdings nicht die Schwanzfedern, sondern die Schwanzdeckfedern, die darüber liegen. Mit dem Vorzeigen dieses Federschmuckes lockt der Pfauenhahn die Hennen zu sich, um sie dann zu begatten. Am Bebrüten der Eier und an der Aufzucht der Jungen beteiligt er sich aber nicht. Das ist alleine Angelegenheit der Weibchen.
Schon seit der Römerzeit werden Pfaue in Europa als Haustiere gezüchtet und gehalten. Da sie sehr ortstreu sind, bleiben sie in der Umgebung, in der sie aufwachsen. Wilde Pfaue, die genauso aussehen wie ihre zahmen Vertreter, leben in den Dschungeln Indiens und Sri Lankas. Tagsüber halten sie sich meist am Boden auf, wo sie nach Nahrung suchen. Sie fressen Kräuter und andere Pflanzen, aber besonders die Küken, auch Insekten und deren Larven und Eier.
Nachts schlafen die Pfaue hoch oben in den Bäumen, auf die sie in der Abenddämmerung hinauffliegen. Dort sind sie vor Raubfeinden wie dem Tiger oder dem Leoparden besser geschützt. Flüge über lange Strecken machen Pfaue kaum, da die Schmuckfedern, die wie eine Schleppe aussehen, dabei recht hinderlich sind und auch ein ganz schönes Gewicht haben.
Die Zeiten, in denen Pfaue auch auf vielen Bauernhöfen und in privaten Gartenanlagen gehalten wurden, sind vorbei. Vor allem der sehr laute Ruf der Hähne, der etwa wie „Me-ong Me-ong“ klingt, und weit zu hören ist, stört in der Nachbarschaft.
Das Weibchen bebrütet seine Eier in einer flachen Bodenmulde, die es mit den Füßen ausscharrt.
Die Küken sind Nestflüchter, wie die Küken von anderen Hühnervögeln auch, und wandern nahrungssuchend schon kurze Zeit nach dem Schlüpfen mit der Henne in der Deckung des dichten Bodenbewuchses umher.

m linken Bild bekämpfen sich zwei Pfauenhähne während der Balzzeit. In der Mitte erkennt man von hinten unter den zum Rad gestellten Schmuckfedern die eigentlichen, viel kürzeren Schwanzfedern. Rechts ein radschlagender Hahn und zwei Hennen. Diese sind kleiner, unscheinbarer gefärbt, und es fehlen ihnen die langen Schmuckfedern. Ein Hahn kann mehrere Hennen begatten.

Links der Kopf eines Spiegelpfaus aus Borneo, der am Kopf Schmuckfedern trägt, ähnlich wie die des Pfaues (rechts). Darunter links das Ende einer Schmuckfeder. An jedem Ende sitzt ein „Auge". Daneben ist der Kopf eines Ohrfasans.

In den Tropen Amerikas leben die Hokkohühner. Sie halten sich meist auf Bäumen auf und fressen Früchte und Blätter. Am Kopf tragen sie eine Federhaube. Auf dem Ast hält sich ein junger Hoazin-Vogel mit seinen Krallen an den Flügeln fest. Hoazins leben in den Uferwäldern der Amazonasflüsse.

Ein balzender Argusfasan fächert seine Flügel und zeigt die etwa eineinhalb Meter langen Schwanzfedern. Er kommt in den Wäldern Sumatras vor.

Pinguine

Hunderttausende von Vögeln bevölkern die Kolonien der Kleinen Felsenpinguine, die auf der südlichen Erdhalbkugel leben. Diese Zwergpinguine wählen als Nistplatz grasbewachsene Hügel auf Inseln, die um die Antarktis herum liegen. (Crozet-, Macquarie-, Marion, Kerguelen- und südliche Shetland-Inseln.) Die beeindruckendsten Zwergpinguin-Kolonien liegen vermutlich auf Süd-Georgien, östlich von den Falkland-Inseln: Dort nisten schätzungsweise fünf Millionen Paare. Die Kolonien der mit ihnen verwandten Goldschopfpinguine (Abbildung oben) sind im Vergleich dazu etwas dünner besiedelt. Warum dort auf engem Raum so viele Zwergpinguine zusammenkommen, läßt sich leicht erklären: das kalte Meereswasser rund um die Inseln bietet diesen Tieren Nahrung in Hülle und Fülle. Mühelos finden die Pinguine dort Schalentiere, Fische und Weichtiere. Der auch vom Bartenwal sehr geschätzte „Krill" macht im Falle des Goldschopfpinguin bis zu 80 % der täglichen Nahrung aus. Diese Tiere spielen überraschend gut zusammen, wenn es um den Nachwuchs geht. Nur etwa zwei Wochen dauert die Bildung einer gesamten Kolonie, in den darauffolgenden zwei Wochen werden bereits die Eier gelegt.

Von Biologen angebrachte Farbmarkierungen auf dem Fell der Tiere haben bewiesen, daß Zwergpinguine mit ihrer Stamm-Kolonie außerordentlich stark verwurzelt sind. So kehren Jungpinguine genau an den Ort zurück, wo sie ein Jahr zuvor auf die Welt gekommen sind. Erwachsene Vögel nisten mehrere Jahre lang im gleichen Nest. Die einzelnen Pärchen halten sich dabei in der Regel mehrere Jahre lang die Treue. Erst mit fünf bis sieben Jahren werden die Zwergpinguine geschlechtsreif. Nachdem sie ihre Eier abgelegt haben, begeben sie sich ins Meer und fressen sich satt. Auf diese Art und Weise legen sie sich eine Fettschicht zu. Sie kehren an Land zurück, um sich zu mausern und kehren dann wieder ins nasse Element zurück. Insgesamt gibt es 16 Zwergpinguin-Arten.

Größe des Felsenpinguins: 60 cm. Gewicht: bis zu 2,8 Kilogramm.
Größe des Goldschopfpinguins: 70 cm. Gewicht: bis zu vier Kilogramm.

Sowohl das Gelege als auch die kleinen Jungen der Pinguine sind ständigen Gefahren durch natürliche Feinde ausgesetzt. Dies sind je nach Insellage etwa die Silbermöwe, der große Sturmvogel oder, wie auf der obigen Abbildung, die Raubmöwe. Sie unterscheidet sich von den übrigen Möwen durch ihr braunes Federkleid. Dieser Vogel ist 55 cm lang. Links nähert sich eine Raubmöwe einem Eselspinguin-Nest. Obwohl ein erwachsener Pinguin anwesend ist, packt der Räuber ein Ei (rechts). Sämtliche Drohgebärden des Eselspinguins bleiben erfolglos. Die in der Antarktis lebende Raubmöwe ist ein Allesfresser: So macht sie sich über junge Sturmvögel, Zwergpinguin-Nachwuchs, Fische, Schalentiere, Weichtiere und Aas gleichermaßen her.

Der Felsenpinguin baut sein Nest in Form einer Mulde, die mit Kieselsteinen und bisweilen mit Gras ausgelegt wird. Die Legezeit (November oder Dezember) hängt von den jeweiligen klimatischen Verhältnissen ab. Lediglich aus dem größeren der zwei Eier schlüpft ein junger Pinguin. Das größere Ei wiegt im Mittel 20 Gramm mehr.

Zwei Zügelpinguine begrüßen sich. Bei dieser Zeremonie wiegen die Partner den Kopf, richten den Schnabel auf und bewegen ihre kurzen Flügel. Diese Zwergpinguin-Art (Größe zwischen 66 und 77 cm) nistet auf den antarktischen Inseln (Süd-Shetland- und Süd-Orkney-Inseln).

Der Eselspinguin (Größe: 75 cm, Gewicht: zwischen fünf und sechs Kilogramm) gehört zusammen mit dem Adeliepinguin und dem Zügelpinguin in eine kleine Untergruppe der Zwergpinguine. Man erkennt ihn an den weißen Flecken am Kopf und seinen hellorangefarbenen Füßen. Er nistet in Kolonien auf den subantarktischen Inseln (u.a. auf den Kerguelen-, Crozet- und Macquarie-Inseln).

Der Pottwal

Diese großen Zahnwale, bei denen die Männchen eine Länge von 18 Metern, die Weibchen bis zu 12 Metern erreichen, leben hauptsächlich in den warmen, gemäßigten Meeren. Einzelne Männchen schwimmen aber auch in die arktischen Gewässer.

Der Kopf des Pottwals wirkt riesengroß und nimmt einen guten Teil des gesamten Körpers ein. Der Schädel ist ausgefüllt mit einem Polster einer klaren, ölhaltigen Gewebemasse, dem sogenannten Walrat, dem früher allerlei heilende und potenzfördernde Wirkungen zugeschrieben wurden. An Land und in der Luft wird dieses Walrat fest und geht in einen wachsartigen Zustand über. Die Bedeutung des Walrats für die Pottwale ist noch ungeklärt.

Auffallend ist der lange und schmale Unterkiefer der Pottwale, in dem jederseits 18 bis 30 gleichförmige, spitze Zähne stehen.

Pottwale gehören zu den größten Meeressäugetieren. Sie ernähren sich hauptsächlich von Tintenfischen. In der Regel jagen die Wale Tintenfische von 1 bis 2 Metern Länge, aber im Magen toter Pottwale wurden auch schon Tintenfische gefunden, die 10 Meter und länger waren. Da sich diese Beutetiere vor allem in tieferen Regionen der Meere aufhalten, müssen die Pottwale tief tauchen. 500 bis 1000 Meter überwinden sie dabei ohne Schwierigkeit. In 1100 Metern Tiefe wurde ein toter Pottwal entdeckt, der sich in den Kabeln einer Tiefseeleitung verfangen hatte und nicht mehr freikommen konnte. Auf der Haut der Pottwale entdeckt man häufig scheibenförmige Verletzungen oder Narben. Sie stammen von den Saugnäpfen großer Tintenfische, mit denen sie sich im Todeskampf am Wal festgeklammert haben.

Männliche Pottwale erreichen ein Gewicht von 60 Tonnen, die Weibchen etwa 18 Tonnen.

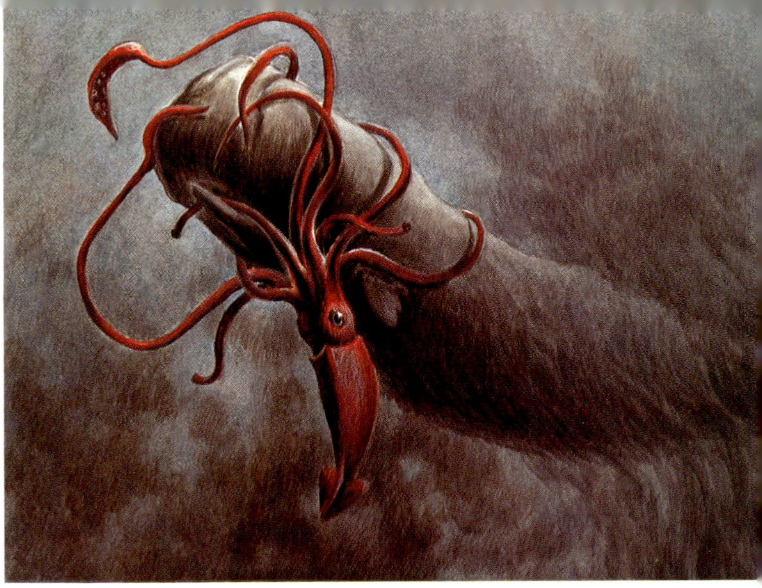

Trotz seiner Größe und seines massigen Schädels ist der Pottwal recht beweglich. Auf der Suche nach Tintenfischen taucht er fast senkrecht nach unten ab. Manchmal bereitet ein großer Tintenfisch einem kleineren Wal Schwierigkeiten und klammert sich mit seinen Fangarmen und Saugnäpfen an ihm fest.

Am Vorderkopf dieses Pottwals sind Narben zu erkennen, die von einem Kampf mit einem Tintenfisch stammen können. Im Unterkiefer stehen gleichförmige spitze Zähne in einer Reihe hintereinander.

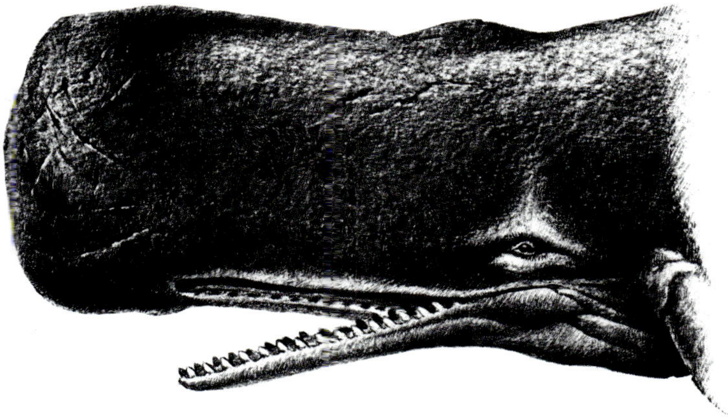

In einer Herde von Pottwalen sind mehrere Weibchen mit Jungen, die von einem alten Männchen bewacht werden. Neugeborene Jungtiere sind ungefähr 4 Meter lang. Die Tragzeit beträgt knapp 12 Monate. Die Jungen bleiben bis zum Alter von etwa 2 Jahren bei ihrer Mutter.

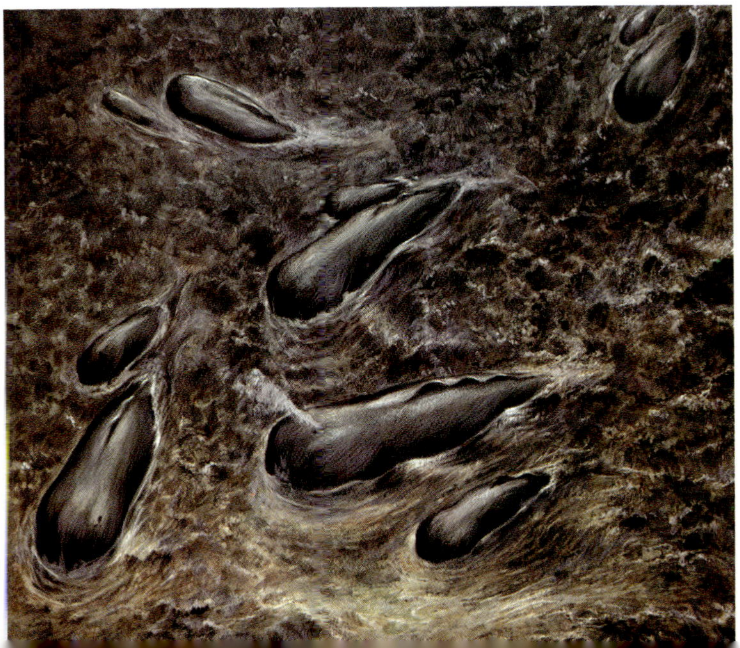

Als Pottwale noch von kleinen Booten aus gejagt wurden, war dies eine sehr gefährliche Sache. Ein verletzter Pottwal oder einzellebende alte Männchen können zum Angriff übergehen, das Boot zum Kentern bringen und die Menschen mit Schwanzschlägen töten.

Quallen

Wer am Mittelmeer oder anderen warmen Meeren seinen Badeurlaub verbringt und mit einer Taucherbrille unter Wasser sieht, entdeckt dort am Fels festsitzend oder auch auf dem Grund verschieden gefärbte Blumentiere. Sie sind besser unter dem Namen Seerosen bekannt und gehören zu den Nesseltieren. Quallen sind ebenfalls Nesseltiere, aber sie schwimmen frei im Meer umher. Sie besitzen einen meist rundlichen Schirm, dessen Saum mit pumpenden Bewegungen die Qualle langsam vorantreibt.

Die langen, bei manchen Arten mehrere Meter ins Wasser herabhängenden Fangarme tragen zahlreiche Nesselzellen, mit denen Beutetiere wie Fische oder Krebse gelähmt werden, bevor die Qualle sie frißt. Für den Menschen, der unbeabsichtigt mit diesen Fangarmen in Berührung kommt, kann es sehr schmerzhaft werden, und häufig bleiben Narben zurück, die an Brandwunden erinnern.

Einige Quallen, wie die „Portugiesische Galeere“, haben einen gasgefüllten Schwimmkörper und treiben an der Meeresoberfläche dahin.

Der Körper der Quallen ist oft durchsichtig und besteht zum größten Teil aus Wasser. Werden sie an den Strand gespült, so fallen sie in sich zusammen, trocknen schnell aus und gehen zugrunde. Besonders nach einem starken Sturm kann ein Strand über und über bedeckt sein mit den gallertartigen Resten verschiedener Quallen. Trotz ihrer Nesselzellen werden Quallen von verschiedenen anderen Meerestieren gefressen, so etwa von manchen ihrer festsitzenden Verwandten, den Seerosen.

Während die meisten Quallenarten nicht besonders groß werden, erreichen einige doch erstaunliche Ausmaße. So kann die Arktische Riesenqualle einen Schirmdurchmesser von mehr als zwei Metern, die Gelbe Haarqualle von einem Meter erreichen. Die acht Gruppen von über einhundertfünfzig Fangarmen der Gelben Haarqualle sitzen an der Schirmunterseite. Sie können vierzig Meter lang ausgestreckt werden und sich in Sekundenschnelle auf etwa ein Zehntel zusammenziehen.

Nachdem Quallen Eier abgelegt haben (oben links), entwickelt sich in diesen eine Larve, die Planulalarve genannt wird (unten links). Sie setzt sich am Untergrund fest und bildet zahlreiche Einzeltiere (mitte), die sich ablösen und zu freischwimmenden Larvenstadien werden (rechts). Diese bilden sich schließlich zur fertigen Qualle um.

Beutetiere werden vom Gift der Nesselzellen gelähmt oder getötet. In jeder Zelle befindet sich ein spiralig aufgewickelter Faden (1), von dem die eigentliche Nesselwirkung ausgeht. Bei Berührung des kleinen Fortsatzes an jeder Nesselzelle platzt diese auf, und der Faden schießt heraus (2).

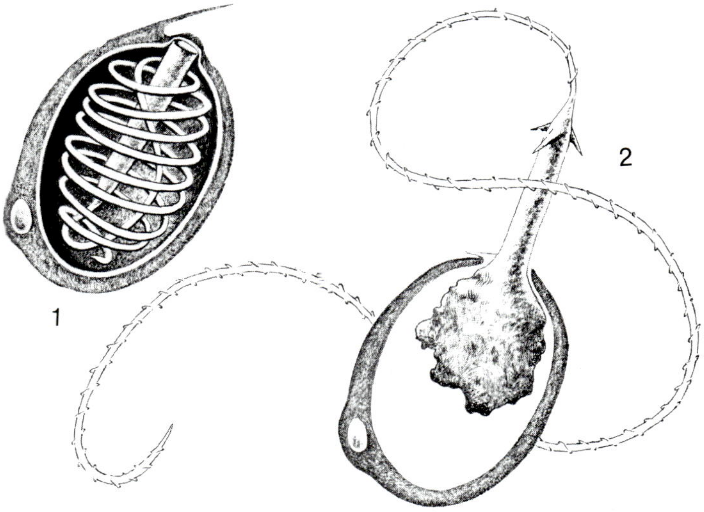

Die Wurzelmundqualle kommt in mäßig warmen Meeren vor. Ihre Nesselwirkung ist nur schwach. Ihr Schirm erreicht einen Durchmesser von 50 Zentimetern. Manche Fische, etwa die kleinen Stachelmakrelen, schwimmen gerne im Schutz der Fangarme oder verstecken sich sogar zwischen ihnen.

Mit ihrem gestreiften Hut sieht die Kompaßqualle wie ein kleiner Schirm aus. Die gelbe Haarqualle darunter besitzt hunderte kleiner Nesselfäden.

Die Ratte

Mitten durch unseren Garten fließt ein Bach. Darum besuchen uns auch immer wieder einmal Ratten. Wasserratten sind es, Kanalratten. Die Zoologen nennen sie Wanderratten. Die Wanderratten halten sich gern in Wassernähe auf. Nach Europa sind sie vermutlich während des Mittelalters gekommen. Schon im Jahre 1755 gelangten sie mit Schiffen nach Nordamerika. Bald waren sie in allen Hafenstädten der Welt zu finden. Offenbar können die Wasserratten gar nicht längere Zeit ohne Wasser auskommen. Eine Wasserratte frißt nicht, wenn sie keine wasserhaltige Nahrung oder kein Wasser findet. Ihr gelingt es sogar, Fische zu fangen. Wanderratten haben eine besondere Verhaltensweise, das Suchgreifen. Dabei seiht die Ratte mit den Händen das Wasser, um eßbare Brocken herauszuholen.
Wanderratten sind etwas größer als die einheimischen Hausratten. Sie haben ein bräunliches und kein graues Fell. Die Hausratten werden auch Dachratten genannt, weil sie die oberen Bereiche der Häuser bewohnen. Hausratten sind bei uns übrigens so selten geworden, daß die Zoologen schon überlegt haben, ob sie nicht geschützt werden sollten. Aber sie haben es schwer, anderen Menschen das klar zu machen, denn viele Menschen hassen Ratten wie die Pest.
Pest.
Die schlimmste Krankheit, die Pest nämlich, die heute kaum noch Bedeutung hat, wurde von den Ratten indirekt durch den Pestfloh verbreitet. Er saugte sowohl an den Ratten als auch an den Menschen Blut. Dabei wurden die Pesterreger übertragen. Die Pest, der schwarze Tod, brachte mehr Menschen um als unsere Weltkriege. Auf diese Weise haben Hausratten sogar die menschliche Geschichte beeinflußt.
Doch wir sollten gerecht sein. Gerade diese Säugetiere haben der menschlichen Gesundheitsfürsorge unermeßlichen Nutzen gebracht. Kaum eine Tierart mußte für den Menschen im Versuchslabor soviel leiden wie die Wanderratte, weil Wanderratten sich schnell vermehren, weil sie sich leicht züchten lassen und eine handliche Größe haben.

Durchschnittslänge: 20 cm (+ Schwanz durchschnittlich 20 cm).
Gewicht: 140 bis 240 g.
Trächtigkeit: 21 Tage.
Lebensdauer: 4 bis 5 Jahre.

Wenn die Rattenweibchen brünstig sind, werden sie mehrere Male begattet. Nach ungefähr einem Monat werden die jungen Ratten geboren. Dann ist ihr Fell noch sehr kurz. Sie wirken fast nackt. Die Augen sind verschlossen, die Ohren ebenfalls. Mit 19 Tagen öffnen sich die Augen, und schon mit 45 Tagen sind die jungen Ratten geschlechtsreif. Ratten können bis zu siebenmal im Jahr Junge bekommen, jeweils vier bis acht auf einmal.

Wanderratte oben, Hausratte unten. Die Wanderratte hat kleinere Ohren und kürzere Tasthaare an der Schnauze. Ihr Kopf ist mehr abgerundet als bei der Hausratte.

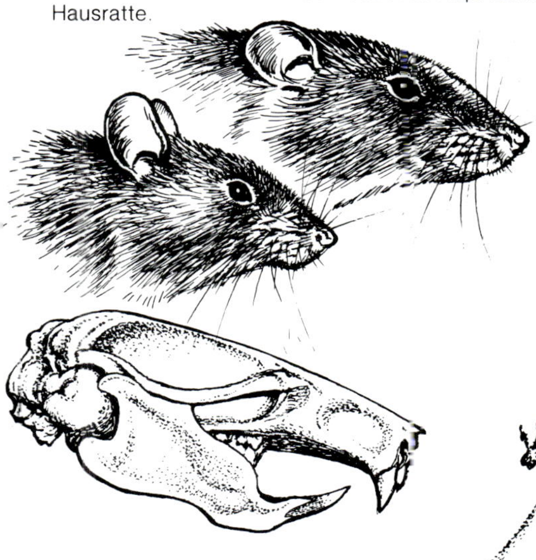

Wanderratten leben mehr in den Kellern und haben eine Vorliebe für das Wasser. Ihr Fell ist meistens bräunlich gefärbt. Die stärkeren Wanderratten haben die Hausratten weitgehend verdrängt. Hausratten sind besonders gute Kletterer. Sie bevorzugen die oberen Bereiche der Häuser. Oft sind sie auch in Scheunen zu Hause. Meistens haben Hausratten ein dunkleres Fell als Wanderratten.

Damit die Nagezähne immer die richtige Länge haben, müssen sie ständig gebraucht werden.
Aus den abgebildeten Fährten kann man die typische Zehenhaltung gut erkennen.

Die Rauhhautfledermaus

Wandert das Tier wirklich? Eine Rauhhautfledermaus, die am 5. September 1979 in Litauen gekennzeichnet worden war, wurde am 12. November desselben Jahres in Südfrankreich gefangen. Sie hatte ganz Europa durchquert, um den Winter dort zu verbringen. Noch sieben andere Vertreter der gleichen Art aus Deutschland und der Sowjetunion hat man in Frankreich angetroffen. Diese kleine Fledermaus verläßt die Ukraine zwischen August und November. Eine von ihnen, die im Reservat von Voronej in Rußland beringt worden war, ergriff man in der Türkei in 1750 Kilometer Entfernung. Im März und im April sieht man die Rauhhautfledermaus gelegentlich in Baumhöhlen, wo sie sich fortpflanzt. Diese Fledermaus ist offenbar ein wirkliches Wandertier, das sich jedes Jahr in seine Winterquartiere begibt, die von den Gegenden weit entfernt liegen, wo sie den Sommer verbracht hat. Die anderen europäischen Fledermäuse wechseln auch regelmäßig zwischen den Winter- und Sommerquartieren, doch sind die Entfernungen zwischen beiden im allgemeinen recht gering (maximal einige Dutzend Kilometer).

Die Waldfledermaus. Diesen Namen haben ihr die Russen gegeben, für die Tschechen ist sie die Parkfledermaus. Diese Bezeichnungen zeigen, daß die Rauhhautfledermaus in Wäldern und Parks zu finden ist, wo sie ihre Sommerbehausungen in Baumhöhlen sucht, die mit der Außenwelt nur durch einen schmalen Spalt verbunden sind. Seltener bewohnt die Fledermaus Mauerspalten. Die in Westeuropa seltene Verwandte der Gemeinen Fledermaus ist nicht überall verbreitet. In Deutschland gilt ihre Art schon als gefährdet. Die Rauhhautfledermaus wird immer noch mit der Gemeinen Fledermaus verwechselt, obwohl zwei deutsche Naturforscher sie schon im Jahre 1839 beschrieben hatten. Nur eine aufmerksame Beobachtung ihrer Körpergröße und ihres Gebisses erlaubt, sie eindeutig zu bestimmen. Dagegen ist ihr Haarkleid zweifarbig, das ihrer nahen Verwandten aber einfarbig.

Länge: 9 cm (mit Schwanz)
Gewicht: 6-15,5 g
Spannweite: 23-25 cm
Lebenserwartung: 7 Jahre (in Freiheit)

Im Herbst verläßt die Rauhhautfledermaus Osteuropa (links) und wandert nach Westen. Ihre Verbreitung im Norden zeigt, daß sie in Schweden kaum vorkommt, und in Rußland findet man sie nicht mehr nördlich von Moskau.

Links der Schädel einer Gemeinen Fledermaus, rechts der einer Rauhhautfledermaus (oben Aufsicht; unten Seitenansicht). Letztere hat äußerst lange Ohren, und ihre vorderen Gliedmaßen sind auch länger, auch unterscheiden sich Form und Anordnung ihrer Zähne von der der Gemeinen Fledermaus.

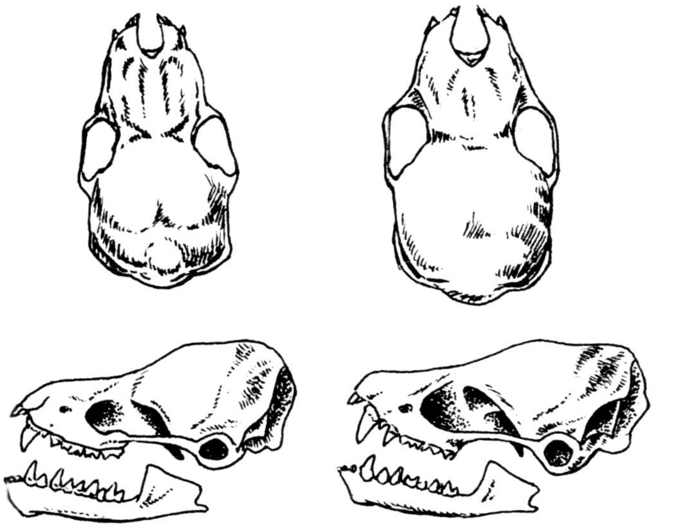

Das Leben der Rauhhautfledermaus ist noch recht unerforscht, aber wahrscheinlich dem der Gemeinen Fledermaus ähnlich. Den Winterschlaf verbringt sie in einem hohlen Baum (unten). Der Kopf schaut dabei nach unten.

Wenn sie in ihrem Winterquartier angekommen ist (rechts), lebt sie vereinzelt in ihrem Unterschlupf. Sie fliegt schnell und ohne plötzliches Hakenschlagen. In der frühen Abenddämmerung geht sie auf die Jagd. Sie fliegt an der Untergrenze der Baumwipfel.

Diese große Fledermaus, die aus Nordostaustralien stammt (von der Halbinsel Queensland), wandert in dem Maße, wie die Früchte, von denen sie sich ernährt, in den einzelnen Gegenden reif werden. Sie gehört zur Gruppe der »Fliegenden Hunde«, den größten Fledermäusen der Welt.

Raupen

Wer am Ast auf der nebenstehenden Abbildung eine Raupe entdecken will, wird sich zunächst einmal kräftig die Augen reiben. Wo hat sich das Insekt denn bloß versteckt? Es ist ebenso steif wie die umgebenden Äste und besitzt kleine Wülste, die jenen auf der Baumrinde zum Verwechseln gleichen. So verharrt die Raupe regungslos (rechts oben). Da sich diese weichen Tiere nicht eben durch schnelle Reaktionen auszeichnen, scheinen sie weitgehend schutzlos und dienen den Vögeln als sichere Beute. Nicht alle Raupen lassen sich jedoch so einfach fangen. Einige von ihnen seilen sich an einem Seidenfaden ab, wenn sie gestört werden. Andere schließlich besitzen einen haarigen Körperschutz, der bei Berührung Juckreiz hervorruft. Eine dritte Gruppe von Raupen beherrscht die Kunst der Tarnung: Sie sind innerhalb der Vegetation in der Regel nicht zu entdecken. Sobald man ihnen auf den Pelz rückt, strecken sie sich der Länge nach, bewegen sich nicht mehr und bleiben lange Zeit in dieser Stellung. Da ihre Körperfarben denen der Rinde ähneln und ihre Haut genau die von den abfallenden Blättern hinterlassenen Bruchstellen imitiert, sind sie so lange vor Entdeckung sicher, wie sie sich nicht rühren.

Man nennt diese Tiere wegen ihrer Fortbewegungsweise Spannerraupen. Beobachtet man sie genauer, so könnte man den Eindruck gewinnen, daß sie die Äste „abmessen“. Zunächst stellen sie die Vorderfüße auf die Unterlage und ziehen den übrigen Körper nach. Dann schieben sie sich nach vorne und verwenden hierzu die Hinterfüße, die sich ganz in der Nähe der Vorderfüße befinden. In diesem Zustand gleicht ihr Körper entfernt einer Schlaufe. Kurz darauf strecken sie sich wieder und beginnen ihr Manöver von vorne. So kommen sie recht zügig voran. Selbst die Jungraupen, die nur wenige Millimeter groß sind, bewegen sich auf diese Weise fort.

Spannerraupen trifft man vornehmlich in Gärten, Wäldern und Obstgärten an. Es gibt keine Baumart, die von ihnen verschmäht wird.

Auch die Spannerraupen haben ihre Nachahmer: Auf den Bäumen leben sie zusammen mit Larven, die ein ähnliches Aussehen wie die Spannerraupen haben. Um sie auseinanderzuhalten, muß man schon genau hinschauen. Bei den Imitatoren handelt es sich um die Larven von Sägewespen, einer bei uns sehr häufig vorkommenden, kleinen Wespenart. Man erkennt sie an der Anzahl der Füße am Unterleib. Während die Sägewespen-Larven stets sechs bis acht Paare besitzen, haben die Spannerraupen lediglich maximal fünf Paare. Außerdem besitzen diese „falschen“ Raupen zwei große Facettenaugen, wogegen die richtigen Raupen auf jeder Seite des Kopfes fünf bis sechs kleine Augen aufweisen.

Eine Spannerraupe bewegt sich vorwärts: Sie hat ihre Vorderfüße von der Unterlage gelöst, um sie im nächsten Moment nach vorne zu bewegen. So kommt sie einen „Schritt“ vorwärts (links) Eine Kohlmeise auf Beutefang wittert ihre Chance und läßt sich auf dem gleichen Ast nieder. Unverzüglich erstarrt die durch die Erschütterung der Unterlage gewarnte Raupe. Bald darauf ist sie praktisch unsichtbar geworden, denn Farben und Körperbau ähneln exakt einem kleinen Zweig (rechts). Ob sie mit dieser List ihrem Schicksal entgeht, ist nicht sicher: Biologen untersuchten Nahrung, die Kohlmeisen-Eltern ihren Jungen brachten. Der Anteil von Spannerraupen lag bei 8,8 Prozent.

Ungeachtet ihrer beachtlichen Körperabmessungen (bis zu sechs Zentimetern Länge) bleibt die Schmetterlingsraupe unsichtbar, da sie kaum Ähnlichkeit mit einer Raupe aufweist. An ihrem Körper, der von vier sehr langen Vorderbeinen getragen wird, befinden sich eigenartige Fortsätze. Ihr Körper weist die Farbe abgestorbener Blätter auf.

Schillerfalter in Ruhestellung: Dieser Waldschmetterling, der auf einem Weidenblatt sitzt, hat durch seine grüne Farbe einen wirkungsvollen Schutz. Das dicke, bis zu vier Zentimeter lange Tier ist sehr gut getarnt: Eine schräg verlaufende Linie auf beiden Seiten läßt seine Körperkonturen verschwimmen.

Trotz seiner Größe bis zu acht Zentimetern ist das Nachtpfauenauge im Blätterwerk hervorragend getarnt. Das Nachtpfauenauge, das sich vornehmlich von Eschenblättern ernährt, besitzt eine grüngelbliche oder grünbläuliche Körperfärbung mit weißen Pünktchen. Der ganze Körper ist außerdem mit sieben hellen Streifen überzogen.

Der Regenwurm

Auf einem Hektar Wiese leben im Durchschnitt 5 – 12 Millionen Regenwürmer. Auf Getreidefeldern und Ackerland jedoch sind es auf der gleichen Fläche nicht mehr als 4 Millionen. Diese stattliche Anzahl von Regenwürmern wiegt immerhin so viel wie drei Kühe. Die Zahl der Löcher, die sie in die Erdoberfläche bohren, ist ein Anzeichen für die Dichte ihrer Verbreitung: Man hat bis zu 1000 Löcher pro Quadratmeter gezählt, wobei allerdings jeder Regenwurm mehrere Löcher bohrt. Die Anwesenheit von Regenwürmern macht sich auch durch ihre Kothäufchen vor den Löchern bemerkbar, die wie kleine Erdkugeln aussehen. Die Erdmenge, die durch die Regenwürmer umgeschichtet wird, ist beachtlich. Durch ihre grabende und bohrende Lebensweise im Erdreich machen sich die Regenwürmer äußerst nützlich. Beim Bau der unterirdischen Gänge wird die Erde belüftet, und das Regenwasser kann leichter eindringen. Die Würmer tragen zur Humusbildung bei, indem sie in feuchten Nächten Pflanzenabfälle mit unter die Erdoberfläche nehmen. Sie fressen pflanzliche Abfälle, Teile von Pilzen und Humus.
Wenn man einen Regenwurm in zwei Teile teilt, dann entstehen daraus 2 Regenwürmer. Das Tier kann einen neuen Schwanz oder einen neuen Kopf bilden, allerdings nur dann, wenn die Teilung im vorderen Teil am Kopfende des Regenwurms erfolgt ist. Spatenstiche und Pflugscharen verstümmeln ihn oft. Die Regenwürmer sterben, wenn im Herbst die ersten Fröste kommen und sie nicht tief genug in der Erde sind. Aus demselben Grund sterben sie auch im Sommer, bei zu großer Trockenheit. Viele Vögel und auch andere Tiere fressen mit Vorliebe Regenwürmer: Die Amsel, die Wacholderdrossel, der Brachvogel, der Kiebitz und der Maulwurf ernähren sich regelmäßig davon. Auch große Insekten, wie die Laufkäfer, fressen besonders gern die ganz jungen Regenwürmer, die noch nicht so viel Schleim absondern.

Länge: 10 – 20 cm
Gewicht: bis etwa 12 g

Der Regenwurm bewegt sich fort, indem er abwechselnd seine Längs- und Quermuskeln zusammenzieht. Oben links: Die verdickte Körpermitte liegt, von Hakenborsten gehalten, fest auf der Erde, und das Vorderteil des Körpers streckt sich nach vorn. Rechts: Das Vorderteil liegt nun fest und zieht das hintere Körperteil nach. Unten: Nun zieht sich das hintere Körperteil zusammen, der Rest schiebt sich wieder vor. Nach einigen Beobachtungen legt der Große Regenwurm (Lumbricus terrestris) bis zu 20 m in der Stunde zurück.

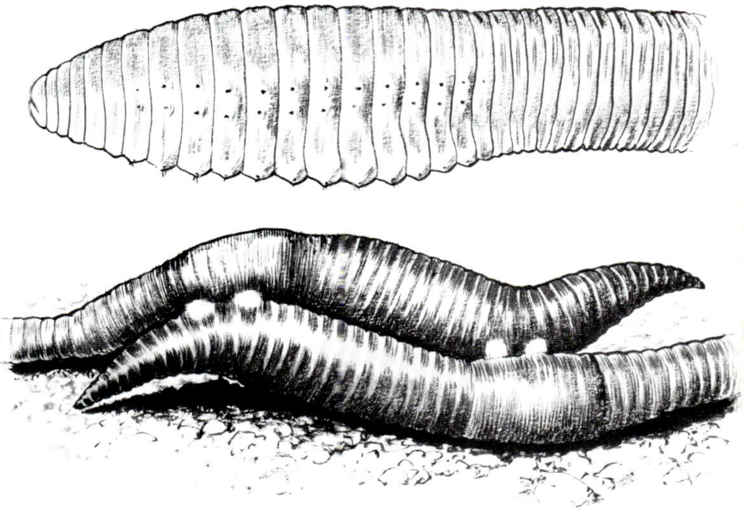

Oben: Das vordere Körperteil eines Wurmes. Man sieht die Hakenborsten (kleine Haare), mit denen er sich am Untergrund festhalten kann. Paarung von Regenwürmern (unten); die Tiere hängen mit den Vorderenden aneinander, durch Schleimfäden verbunden. Jeder Wurm besitzt männliche und weibliche Geschlechtsorgane.

In den Mist- und Komposthaufen (gepreßte Pflanzenabfälle, die langsam verfaulen) gibt es manchmal eine sehr große Anzahl von Regenwürmern, die meist zu einer anderen, kleineren Art gehören. Der am häufigsten auftretende Wurm hat eine rosa bis braune Färbung und ist zwischen 6 und 13 cm lang.

Dieser Regenwurm, der von einem Igel und einer Kröte festgehalten wird, kann nicht mehr entkommen. Zu den Tieren, die Würmer fangen, gehören auch Frösche, Salamander, Eidechsen und Spitzmäuse. Bei den Anglern sind sie ein beliebter Köder, um Fische zu fangen.

Das Reh

Von den 24 Stunden des Tages verbringt das Reh etwa 7 Stunden mit Nahrungsaufnahme, 14 Stunden mit Ausruhen und Verdauen und etwa 3 Stunden mit Schlafen. Rehe haben zwar große Augen, sie verlassen sich aber mehr auf ihr Gehör und ihren Geruchsinn. Auf Geräusche reagieren sie sehr empfindlich. Schon das Tropfen des Wassers nach einem Regen oder das Fallen der Blätter im Herbst kann sie beunruhigen. Das Rauschen eines Sturmes schreckt sie in gleicher Weise wie der menschliche Schritt. Haben sie eine vermeintliche Gefahr wahrgenommen, so stoßen sie laute blökende Warnrufe aus und versuchen zu erkennen, was los ist. Haben sie dann tatsächlich einen Feind entdeckt, fliehen sie in weiten Sprüngen in die nächste sichere Deckung. Rehe wirken gegenüber den schweren und kräftigen Hirschen zierlich und elegant. Sie leben in großen Waldgebieten, aber auch in parkähnlichen Landschaften und sogar in völlig freier Feldmark. Im Sommer ist das Fell der Rehe rötlich, im Winter wird es braungrau. Am Hinterende ist ein Fleck von weißen Haaren zu sehen, den die Jäger den Spiegel nennen. Bei Gefahr stellen die Rehe diese weißen Haare auf, und der Fleck wird dadurch noch auffallender und gut sichtbar. Er dient als Alarmzeichen für die Artgenossen. Hochgestellte Haare bedeuten Unruhe und Gefahr. Das männliche Reh, den Rehbock, erkennt man an seinem Geweih. Im Oktober oder November wird dieses Geweih abgeworfen.

Im Laufe des Winters und Frühjahrs bildet es sich neu heran. Während des Wachstums ist das Geweih von einer Haut, dem Bast, bedeckt und äußerst empfindlich. Erst wenn das Wachstum abgeschlossen ist und die äußere Haut abtrocknet, wird diese gefegt, und das blanke Geweih aus Knochensubstanz kommt zum Vorschein.

Länge: 1 bis 1,30 m, Gewicht: etwa 15 kg
Schulterhöhe: 75 cm, Lebenszeit: 10 bis 12 Jahre

Die Paarungszeit der Rehe liegt im Juli oder August. Die Böcke bleiben dann immer in der Nähe der weiblichen Rehe, der Ricken. Immer wieder treibt ein Bock seine Ricke vor sich her, oft geht es dabei im Kreise herum, immer an der gleichen Stelle. Dabei entsteht schließlich ein runder Pfad im Gras. Nach einiger Zeit kommt es dann zur Paarung. Im Mai des nächsten Jahres bringt die Ricke ein oder zwei Kitze zur Welt. Die Kitze haben eine gute Tarnfärbung, und während ihrer ersten Lebenstage werden sie von der Mutter alleine an einem sicheren geschützten Ort abgelegt. Die Ricke selbst bleibt in einiger Entfernung in der Nähe, um auf Feinde aufzupassen und das Kitz im Notfall verteidigen zu können. Ein Kitz, das man alleine findet, ist also nicht von seiner Mutter verlassen. Man darf es nicht anrühren.

Obwohl die Kitze in den ersten Lebenstagen meist am Boden liegen, wenn sie nicht gerade von der Mutter gesäugt werden, sind es echte Nestflüchter. Sie können schon gleich nach der Geburt stehen und laufen. Da die jungen Rehe zunächst keinen eigenen Duft ausströmen, werden sie von Feinden kaum entdeckt.

Im Herbst und Winter schließen sich die Rehe zu kleinen Gruppen, sogenannten Sprüngen, zusammen. Sie bestehen aus einem oder mehreren Böcken, Ricken und den Jungen des Jahres. Im Frühjahr sondern sich die Böcke von diesen Sprüngen wieder ab. Viele Rehe sind von Parasiten geplagt, die in den Körper eindringen und das Wild schwächen.

In der Fährte der Rehe lassen sich die beiden großen Hufe deutlich erkennen. Sie sind klar voneinander getrennt. Nur im weichen Boden sieht man auch die Abdrücke der beiden kleinen, oben sitzenden Hornfortsätze. Das Geweih eines ausgewachsenen Rehbocks hat gewöhnlich sechs Enden, manchmal auch acht. Ein einjähriger Bock trägt in der Regel nur zwei Spieße, ein zweijähriger entweder eine Gabel oder auch schon ein Sechser-Geweih, allerdings mit nicht sehr langen Enden.

Das Rentier

Auf ihren Wanderungen von den Sommeraufenthaltsorten zu ihren Wintergebieten und zurück durchqueren die Rentiere ohne Scheu Seen und Flüsse. Auch Meeresarme, die mehrere Kilometer breit sein können, werden durchschwommen. Die großen Herden (bis zu 40000 Tiere wurden schon gesehen) verlassen im Herbst die höher gelegenen Gebiete, auf denen sie den Sommer verbracht haben. Sie überwintern in der Tundra und Taiga Zentral- und Ostsibiriens, wo der Winter nicht ganz so hart ist und der Schnee nicht so hoch liegt.
Die Rentiere müssen auch im Winter an Pflanzennahrung gelangen können. Sie scharren sie mit den Hufen aus dem Schnee. Vor allem fressen sie dann Flechten, während ihnen im Sommer ein reicheres Angebot zur Verfügung steht. Dann äsen sie auch die Blätter von Birken und Weidenbüschen. Im Herbst legen sich die Tiere ein dichtes, langes Winterfell zu, das viel heller ist, als das Sommerfell, manchmal fast weiß.
Bei den Rentieren, die zur Familie der Hirsche gehören, besitzen Männchen und Weibchen ein Geweih. Das der Männchen ist größer und stärker und unregelmäßig verzweigt. Zur Paarungszeit zwischen September und Ende Oktober tragen die alten Männchen Rivalenkämpfe aus und versammeln einen Harem mit mehreren Weibchen um sich. Die Jungen werden im nächsten Frühjahr geboren. Den Sommer über leben die Renhirsche meist als Einzelgänger. Die Kühe mit ihren Kälbern schließen sich zu kleinen oder größeren Herden zusammen. Die Hufe sind bei dieser Hirschart verhältnismäßig groß, breit, und die beiden Schalen lassen sich ziemlich weit auseinanderspreizen. Dadurch wird verhindert, daß die Tiere im Schnee oder auf moorigem Untergrund zu sehr einsinken. Der Hauptfeind der Rentiere ist der Wolf. Für Jungtiere, besonders wenn sie krank und schwach sind, kann auch der Vielfraß gefährlich werden. Hohe Schneelagen oder eine verharschte Schneekruste hindern die Rentiere an rascher Flucht.

Länge: 137 bis 240 cm. Gewicht: 60 bis 350 kg.
Rückenhöhe: 80 bis 150 cm.
Lebensdauer: 12 bis 15 Jahre.

In beinahe unüberschaubaren Massen wandern die Rentiere im Herbst südwärts. Solche Wanderungen dauern etwa ein bis zwei Monate, in denen bis zu 1000 Kilometer zurückgelegt werden können. Wenn die Tiere ihr Überwinterungsgebiet erreicht haben, verteilen sie sich über eine weite Fläche.

Die Hufe der Rentiere sind breit und erleichtern das Gehen auf weichem Untergrund. Das Geweih wiegt trotz seiner Länge und Größe nicht mehr als 15 kg. Im September oder Oktober werfen die Hirsche ihr Geweih ab, bleiben bis etwa Anfang April geweihlos und bilden erst dann neue Stangen. Die Weibchen verlieren ihr Geweih kurz nach der Geburt der Jungen.

Die Jungen wiegen nach der Geburt 5 bis 12 kg. Schon nach wenigen Tagen können sie den Müttern folgen. Bis in den Herbst hinein trinken sie die nahrhafte, fettreiche Milch aus dem Euter der Mutter.

Ein starker Renhirsch schlägt hier mit seinen Hufen den Schnee fort, um an die darunterliegenden Flechten zu gelangen. Oft müssen sich die Tiere durch Schneehöhen bis zu einem halben Meter zu ihrer Nahrung vorarbeiten.

Die Riesenschildkröte

Vor zwei Jahrhunderten gab es auf etlichen Inseln im Indischen Ozean noch beachtliche Vorkommen an Riesenschildkröten. Sie lebten auf Madagaskar, den Maskarenen-Inseln, den Seychellen, auf der Isabela- und der Rodriguez-Insel. Heute findet man diese Tiere nur noch auf dem Aldabra-Atoll, 420 km nordwestlich von Madagaskar. Dieses Atoll besteht aus vier Inselteilen, die eine 28 km lange Lagune umgeben. 1980 schätzte man die Zahl der dort lebenden Riesenschildkröten auf 134 000 bis 167 000. Lediglich auf den Galápagos-Inseln kommen noch weitere Riesenlandschildkröten vor. Früher bewohnten sie sämtliche Inseln des Archipels, heute findet man sie nur noch auf drei Inseln. Entdeckt wurden diese legendären Tiere im 17. Jahrhundert von spanischen Seeleuten. Sie nannten daraufhin jene Insel, an deren Stränden sie die riesigen Schildkröten in großer Zahl erstmals gesehen hatten, Galápagos-Inseln (das spanische Wort „galápago" heißt auf deutsch Schildkröte).
Schildkröten gibt es vermutlich seit 200 Millionen Jahren; der Mensch indessen hat nur knapp 200 Jahre gebraucht, um die größten Arten nahezu auszurotten. Im vergangenen Jahrhundert erlegten in einem Zeitraum von 36 Jahren insgesamt 79 Schiffsmannschaften 10 370 Exemplare. Riesenschildkröten sind besonders ihres Fleisches wegen sehr geschätzt. Man konnte die Tiere ein ganzes Jahr lang an Bord halten, ohne ihnen zu fressen oder zu trinken zu geben. Auch in unserem Jahrhundert wurde dieses Tier kräftig verfolgt: Die vom Festland auf die Galápagos-Inseln eingeführten Hunde, Katzen und Schweine vertilgten ihre Eier und die Jungschildkröten. Ziegen und Kühe ihrerseits lieferten den erwachsenen Tieren einen Kampf um das auf den Inseln wachsende Grünfutter. Die Fortpflanzungszeit der Galápagos-Riesenschildkröte erstreckt sich von November bis April. Die Weibchen begeben sich dazu an sandige Stellen und graben dort ein etwa 40 cm tiefes Loch. Die dort abgelegten Eier, zwischen zehn und 15 an der Zahl, haben einen Durchmesser von fünf bis sechs cm.

Galápagos-Riesenschildkröte: Länge des Panzers: 1,10 m.
Aldabra-Riesenschildkröte: Länge des Panzers: bis maximal 1,23 m.
Gewicht: 100 bis 400 Kilogramm. Lebensdauer: etwa 150 Jahre.

Die einfachste Fangart bestand darin, die Riesenschildkröte einfach auf den Rücken zu drehen. Während die Jäger nach weiterer Beute Ausschau hielten, konnte sich ihr ohnehin etwas schwerfälliges Opfer nicht mehr von der Stelle bewegen (links). Andere Schildkröten wiederum wurden an Ort und Stelle getötet. Nachdem das Fleisch entfernt worden war, blieb nur der Panzer übrig. Durch die Witterungseinflüsse bleichte das Gebilde mit der Zeit aus (rechts). Da der Transport der ganz großen Schildkröten sehr mühsam war, beschränkten sich die Jäger häufig darauf, etwas kleinere Exemplare zu fangen.

Die linke Abbildung zeigt den Kopf einer Galápagos-Riesenschildkröte. Die Schildkröten sind die einzigen Reptilien ohne Zähne. Der harte und scharfkantige Schnabel aus Horn über den Kieferknochen hat eine gewisse Ähnlichkeit mit einem Vogelschnabel. Rechts ein mit Hornschuppen bedeckter Schildkrötenfuß. Er besitzt insgesamt fünf Zehen (nur drei davon sind auf der Abbildung sichtbar).

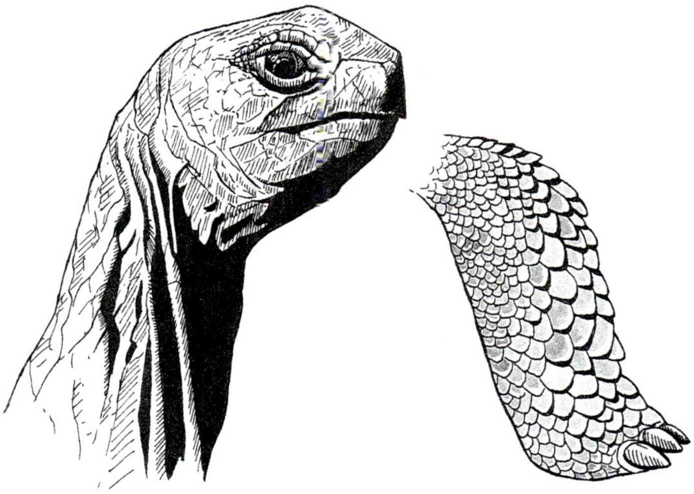

Heutzutage ist das Vorkommen der Riesenlandschildkröten auf die Galápagos-Inseln (links) im Indischen Ozean und auf die Seychellen (rechts) im Indischen Ozean beschränkt. Der kleine schwarze Kreis bezeichnet die Lage der Maskarenen-Inseln, wo sie früher ebenfalls lebten.

Um ihren täglichen Wasserbedarf zu decken, kriecht die Riesenschildkröte ans Ufer kleiner Teiche. Wenn diese Wasserlöcher ausgetrocknet sind, frißt das Tier Kakteen (Abbildung unten) und fleischige, wasserhaltige Pflanzen. Wenn sie auch diese Möglichkeit nicht hat, kann sie ihren Flüssigkeitsbedarf einige Zeit aus ihren Fettreserven decken.

Die Ringelnatter

In der kalten Jahreszeit, etwa von Oktober bis April, hält die Ringelnatter einen Winterschlaf. Erst in der warmen Jahreszeit nimmt sie Nahrung zu sich. Aber auch im Sommer kann die Ringelnatter, wie andere Schlangen auch, längere Zeit ohne Schaden fasten. Sie ernährt sich hauptsächlich von Fröschen und Fischen, die sie verschlingt, ohne sie vorher zu töten. Meist wird die Beute kopfvoran verschluckt, manchmal beginnt die Ringelnatter aber auch von hinten einen Frosch in sich hineinzuschlingen. Die Ringelnatter ist in Europa, Afrika und in Zentralasien bis in die mittlere Mongolei hinein verbreitet. Überall liebt sie feuchte Gebiete: Sumpfränder, Teiche und Flußufer, Wiesen und Gräben. Der Bau eines Nagetieres, eine Bodenspalte, ein Loch zwischen den Wurzeln eines Baumes oder ein Heuhaufen dienen als Versteck, in dem sie die Nacht verbringt. Zu ihren Feinden gehören außer dem Iltis vor allem große Vögel wie Störche, Reiher oder schlangenfressende Greifvögel. Gerät sie in Gefahr, so rollt sie sich zusammen, zischt und beißt auch zu. Der Biß ist für den Menschen ungefährlich, jedoch schmerzt der Zugriff der spitzen Zähne. Als weitere Abwehrmaßnahme kann die Ringelnatter durch die Kloakenöffnung eine gelbliche, stark stinkende Flüssigkeit ausscheiden. Die Färbung dieser Schlange kann sehr unterschiedlich sein.

Normalerweise ist die Körperoberseite dunkelgrau bis grünlich, bei manchen Tieren aber auch bräunlich. Manchmal ist sie ganz schwarz. Die beiden meist halbmondförmigen hellen Flecken am Hinterende des Kopfes sind hellgelb oder weißlich gefärbt. Hinter diesen weißen Abzeichen befinden sich zwei schwarze Flecke. Manchmal fehlen die weißen Abzeichen ganz. Die Ringelnatter geht auch unter Wasser und sucht in den Spalten und Ritzen zwischen Ufermauern und unter Steinen nach Fischen oder Amphibien. Manchmal verzehrt sie auch Eidechsen, kleine Nagetiere und junge Vögel.

Länge: Männchen: 1 m
Weibchen: 1,5 m und mehr
Lebenszeit: 20 Jahre

Die Ringelnatter ist im Wasser ein ebenso guter Jäger wie an Land. Meistens packt sie die Frösche am Kopf. Gelingt ihr das nicht, dann schnappt sie nach den Hinterbeinen des Opfers und verschlingt es langsam. Kleinere Frösche verschwinden sehr schnell in ihrem Maul. Um einen großen zu verschlingen braucht sie manchmal eine Stunde und mehr. Wird sie direkt nach der Mahlzeit von einem Feind bedroht, kann sie die Beute auf der Flucht wieder auswürgen.

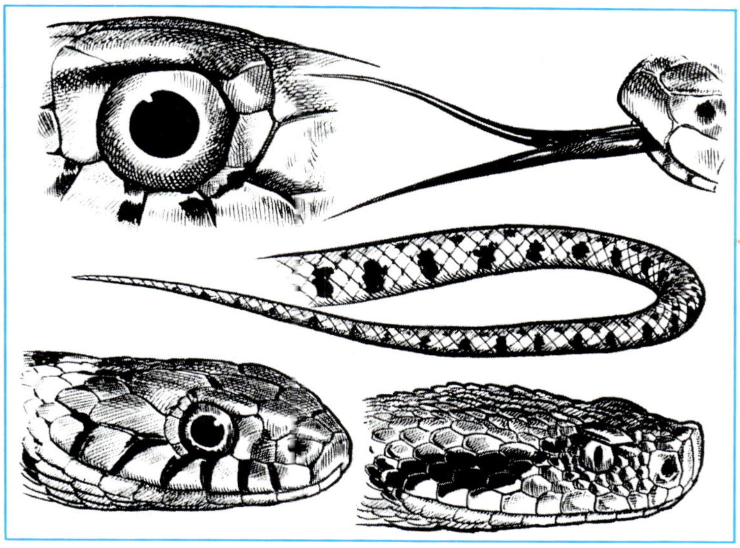

Die Ringelnatter (links) unterscheidet sich von der Viper (rechts) durch die Form der Schnauze und der Pupille. Die Schnauze läuft spitzer zu, und die Pupille ist rund im Gegensatz zu der spaltförmigen Pupille der Viper. Der Schwanz der Ringelnatter verjüngt sich gleichmäßig und ist länger als der Schwanz einer Viper. Beim Züngeln mit der gegabelten Zungenspitze werden Duftstoffe der Beutetiere in das Maul gebracht. Am Gaumen befindet sich ein Geruchsorgan.

5 oder 6 mal im Sommer häutet sich die Ringelnatter. Sie legt 10 bis 30 Eier, die etwa 3 x 2 cm messen. Die Eier werden in einem feuchtwarmen Versteck abgelegt, etwa in einem Grashaufen, in einem Misthaufen oder auch in einem vermorschenden Baumstumpf. Nach 11 bis 12 Wochen schlüpfen die jungen Nattern. Sie sind dann 15 cm lang und vom ersten Moment an selbständig.

Die Ringelnatter bewegt sich im Wasser mit derselben Leichtigkeit wie an Land. In beiden Fällen schlängelt sich der Körper. Im Wasser kann sie sich einige Kilometer vom Ufer entfernen und sich längere Zeit unter Wasser aufhalten. Beim Schwimmen hält sie normalerweise den Kopf über Wasser. Die Ringelnatter ist außerdem ein geschickter Kletterer.

Die Rote Waldameise

Eine einzelne Ameise ist ein winziges Insekt. Wenn sie aber gemeinsam mit Tausenden ihrer Artgenossen das Unterholz auf der Suche nach Beute durchstreift, kann diese Armee an einem einzigen Tag bis zu 50000 Larven von schädlichen Insekten zum Ameisenhaufen bringen. In ihrem Kropf kann eine Ameise nur 5 mg Honigtau, das sind die süßen Ausscheidungen von Blattläusen, befördern, aber die Bewohner eines Ameisenhaufens zusammen bringen in einem Sommer über 50 kg dieses Nahrungsmittels zusammen. Im Sommer wird auch der hohe kegelförmige Teil des Ameisenbaues immer wieder umgeschichtet. Die kleinen Löcher darin sorgen für gute Durchlüftung. Wenn es kalt ist und regnet, verschließen die Ameisen diese Löcher.

Die zwei bekanntesten Ameisenarten, die einander sehr ähnlich sehen, sind die Rote Waldameise und die Kleine Rote Waldameise. Sie gehören zu den staatenbildenden Insekten. In jedem Bau leben Tausende von Einzeltieren. In der warmen Jahreszeit kommt das Leben in einem Ameisenbau nie ganz zum Stillstand. Nur nachts wird es etwas ruhiger. Tagsüber verlassen zahlreiche Arbeiterinnen das Nest und begeben sich auf Nahrungssuche bis zu 100 Meter im Umkreis des Nestes. Der Speisezettel der Ameisen ist abwechslungsreich. Sie fressen andere Insekten, Früchte, Samenkörner und eben den schon genannten Honigtau der Blattläuse. Um an diesen zu gelangen, klettern die Ameisen oft hoch in die Bäume hinauf, wo die Blattläuse sitzen und Pflanzensäfte saugen. Die Ameisen bewachen und beschützen die Blattläuse sogar, um deren Ausscheidungen immer wieder nutzen zu können.

Länge: 4 bis 9 mm (Arbeiterin),
9 bis 11 mm (Königin)
Gewicht: etwa 13,7 mg
Lebenszeit der Königin: 15 bis 20 Jahre.

Oft wird der Ameisenbau über einem Baumstumpf errichtet. Der obere Teil des Baues besteht aus Tannennadeln, Blattstückchen und vertrocknetem Holz. Er kann eine Höhe von 1 m oder mehr erreichen. Er liegt über den Gängen und Kammern, die in den Boden hineingebaut werden. Die unterirdischen Gänge reichen bis zu 2 m unter die Erdoberfläche.

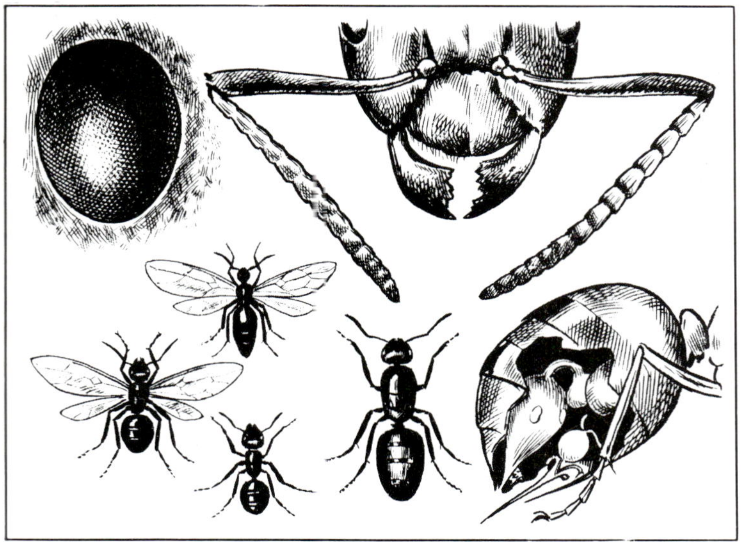

Ein großer Ameisenhaufen beherbergt bis zu 500 000 Ameisen. Es gibt Königinnen, Männchen und Arbeiterinnen. An den Fühlern der Ameisen sitzt der Geruchs- und Tastsinn. Die Augen sind aus vielen winzigen Einzelaugen zusammengesetzt. Einige Ameisenarten besitzen auch einen Stachel.

Die Eier der Ameisen sind nicht einmal einen Millimeter groß. Aus den Eiern schlüpfen die kleinen beweglichen Larven, die sich dann später verpuppen. Eier, Larven und Puppen werden von den Arbeiterinnen sehr sorgfältig gepflegt. In besonderen Kammern werden sie bewacht und regelmäßig gesäubert.

Eine Ameise, die angegriffen wird, nimmt eine Verteidigungsstellung ein. Sie richtet sich halb auf, öffnet die Kiefer und ist bereit zuzubeißen. Dabei stellt sie das Hinterende dem Angreifer entgegen, um ihn mit Ameisensäure zu bespritzen. Die Roten Waldameisen besitzen keinen Stachel. Sie bringen dem Gegner mit den Kiefern eine kleine Wunde bei, in die sie dann die Säure spritzen. Arbeiterinnen haben niemals Flügel. Es sind Weibchen, deren Geschlechtsorgane zurückgebildet wurden und die keine Eier produzieren können.

Das Rotkehlchen

Wenn das Rotkehlchen aus dem Ei schlüpft, wiegt es nur 1,5 g. Knapp 10 Tage später hat es das Gewicht seiner Eltern von 18 g erreicht. Im Alter von 12 Tagen verläßt es das Nest. Schnelles Wachstum, aber nur eine kurze Lebensdauer sind nicht nur für das Rotkehlchen, sondern auch für viele andere kleine Singvögel typisch. Nur etwa vier von zehn jungen Rotkehlchen überleben das erste Jahr. Das Herz dieses kleinen Vogels schlägt 980 mal in der Minute. Am Tage ist das Rotkehlchen fast ununterbrochen in Bewegung und auf Nahrungssuche.

So friedlich das Rotkehlchen auf den ersten Blick aussieht, so heftig kann es sein Revier gegen Artgenossen verteidigen. Vor allem im Frühjahr zur Paarungszeit wird jeder Eindringling aus dem Revier vertrieben. Der Anblick eines Rivalen erregt das Rotkehlchen im höchsten Maße. Es stürzt sich sofort auf ihn, um ihn zu verjagen. Alleine schon einige rote Federn genügen, um ein Rotkehlchenmännchen zum Angriff auf diesen vermeintlichen Artgenossen heranzulocken. Jedes Jahr kommen zahlreiche Rotkehlchen aus den nördlichen Ländern zu uns, um der Kälte und dem Futtermangel zu entgehen. Sie fliegen dann weiter bis Südeuropa, ja sogar bis Nordafrika. Nur einige wenige bleiben den Winter über hier und sind dann an den Futterstellen zu beobachten.

Rotkehlchen verhalten sich gar nicht sehr scheu. Wenn man sie schon nicht sieht, so kann man doch ihren feinen melodischen Gesang hören oder ihren Warnruf. Vor allem in der Zeit, in denen die Jungen ausfliegen. Er klingt wie ein schnelles helles Klappern: tick-tick-tick-tick. Das Rotkehlchen bevorzugt Laubwälder, aber es kommt auch in jungen Nadelbaumschonungen und in heckenreichen Gegenden vor.

Länge: 14 cm; Flügelspannweite: 22 cm
Gewicht: 18 g
Lebenszeit in der Natur: 2 bis 3 Jahre

Das Nest des Rotkehlchens wird am Fuß eines Baumes oder in ein Mauerloch gebaut. Es ist gut getarnt. Der Rand besteht aus trockenen Blättern, das Innere ist mit kleinen Wurzeln und Fasern gepolstert. Die Eier werden im April gelegt und 14 Tage bebrütet. Zwei Wochen lang bleiben die Jungvögel im Nest. Ihre Eltern halten das Nest sehr sauber. Nach der Fütterung tragen sie den Kot der Jungen fort.

Männchen und Weibchen unterscheiden sich beim Rotkehlchen nicht. Der Schnabel ist wie bei allen insektenfressenden Vögeln sehr zart. Aber Rotkehlchen können im Winter auch kleine Beeren und Sämereien aufnehmen.

Beim Schlüpfen sind die Jungvögel nackt. Nur auf dem Kopf und dem Rücken haben sie einen dunkelgrauen Flaum. Ihr erstes Federkleid unterscheidet sich von dem Gefieder der Eltern. Die Brust ist beige und gefleckt. Erst im Alter von 6 Monaten sehen die Jungen aus wie ihre Eltern.

Im Winter hält sich das Rotkehlchen gern in der Nähe des Gärtners auf, der die Erde umgräbt. Es frißt die Würmer, die an die Oberfläche kommen. Manchmal kann es dabei so zutraulich werden, daß es einem das Futter aus der Hand nimmt.

Der Schakal

Drei Arten von Schakalen leben in der alten Welt. Der Goldschakal ist am weitesten verbreitet. Er kommt in Afrika nördlich des Äquators, in Arabien und in Südosteuropa vor. Von dort ausgehend findet man ihn auch in Indien und Burma. Der Streifenschakal und der Schabrakkenschakal sind Arten, die in der südlichen Hälfte Afrikas leben. Hier haben sie in den Gras- und Baumsavannen ihre Jagdreviere. Lange Zeit wurde der Schakal von Menschen verfolgt und getötet. Der Mensch sah in ihm einen Rivalen, der ihm die Beutetiere streitig machte. In Wirklichkeit ernährt sich der Schakal hauptsächlich von Kleintieren oder von den Resten, die Löwen, Leoparden oder Geparden übrig lassen. Der Schakal ist vor allem nachts unterwegs, nur selten sieht man ihn am Tage. In Gebieten, in denen er nicht gejagt wird und unter Schutz steht, ist er nicht scheu. Er lebt alleine oder paarweise. Die Paare halten eine längere Zeit zusammen. Manchmal sieht man an einem größeren Aas mehrere Schakale, die von allen Seiten herbeigekommen sind, um an den Resten zu fressen. Der Schabrackenschakal ist der farbigste von allen. Er hat einen schwarzen Rücken, der von silbergrauen Haaren durchzogen ist. Sein Bauch ist weißlich, die Seiten und Gliedmaßen sind rötlich gefärbt.

Das Schwanzende ist schwarz und der Kopf gelblich. Als Lebensraum bevorzugt er Buschwälder. Er ernährt sich von allerlei Hühnervögeln, Reptilien, kleinen Nagern und auch von jungen Antilopen, die kurz nach der Geburt noch nicht fliehen können. Früher glaubte man, daß manche Haushundrassen von den Schakalen abstammen, aber heute weiß man sicher, daß nur der Wolf als Vorfahre des Hundes in Frage kommt.

Länge: 90 cm und 30 cm Schwanz
Gewicht: 6 bis 13 kg Tragzeit: 60 bis 63 Tage
Lebenszeit: 16 Jahre

Wenn Löwen ein großes Säugetier getötet und selbst ihre Mahlzeit beendet haben, stürzen sich die Geier, die schon darauf gelauert hatten, auf die Reste. Häufig kommen auch mehrere Schakale hinzu. Diese versuchen, die großen Vögel zu verjagen, um selbst an der Mahlzeit teilnehmen zu können. Auch andere Aasfresser, Hyänen und Raben, nehmen an der Zerstückelung der Beute teil. Zwischen all diesen Tieren besteht eine große Rivalität. Nicht selten müssen die schwächeren Tiere sich mit dem begnügen, was die Stärkeren übriglassen.

Der Schakal ist nicht sehr groß. Er erreicht eine Schulterhöhe von etwa 50 cm. Wie der Wolf und der Fuchs hat er 42 Zähne. Sein Fell ist mattfarbig. Die einzigen dunklen Flecken sind das schwarze Schwanzende und die rötlichen Flecken hinter den Ohren.

Die jungen Schakale werden in einem Bau geboren. Wenn sie zur Welt kommen, haben sie ein graubraunes flaumiges Fell. Zunächst sind sie blind, nach etwa 9 Tagen öffnen sich die Augen. Im Alter von 3 bis 4 Wochen machen sie ihre ersten kurzen Ausflüge, und mit etwa 5 Wochen bleiben sie vor allem nachts auch schon länger vor dem Bau.

Im Schutz der Dunkelheit dringt der Schakal auch manchmal in Dörfer ein, um dort nach eßbaren Abfällen zu suchen. Mit den anderen Aasfressern zusammen spielt er eine wesentliche Rolle im Haushalt der Natur.

Die Schleiereule

Als früher in den Dörfern noch viele alte Scheunen standen und die Turmluken der Kirchen noch offen waren, gab es fast überall Schleiereulen. Sie verbrachten in Scheunen und Türmen den Tag, legten ihre Eier in geschützten Winkeln der Dachböden und zogen hier die Jungen auf. Die alten Scheunen werden immer seltener, die Turmluken werden mit Draht abgedichtet, und so haben es diese schönen Eulen mit dem ausgeprägten Gesichtsschleier schwer, noch Brutplätze zu finden. Wenn dann in strengen Wintern lange der Schnee den Boden deckt und die Mäuse, die wichtigsten Beutetiere, nur unter dem Schnee leben, sterben oft die letzten Schleiereulen eines weiten Gebietes den Hungertod. Eine ausgewachsene Schleiereule braucht etwa 7-8 Mäuse in einer Nacht. Ihr Gehörsinn ist besonders fein ausgebildet und sie kann auch bei völliger Dunkelheit die kleinen Nagetiere entdecken und fangen.

Meist im April, manchmal etwas später, legen die Schleiereulen 3-5 Eier und bebrüten sie 33 Tage. Die Jungen, die zunächst einen weißen Daunenflaum tragen, sind in etwa 2 Monaten flügge. Es gibt unter diesen Eulen zwei unterschiedlich gefärbte Formen. Bei der einen ist der Bauch rein weiß, bei der anderen gelblich mit dunkleren Federtupfen. Unter den heimischen Eulen und Käuzen haben nur zwei Arten dunkle Augen: die Schleiereule und der Waldkauz. Wie vielen Vogelarten kann man auch den Schleiereulen durch das Anbringen künstlicher Nisthöhlen helfen. Es sind einfach gezimmerte Kistchen von etwa 80 cm Länge und je 50 cm Breite und Höhe mit einem Einschlupfloch an der einen Seite. Das Innere wird durch eine halbe Wand in einen größeren Brutraum und einen kleineren Vorraum geteilt. Diese Nistkästen kann man möglichst hoch am Haus und am besten an der Ostseite unter dem Dach anbringen.

Links: Die jungen Schleiereulen öffnen die Augen erst im Alter von etwa 10 Tagen. Sie haben einen langen weißen Flaum, der Schleier ist schon gut zu sehen. Die Jungvögel sind mit etwa 60 Tagen flügge.

Rechts: Die Schleiereule speit die unverdaulichen Nahrungsreste wieder aus (Haare, Federn, Knochen), und zwar in Form von Speiballen. Diese Ballen sind rund und glatt. Ein Kirchturm und eine Scheune: zwei Gebäude, die häufig von der Schleiereule besucht werden, sei es, um dort zu nisten, oder auch nur, um sich auszuruhen.

Länge: 35 cm. Spannweite: 90-95 cm.
Gewicht: 320 g. Brutdauer: 30-35 Tage.
Verbreitung: Europa, Afrika, Südasien, Amerika.
Wissenschaftlicher Name: *Tyto alba.*

Schmetterlinge

Man muß schon zweimal hinblicken, um auf der oben abgebildeten Birkenrinde einen Schmetterling erkennen zu können. Den abgebildeten Birkenspanner erkennt man an seinen weißen Schwingen mit schwarzen Flecken. Mit dieser Tönung imitiert das Insekt auf hervorragende Weise die Farbe der Birke, deren Blätter von den Raupen des Birkenspanners gefressen werden. Wenn sich der Schmetterling nicht bewegt und seine Flügel ausbreitet, ähneln die kleinen schwarzen Tupfer der rissigen Oberfläche der Rinde: So ist der Birkenspanner wirklich kaum zu erkennen. Die sehr genügsamen Raupen des Birkenspanners fressen auch die Blätter von Eichen, Pappeln, Weiden, Eschen und Ebereschen. Sie ausfindig zu machen, ist oft ein hoffnungsloses Unterfangen, da die Raupen dünnen Ästchen ähneln. Wenn man sie auf der Birke antrifft, so erkennt man sie an ihrer glatten Haut, deren bräunlich-veilchenblaue Färbung durch schwarze Flecken unterbrochen wird. Diese Flecken wirken wie die kleinen Öffnungen in der Baumrinde. Die auf Eichenbäumen lebenden Exemplare hingegen sind braun oder grün gefärbt und werden dadurch häufig mit Flechten verwechselt. Sie kauern die ganze Zeit eng an den Ästen und vermeiden damit auch den geringsten verdächtigen Schatten, der sie verraten könnte.

Unsichtbar ist der Schmetterling nur, wenn die Birkenrinde sauber ist. In den Industrieregionen hat die Baumrinde wegen Luftverschmutzung mittlerweile ihre Farbe geändert. In Großbritannien, dem Ursprungsland der „industriellen Revolution“, haben Biologen festgestellt, daß die Folgen der Verunreinigung auch auf den Birkenspanner nicht ohne Einfluß geblieben sind. In den Großstädten wurden die weißen Schmetterlinge zunehmend seltener. An ihre Stelle traten andere Schmetterlinge der gleichen Art. Mit ihrer schwärzlichen Färbung stehen sie im Einklang mit den rußverschmutzen Birkenstämmen. Die meisten Flechtenarten, die diesem Insekt früher zur Imitation dienten, sind mittlerweile verschwunden. Angesichts einer zunehmenden Verunreinigung der Atmosphäre und der Bäume ist es dem Birkenspanner relativ schnell gelungen, sich an die neuen Verhältnisse anzupassen. Andere, in den Städten vorkommende Schmetterlingsarten haben sich im Gegensatz zu den auf dem Land lebenden Verwandten eine dunklere Farbe zugelegt. Die Zahl der hellfarbenen Birkenspanner nimmt ab, die der dunkelfarbenen Exemplare zu.

Birkenspanner. Spannweite: 45 bis 60 mm.
Nesselspanner. Spannweite: 70 mm.
Kallima. Spannweite: 70 mm.
Taubenschwänzchen. Spannweite: 42 bis 50 mm.

Experimente haben gezeigt, daß der Birkenspanner aus einem einfachen Grund schrittweise seine Färbung verändert hat: Ein heller Schmetterling, der den ganzen Tag mit ausgebreiteten Flügeln reglos auf einem geschwärzten Birkenstamm verbringt, wird von den Vögeln viel leichter entdeckt als ein dunkles Insekt (links). Mitte: Sperlinge, die sich in Lagerhallen aufhalten, fangen einen nicht getarnten Schmetterling. Rechts: Dieser grau und schwarz gefärbte Spanner hat gute Überlebenschancen, da seine Farbe von Rotschwänzchen, Sperlingen und anderen in den Städten lebenden Vögeln nicht wahrgenommen wird.

Nesselspanner in Ruhestellung (Abbildung unten). Dieser auf Wiesen und am Waldrand lebende Schmetterling weist braunschwarze und crèmefarbene Zeichnungen auf. Sie lassen die Konturen seiner Flügel verschwimmen und verhindern, daß er in ruhendem Zustand entdeckt wird. Bei Störung entfaltet er unverzüglich seine rotgefärbten Innenflügel (unten).

Wo sind die Blätter, wo ist der Schmetterling ? Eine schwere Frage, denn die in Südostasien beheimateten Kallimas sind wahre Meister der Nachahmung. Färbung, Form, Rippenverlauf und schimmelartige Flecken dieses Insekts erwekken den Eindruck, es handle sich um ein abgestorbenes Blatt. Der in der Mitte liegende Teil wirkt erhaben, allerdings ist dies eine optische Täuschung.

Taubenschwänzchen in Ruhestellung auf einer Mauer. Auf den ersten Blick ähnelt das Insekt einem zusammengeschrumpften Blatt oder einem spinnennetzumwobenen Holzstückchen. Solange sich der Schmetterling nicht bewegt, ist er sicher. Das Taubenschwänzchen läßt sich schwer identifizieren, da es beim Flug seine Flügel so schnell bewegt, daß man die Farben nicht wahrnimmt.

Der Schneehase

Der Mensch hat viele Erfindungen der Natur nachgemacht. So sind z.B. Skier oder Schneeschuhe Hilfsmittel, um in tiefem Schnee nicht einzusinken und sich besser fortbewegen zu können. Diese Ausrüstung hat der Schneehase von Natur aus: Seine Hinterläufe sind sehr groß und dicht mit Fell bewachsen. Sie messen ungefähr 14 cm in der Länge und 7 cm in der Breite. Besonders im Winter sind die Haare an den Läufen lang. So sinkt das Tier im Schnee kaum ein und kann ohne Mühe darauf laufen. Wenn der Hase noch die Zehen spreizt, wird die Trittfläche weiter vergrößert. Der Schneehase wechselt zweimal im Jahr sein Fell. Jeder Wechsel dauert etwa zwei Monate. Im Winter ist er weiß, im Sommer braungrau. Während der Übergangszeiten, April bis Mai und Oktober bis November, ist sein Fell gescheckt. Nur die Ohrspitzen bleiben stets schwarz. Die Tageslänge und die Temperatur bestimmen den Beginn des Fellwechsels. Durch die farbliche Anpassung an seine Umgebung ist der Schneehase besser vor Feinden geschützt. Das Winterfell ist auch beträchtlich dichter als das Sommerfell und hält die Kälte ab. Es kommen dann etwa 400 bis 700 Haare auf einen cm^2 Haut, während es im Sommer nur 200 bis 300 sind.

Der Schneehase ist in den Alpen, in den Pyrenäen und in einigen anderen europäischen Gebirgen verbreitet. Er kommt auch in Skandinavien, Rußland, Schottland und in Island vor. Hier lebt er auch im Flachland. In den deutsch-österreichischen und schweizerischen Alpen findet man ihn an der oberen Waldgrenze und auf Almen bis zu 3000 m Höhe. In strengen Wintern wandert er in tiefere Lagen. Auf seinen Wanderungen und bei der Nahrungssuche benutzt der Schneehase gerne bekannte Wechsel. Wenn er ruht, sitzt er geduckt in einer flachen Mulde, der sogenannten Sasse. Seinen Feinden, dem Adler, dem Hermelin und dem Fuchs entkommt der Schneehase, wie auch sein Verwandter, der Feldhase, durch schnelle Flucht und hakenschlagend. Eine Gefahr entdeckt er mit seinem Gehör und mit seinem guten Geruchsinn. Seine Augen sind zwar groß und gut entwickelt, doch nehmen sie vor allem Bewegungen wahr.

Länge: 65 cm (+ 6 cm Schwanz)
Gewicht: 3 bis 3,5 kg
Lebenszeit: etwa 8 Jahre

Der Schneehase wird in der Morgen- und Abenddämmerung munter. Seine Nahrung ändert sich mit der Jahreszeit. Im Frühjahr frißt er Krokusse und andere Blumen, die auf den Almwiesen blühen. Während des ganzen Jahres knabbert er Rinde, Zweige und Triebe von Weiden, Pappeln und Wacholdersträuchern. Außerdem frißt er Gräser, Flechten und Schneeheide, eine dem Heidekraut verwandte Pflanze.

Der Schneehase (rechts, unten und oben) unterscheidet sich vom Feldhasen (links), der mit ihm verwandt ist, durch seine etwas kleineren Maße und durch die Farbe seines Schwanzes. Beim Feldhasen ist der Schwanz auf der Oberseite schwarz. Sein Fell hat eine mehr gelblich-braune Färbung und er lebt mehr im Flachland.

Bei Gefahr bleibt der Schneehase zunächst unbeweglich in seiner Sasse oder in einem anderen Versteck. Wenn ein Feind zu nahe kommt, springt er so schnell als möglich davon. Im Tiefschnee hinterläßt er verwischte Abdrücke.

Diese kleinen Hasen sind einige Tage alt. Im Unterschied zu den jungen Kaninchen sind ihre Augen offen, und sie haben schon ein dichtes Fell. Sie werden etwa im Mai geboren. In der Mitte des Sommers wirft die Mutter ein zweites Mal und säugt die Jungen 20 Tage lang.

Der Schneeleopard

Die Gebirge Zentralasiens, Turkistans und Südsibiriens mit Pamir, Tibet, Hindukusch und Altai sind die Lebensräume des Schneeleoparden. Hier lebt er in der Felsenwelt, aber auch auf den bewachsenen Hängen, die von Schluchten durchzogen sind. Offenbar sind Schneeleoparden nicht so gefährlich wie manche anderen Großkatzen. Russische Jäger sollen den Schneeleoparden im Winter bei tiefem Schnee sogar mit Netzen und bloßer Hand fangen können. Im Winter steigt der Schneeleopard manchmal auf 4500 m, hält sich in der Regel jedoch in tieferen Lagen auf. Im Himalaja hat man ihn auf Höhen zwischen 5400 und 6000 m beobachtet. Oft unternimmt er weite Wanderungen, um Nahrung zu finden. Regelmäßig durchquert er sein Jagdrevier und kehrt etwa alle 7 bis 8 Tage an eine Stelle zurück, wo er sein Lager hat. Wie groß die Reviere der Schneeleoparden sind, ist nicht bekannt. Sehr schwierig ist es auch, die genaue Zahl der lebenden Schneeleoparden festzustellen. Im Massiv des Ala-Taou in Rußland hat man 6 bis 8 Schneeleoparden auf etwa 4000 ha gezählt.

Tagsüber ruht sich der Schneeleopard in einem Versteck aus, das er oft mehrere Jahre hintereinander benutzt.

Seine Hauptnahrung besteht aus wilden Ziegen, aus Mufflons, Rehwild, Frischlingen und dem Goral, einem Verwandten der Gemse. Während einer Nahrungsaufnahme frißt er etwa 3 kg Fleisch. Hat er eine Beute erlegt, so zieht er sie oft hinter einen Felsen, um sie dort in Ruhe zu verzehren.

Länge: 1,10 m (+ 90 cm Schwanz)
Gewicht: 22 bis 24 kg
Lebenszeit: 15 Jahre in Gefangenschaft

Wenn der Schneeleopard auf Jagd ist, lauert er meist auf einem Felsen oder einem starken Ast. Er wartet auf Beute, die unter ihm vorbeizieht. Sobald das Tier nahe genug heran ist, macht der Leopard einen Satz von 6 bis 7 m, bringt es mit seinen Pfoten zu Fall und beißt ihm dann die Kehle durch. Wenn sein Angriff fehlschlägt, verfolgt er die Beute nicht, sondern legt sich von neuem auf die Lauer.

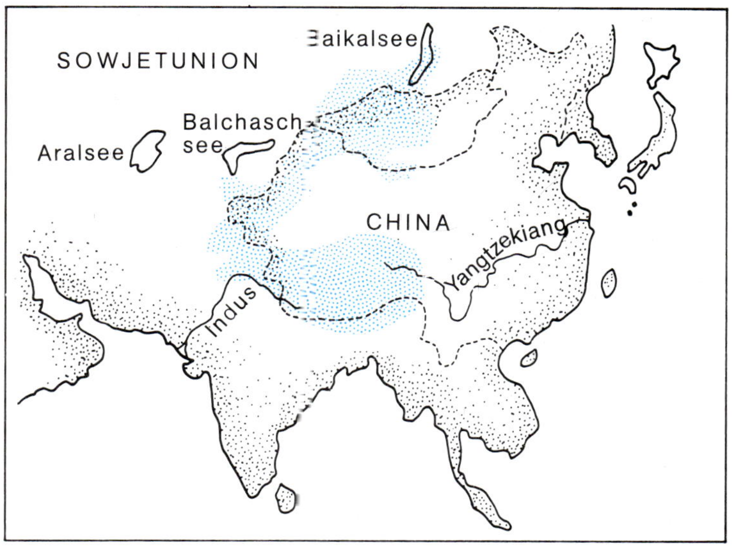

Reisende, die im letzten Jahrhundert Sibirien durchquerten, sahen Schneeleoparden angeblich am Fluß Amur. Aber dies waren falsche Berichte. Was sie gesehen hatten, waren Tiger.

Im Alter von 2 bis 3 Jahren ist der Schneeleopard fortpflanzungsfähig. Die Paarungszeit liegt im Februar oder März. Die Jungen kommen im Mai oder Juni zur Welt. Ihre Zahl schwankt zwischen 1 und 5. In der Regel aber sind es 2 oder 3. Bei der Geburt sind ihre Augen und Ohren noch geschlossen, und sie haben ein weiches, dichtes Fell.

Die jungen Schneeleoparden bleiben bis zum Alter von 8 oder 9 Monaten bei ihrer Mutter. Dann verlassen sie diese und führen ein selbständiges Leben. Die Jungleoparden auf diesem Bild fressen eine Krähe, die ihnen ihre Eltern gebracht haben. Der Schneeleopard jagt oft Fasane und Steinhühner. Am Ende des Sommers gehen die Schneeleoparden auch in Gruppen auf die Jagd.

Die Schwalbe

Rauchschwalben und Mehlschwalben brüten bei uns nirgendwo an natürlichen Brutplätzen. Ihre Nester bauen sie an den Häusern der Menschen. Die Rauchschwalbe ist die eigentliche Stallschwalbe. Sie brütet im Innern der Häuser, meistens in Ställen. Dort baut sie ihre offenen Nisttröge auf Trägern, Leisten, manchmal sogar auf einer Lampe. Oft sind in einem Stall mehrere Nester. Viele kleinere Landwirte haben ihre Ställe heute aufgegeben. In großen Ställen werden Schwalben aus hygienischen Gründen zuweilen nicht geduldet. Deshalb haben Rauchschwalben abgenommen. Mehlschwalben kleben ihre Nester außen an Häuser. Wo eine Schwalbe baut, dahin fühlen sich auch andere gezogen, und deshalb kleben sie dann ein Nest neben das andere. Mehlschwalbennester sind ganz geschlossen. Nur seitlich oben haben sie einen Einschlupf. Schwalben fangen ihre Beute im Flug: Fliegen, Mücken, Eintagsfliegen, manchmal auch einen Schmetterling. Doch fliegende Beute ist im Winter selten. Deshalb verlassen uns die Schwalben im September. Einige halten es sogar bis Oktober aus. Im April, wenn es wärmer wird, kommen sie wieder. Die letzten erreichen uns dann im Mai. Früher haben die Menschen nicht gewußt, daß die Schwalben im Winter bis nach Südafrika ziehen. Man glaubte, sie stürzten sich in die Sümpfe, um dort zu überwintern. Dann kam jemand auf die Idee, seinen Schwalben einen roten Faden ums Bein zu binden. Die Schwalbe kam im nächsten Jahr wieder und der Wollfaden war nicht vom Moorwasser ausgelaugt. Heute bekommen die jungen Schwalben kleine Aluminiumringe an ihre Füße, damit die Forscher sehen können, welche Zugwege sie einschlagen.

Rauchschwalbe. Länge: 20 cm. Gewicht: 20 g.
Spannweite: 33 cm.
Mehlschwalbe. Länge: 13 cm. Gewicht: 20 g.
Spannweite: 27 cm.
Lebensdauer: ca. 14 Jahre.

Diese Rauchschwalbe holt im Schnabel ein Schlammklümpchen zum Nestbau. Am Nestplatz setzt sie einen Klumpen neben den anderen (Mitte). Damit der Bau gut hält, werden auch Grashalme eingebaut. Nestbeobachter haben gezählt, daß ein Nest aus rund 1400 Klümpchen besteht, die von Männchen und Weibchen herangeflogen werden. In rund zwei Wochen ist das Nest fertig gebaut. Innen wird es noch mit Gras und Federn ausgepolstert.

Rauchschwalben haben einen tief gegabelten Schwanz (2). Kehle und Stirne sind kastanienbraun. Links: der Mehlschwalbenschwanz ist nur schwach gegabelt (1), die Kehle ist weiß, der Oberkopf bläulich schwarz.

Mehlschwalbennester sind oben geschlossen und haben nur einen kleinen Eingang, während Rauchschwalben offene Näpfe bauen. Jungvögel haben bei der Geburt nur wenige Daunen. Augen und Ohren sind noch geschlossen. Brutdauer zwei Wochen.

Bei schlechtem Wetter jagen Schwalben oft dicht über dem Wasser und zwischen Gebüschen, weil sich die Insekten dann dort aufhalten. Hochfliegende Schwalben sind dagegen ein Zeichen für gutes Wetter.

Schwertfisch und Fächerfisch

Obwohl diese beiden Fischarten nicht nahe miteinander verwandt sind, ähneln sie sich doch in bezug auf den lang ausgezogenen, spitzen Oberkieferfortsatz, der in seiner Form an ein Schwert erinnert. Man weiß bis heute noch nicht, wozu die Fische dieses Schwert haben. Möglich ist, daß sie es als eine Art Schlagwaffe benutzen, um Beutefische zu betäuben.

Unterscheiden lassen sich Schwertfisch und Fächerfisch an den Rückenflossen. Die Rückenflosse des Fächerfisches ist wesentlich länger und höher und kann wie ein Fächer oder ein Segel gespreizt werden.

Schwertfische kommen im Mittelmeer und in allen anderen warmen, tropischen Meeren vor. Oft schwimmen sie so dicht an der Oberfläche, daß die Rückenflosse herausragt, dann springen sie wieder mit mächtigen Sätzen aus dem Wasser. Zum Laichen kommen die Schwertfische in Küstennähe.

Auch Fächerfische halten sich gerne und oft an der Wasseroberfläche auf und springen. Sie leben hauptsächlich in den Gewässern in Äquatornähe und erreichen Geschwindigkeiten von annähernd 100 Kilometern in der Stunde.

Hauptnahrung beider Arten sind Fische, die in Schwärmen leben. Hier können die beiden großen Räuber leichte Beute machen.

Schwertfische werden bis 3 Meter lang und erreichen ein Gewicht bis 200 Kilo und mehr. Fächerfische erreichen eine Länge von 2 Metern und ein Gewicht von etwa 50 Kilo.

Schwertfisch und Fächerfisch verbringen viel Zeit mit der Jagd auf Beute. Zwischendurch machen sie immer wieder Sprünge aus dem Wasser heraus. Hat ein Fächerfisch den Köder an einer Angelschnur geschnappt, so kann er oft erst nach stundenlangem Kampf zum Boot gezogen werden.

Der Schwertfisch hat einen sehr lang ausgezogenen Oberkiefer (unten). Beim Marlin (mitte) und Fächerfisch (oben) ist er deutlich kürzer.

Frischgeschlüpfte und ganz junge Schwertfische und Fächerfische besitzen noch keinen Fortsatz am Oberkiefer.

Daß Schwertfische ein Boot angreifen, geschieht höchst selten. Wenn sie allerdings verletzt sind oder an der Angelleine um ihr Leben kämpfen, kann der schwertartige Fortsatz schon einmal ein Loch in die Holzplanken reißen.

Der Seeadler

Der Seeadler ist unser größter heimischer Greifvogel. Mit über 1 m Körperlänge übertrifft er noch den Steinadler. Doch heute leben nur noch ganz wenige Brutpaare im Osten der Norddeutschen Tiefebene, deren Horste streng bewacht werden, damit die Eier nicht gestohlen werden und der Brutablauf nicht gestört wird. Seinen Horst baut der Seeadler auf hohen alten Bäumen und benützt ihn viele Jahre lang immer wieder. Da bei jeder Brut neu hinzugebaut wird, erreichen manche Horste ein gewaltiges Ausmaß. Auch in Felswänden und manchmal am Boden werden Horste angelegt. Die 1 - 3 Eier werden etwa 7 Wochen lang bebrütet, die Jungen bleiben bis zu 10 Wochen im Horst. Das Flugbild dieses großen Adlers ist imponierend: Über zwei Meter beträgt die Spannweite der breiten brettartigen Schwingen. Der Schwanz ist keilförmig und bei alten Vögeln weiß, während er bei jüngeren Vögeln eine braune Färbung zeigt. Seeadler leben immer in der Nähe von Seen, Flüssen und Meeresküsten. Zu ihren Beutetieren gehören Wasservögel, selbst die großen Schwäne, Säugetiere und Fische. Aber auch an verendeten Tieren stillen die Adler ihren Hunger. Von einem Baum oder einem höheren Pfahl aus suchen die Seeadler nach Beute, oder sie entdecken sie aus der Luft. Auffallend sind die starken Beine und die kräftigen Schnäbel dieser Greifvögel. Nur damit ist es ihnen möglich, auch sehr große Beutetiere festzuhalten und zu töten. Wasservögel versuchen oft durch Wegtauchen den Adlern zu entkommen.

Länge: um 1 m. Spannweite: 2-2,5 m. Gewicht: um 4 1/2 kg.
Brutdauer: 49 Tage.
Verbreitung: Skandinavien, Ost- und Mitteleuropa, Sibirien, Grönland, Island, Asien.
Wissenschaftlicher Name: *Haliaetus albicilla.*

Wenn ein Seeadler auf dem Wasser eine Beute schlägt, taucht er oft völlig ins Wasser ein, kann sich aber auf seinen mächtigen Schwingen leicht wieder erheben. Auf seinen Wanderungen kommt der Seeadler aus Skandinavien in südlichere Bereiche, die asiatischen Brutvögel ziehen ebenfalls nach Süden. Bei uns zieht ein Teil der Jungvögel aus den Brutgebieten ab, andere bleiben als Standvögel in der Nähe der Geburtsorte. Ein Seeadlerpaar beginnt Ende Februar oder Anfang März mit dem Horstbau bzw. mit der Erneuerung seines alten Horstes. Die Jungen haben eine lange Nestlingszeit: rund 90 Tage werden sie von den Eltern versorgt, bevor sie fliegen und den Horst verlassen können.

Der Schutz der letzten in der Bundesrepublik brütenden Seeadler ist heute eine bis in alle Einzelheiten durchorganisierte Aufgabe. Da es in den vergangenen Jahren immer wieder menschlichen Nesträubern gelang, die Eier aus Adlerhorsten zu stehlen, werden die Horste nun rund um die Uhr bewacht. Trotz Verbot werden Tierarten und die Eier von Vögeln, die sehr selten geworden sind, zu hohen Preisen gehandelt. Eine weitere Möglichkeit, den Bestand an Seeadlern zu erhalten oder sogar vielleicht zu vermehren, besteht in der Zucht von Adlern, die schon seit vielen Jahren in Gefangenschaft leben. Erst in letzter Zeit sind solche Zuchten geglückt. Die Jungen können dann in einem bestimmten Alter zu einem freilebenden Adlerpaar zu dessen eigenem Jungen zugesetzt werden. Beim ersten Versuch dieser Art wußte man nicht, ob die Altvögel das fremde Junge annehmen oder ob sie es töten oder ob sie gar den Horst verlassen würden. Aber es ging alles gut, und der zugesetzte Jungadler wurde ebenso betreut wie das eigene Junge. Voraussetzung dafür ist allerdings, daß beide Adlerkinder etwa im gleichen Alter und im gleichen Entwicklungszustand sind.

Inzwischen konnten mit dieser Methode schon einige in Gefangenschaft geborene Seeadler wieder dem Leben in freier Wildbahn zugeführt werden. Doch trotzdem ist es fraglich, ob sich die Seeadler bei uns halten können.

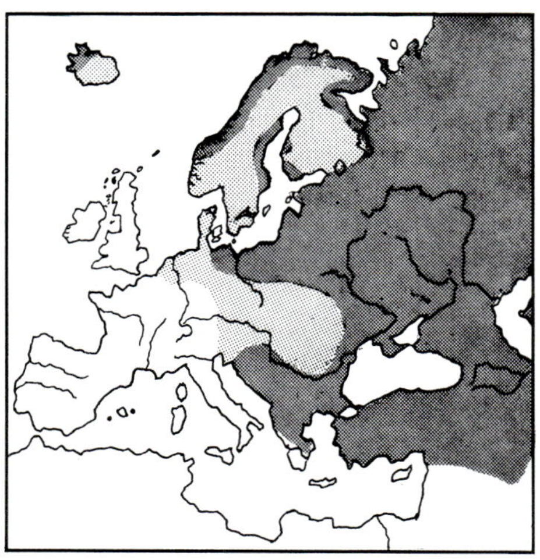

Links: Alte Seeadler (oben) und die Jungvögel der Seeadler (unten) lassen sich im Flug leicht an der Farbe ihres keilförmigen Schwanzes unterscheiden. Der riesige Schnabel ist zunächst schwarz, wird dann grau und schließlich hellgelb. Er ist 5 cm lang.

Rechts: Dunkelgrau ist das Gebiet, in dem sich der Seeadler das ganze Jahr über aufhält und auch horstet. Hellgrau ist die Region, in der Seeadler nur zeitweilig zu Gast ist, oder nur im Winter gesehen werden kann. Ein junger Seeadler, der in Finnland beringt wurde, wurde in einer Entfernung von 1.975 km in Bulgarien wieder gesichtet.

Oben: Der Seeadler rastet auf einem Pfahl am Ufer eines Sees.

Seehunde und Seelöwen

Wenn sich Seehunde und Seelöwen am Strand aufhalten, wirken sie gedrungen und schwerfällig. Nur mühsam können sie ihren massigen Körper mit den zu Flossen umgewandelten Vorder- und Hinterbeinen stützen und fortbewegen. So sind diese Tiere auch nur an Land zu sehen, wenn sie sich ausruhen wollen oder wenn sie ihre Jungen zur Welt bringen.
Im Wasser, ihrem bevorzugten Lebensraum, ist nichts mehr von einer Schwerfälligkeit zu merken. Der torpedoförmige Körper gleitet mit Leichtigkeit durch das Wasser, vorangetrieben durch das vordere Flossenpaar. Seehunde und Robben sind hervorragend an das Leben im Wasser angepaßt. Das dichte kurze Haarkleid bietet keinen Widerstand, die Wirbelsäule ist äußerst elastisch und erlaubt den Tieren Wendungen auf engstem Raum, was für die Jagd auf Fische und andere Meerestiere wichtig ist. Beim Tauchen nehmen diese Meeressäuger nur wenig Luft in ihren Lungen mit, um den Auftrieb zu verringern. Trotzdem erreichen sie beachtliche Tiefen und können mehrere Minuten unter Wasser bleiben. Bei Grönland verfing sich ein Seehund in einem Fischnetz, das in einer Tiefe von 180 m ausgelegt war.
Viele Robben unternehmen weite Wanderungen, um in fischreiche Meeresgebiete oder zu ihren Fortpflanzungsplätzen zu gelangen. So überwintern zum Beispiel die Männchen der Kalifornischen Ohrenrobbe im Golf von Alaska, die Weibchen jedoch vor den Küsten Kaliforniens, viel weiter südlich. Fortpflanzungsgebiet sind die Pribylow-Inseln vor Alaska. Dorthin schwimmen zuerst die Männchen und besetzen ihre Territorien. Die Weibchen müssen über 5000 Kilometer zurücklegen, bevor sie die Inseln erreicht haben.
Viele Robbenarten sind heute bedroht. Einigen stellt der Mensch besonders um ihres Felles wegen nach. Aber Seehunde und Robben haben auch natürliche Feinde, Haie etwa, Schwertwale und Eisbären.
Im Zirkus kann man Seelöwen als sehr geschickte Balancierkünstler kennenlernen. Woher sie diese Fähigkeit haben und wie sie sie in ihrem natürlichen Lebensraum nutzen, ist völlig unbekannt.

Gemeiner Seehund. Länge: 1,3–1,9 m, Gewicht: 100–280 kg, Lebenszeit: 18 Jahre in Gefangenschaft.
Kalifornische Ohrenrobbe. Länge: 1,7–2,35 m, Gewicht: 90–300 kg, Lebenszeit: geschätzt auf 15–20 Jahre.

Die Robben haben sehr gleichmäßige spitze Zähne, mit denen sie glitschige Beutetiere wie Fische gut festhalten können. Die im Wasser sehr bewegliche Ohrenrobbe macht sich an die Verfolgung eines Fischschwarmes, schnappt ein Beutetier und verschlingt es schnell. Andere Robbenarten ernähren sich von Krill (kleine Krebstiere), so etwa der Krabbenfresser der Antarktis. Zahlreiche andere Arten ernähren sich auch von Tintenfischen und verschiedenen Krabben.

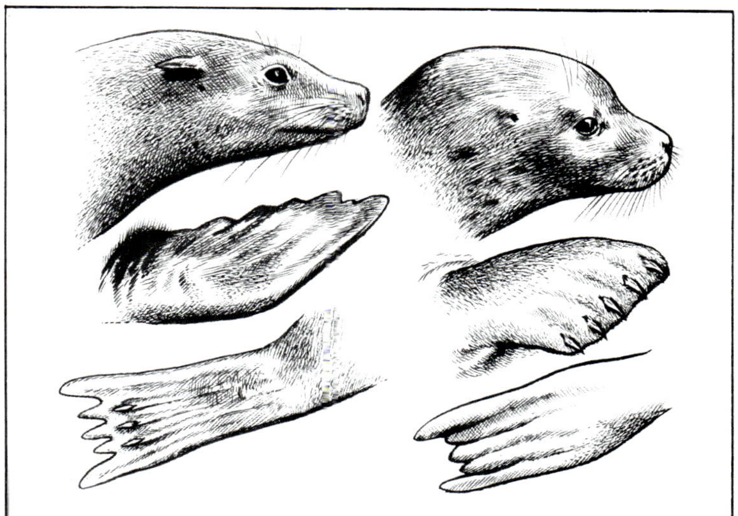

Im Gegensatz zu den Ohren der Ohrenrobben (links) haben die Ohren der Seehunde (rechts) keine Muschel. Die Vorderfüße der Seehunde dienen zum Schwimmen und zur Fortbewegung an Land. Die hinteren Gliedmaßen haben außerhalb des Wassers beim Seehund überhaupt keine Funktion. Die Ohrenrobbe jedoch stützt sich mit ihnen an Land.

Der Gemeine Seehund oder die Hundsrobbe verbringt die meiste Zeit seines Lebens im Wasser. Als geselliges Säugetier zieht er meist in kleinen Gruppen umher. Dem Menschen gegenüber ist er recht zutraulich und hält sich auch gerne in küstennahen Gewässern auf.

In der Regel bringen die Robben nur ein Junges im Jahr zur Welt. Dieser kleine Seehund, hier neben seiner Mutter, hat wie die meisten Jungtiere der anderen Arten ein dickes, wolliges, weißes Fell. Gerade dieses weiße Fell der Jungtiere ist bei Pelzjägern sehr beliebt.

Seeigel und Seesterne

Seeigel und Seesterne, zu den Stachelhäutern gehörend, sind Meerestiere, die sich meist im küstennahen Bereich aufhalten und auf dem Boden leben. Die runden Seeigel besitzen einen Kalkpanzer, der über und über mit mehr oder weniger langen Stacheln besetzt ist. Jeder Stachel sitzt an seiner Basis auf einem kugelförmigen Gelenk und ist beweglich. Berührt man einen Seeigel mit einem Finger an den Spitzen seiner Stacheln, so richten sich alle Stacheln der Umgebung auf diesen vermeintlichen Feind hin aus und bilden eine undurchdringliche Wehr. Sie sind sehr spitz und brechen leicht ab. Es ist nicht ungefährlich, auf einen Seeigel zu treten, denn die Stachelspitzen dringen tief ins Fleisch ein und verursachen schmerzhafte und eiternde Wunden. In der Mundöffnung auf der Unterseite des Seeigels befinden sich fünf zahnartige Kalkgebilde, mit denen die Tiere Algen und andere auf dem Untergrund lebende Organismen abweiden. Wenn sich Seeigel fortbewegen, so geht das sehr langsam vor sich. Zur Bewegung werden sowohl die Stacheln benutzt als auch die zwischen ihnen liegenden kleinen beweglichen und schlauchartigen Füßchen. Mit diesen werden auch kleine Schmutzpartikel, die sich zwischen den Stacheln verfangen können, ergriffen und entfernt.

Die Seesterne haben einen flachen Körper mit fünf Armen, die an ihrer Unterseite zahlreiche Saugfüßchen tragen. Mit diesen Saugfüßen bewegen sich die Seeigel voran, aber sie können damit auch die beiden Schalenhälften von Muscheln auseinanderziehen, um an den Weichkörper der Muschel zu gelangen. Muscheln sind die bevorzugte Nahrung von Seesternen. Sie nehmen ihre Nahrung auf, indem sie den Magen durch die auf der Unterseite liegende Mundöffnung ausstülpen und über die Beute breiten. Eine kleine Muschel kann der Kraft der Saugnäpfe nicht lange standhalten. Die Kraft des Schließmuskels, der ihre Schalenhälften zusammenhält, läßt bald nach. Seesterne können wunderschön rot oder bläulich gefärbt sein, andere sind gelblich oder braun und dem Untergrund gut angepaßt. Auch in der Größe unterscheiden sich die einzelnen Arten. Verlorengegangene Arme werden von den Seesternen sehr bald wieder neu gebildet.

Roter Kammstern. Durchmesser: etwa 60 cm, Lebensdauer: 2–3 Jahre.
Seeigel. Durchmesser: (ohne Stacheln) 7 cm, Lebensdauer: um 8 Jahre.

Der mehr oder weniger bewegliche Körper der Seesterne besteht in der Regel aus fünf Armen – es gibt auch siebenarmige –, die um eine zentrale Mundöffnung auf der Körperunterseite angeordnet sind. Die Arme tragen an ihrer Unterseite zahlreiche kleine sehr bewegliche Saugfüßchen. Die Arme der Seeigel sind sehr biegsam und können dazu beitragen, daß sich das Tier auch aus einer ungewohnten Lage wieder aufrichten kann.

Wird ein Seestern aus irgendeinem Grund etwa auf den Rücken geworfen, dann tastet er so lange mit seinen gekrümmten Armen, bis er sich festsaugen und wieder in seine natürliche Stellung umdrehen kann. Auf festem Untergrund gelingt ihm dies schneller als auf sandigem Boden.

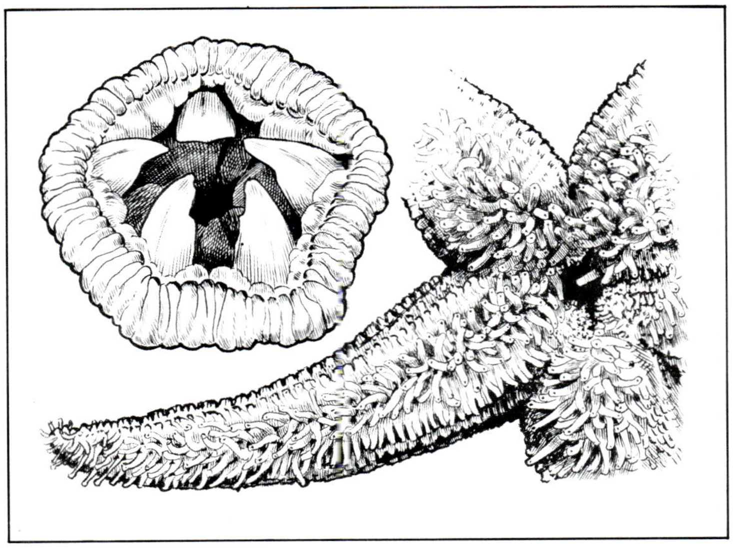

Der Mund des Seeigels besitzt fünf kräftige Zähne, mit denen er den Bewuchs an Felsen oder auf Korallen abweidet. Die Arme der Seesterne dienen zur Fortbewegung und zum Fangen und Festhalten der Beute. Geht ein Arm verloren, so wird er bald wieder neu gebildet. In der Zwischenzeit ist der Seestern kaum weniger beweglich als vorher.

Die meisten Seeigel und Seesterne sind getrenntgeschlechtlich. Aus ihren Eiern schlüpfen Larven, die zunächst winzig klein sind und im freien Meerwasser treiben. Hier ist die Larve eines Seeigels (links) und die eines Seesterns abgebildet.

Der Eßbare Seeigel bewegt sich wie alle anderen Arten nur sehr langsam. Mit Hilfe seiner Stacheln und Saugfüßchen tastet er sich über Felsen und Sandgrund voran.

Trotz seines Stachelschutzes wird er die Beute mancher Fische, die ihn zunächst umwerfen und dann von der ungeschützten Unterseite her aufbeißen und ausfressen.

Das Seepferdchen

Seepferdchen sind Fische, obwohl sie auf den ersten Blick völlig anders aussehen und von der typischen Fischgestalt kaum etwas zu erkennen ist. Ihre Körperhaltung ist aufrecht, der pferdchenähnliche Kopf läßt sich unabhängig von der Körperachse hin und her drehen, der Schwanz ist zu einem langen Greiforgan ausgebildet, und von allen Flossen blieb nur die Rückenflosse erhalten. Am Kopf und Körper der Seepferdchen finden sich oft fadenartige Anhängsel, die zur Tarnung der Tiere beitragen, wenn sie sich im Bewuchs von Meerespflanzen aufhalten. Hier klammern sie sich mit dem Schwanzende fest, warten auf herantreibende Nahrung und verlassen ihren Platz meist nur, um kurze Strecken weiterzuschwimmen. Dabei tritt die Rückenflosse in Funktion und treibt die Seepferdchen gemächlich voran. Die Nahrung muß klein sein, denn die Mundöffnung am Ende der lang ausgezogenen Schnauze ist winzig und läßt sich nicht weit öffnen. Vorbeitreibende Nahrung wird in die Mundöffnung eingesaugt, nachdem das Seepferdchen sie zunächst mit seinen sehr beweglichen Augen genau fixiert hat. Die beiden Augen lassen sich unabhängig voneinander bewegen und können zur gleichen Zeit in verschiedene Richtungen blicken. Vor Feinden sind die Seepferdchen am besten im dichten Bewuchs der Meerespflanzen geschützt. Die faden- oder lappenartigen Körperanhängsel können auch in der Farbe diesen Pflanzen gleichen. In den Tangfeldern der Sargassosee im Golf von Mexiko lebt ein Seepferdchen, das kaum von dem es umgebenden Tang zu unterscheiden ist und sich nur verrät, wenn es aus seinem Versteck herausschwimmt.

Es gibt etwa zwanzig verschiedene Arten von Seepferdchen. Zwei davon leben im Mittelmeer und an der Ostküste des Atlantischen Ozeans. In Aquarien lassen sich diese empfindlichen Tiere meist nur schlecht über längere Zeit halten und beobachten. Schwierig ist es vor allem, sie mit der nötigen Kleinnahrung zu versorgen, so daß sie leicht verhungern. Bei guter Pflege und Fütterung kann man sie aber durchaus gesund erhalten und mit viel Glück Zeuge werden, wie die Jungen aus der Bruttasche des Männchens schlüpfen, in der sie sich entwickelt haben.

Geflecktes Seepferdchen und *Kurzschnäuziges Seepferdchen.*
Länge: 16 cm, Gewicht: etwa 20 g, Lebenszeit: 2–3 Jahre.

In der Fortpflanzungszeit von Mai bis August finden sich die Seepferdchen zu Paaren zusammen. Männchen und Weibchen führen eine Art Hochzeitstanz auf, wobei sie einander umkreisen und miteinander im freien Wasser umherschwimmen. Schließlich umschlingen sie einander mit den Schwänzen, wobei sie einander gegenüber Aufstellung nehmen, und das Weibchen legt seine Eier – etwa 200 – in die Bauchtasche des Männchens ab. Nach 4 bis 5 Wochen sind die Eier voll entwickelt, und die Jungen schlüpfen in der Bruttasche. Das Männchen wiegt sich nun ein paarmal vor und zurück und stößt schließlich die Jungtiere aus dem Spalt der Bauchtasche heraus. Die winzigen Seepferdchen sind sofort selbständig und auf sich alleine angewiesen.

Der Greifschwanz ist sehr biegsam und beweglich. Eine einzige Rückenflosse in Fächerform sorgt für die Fortbewegung. Das Männchen besitzt eine Bauchtasche, in der sich die vom Weibchen dort abgelegten Eier entwickeln. Die Kiemenöffnung ist nur sehr klein.

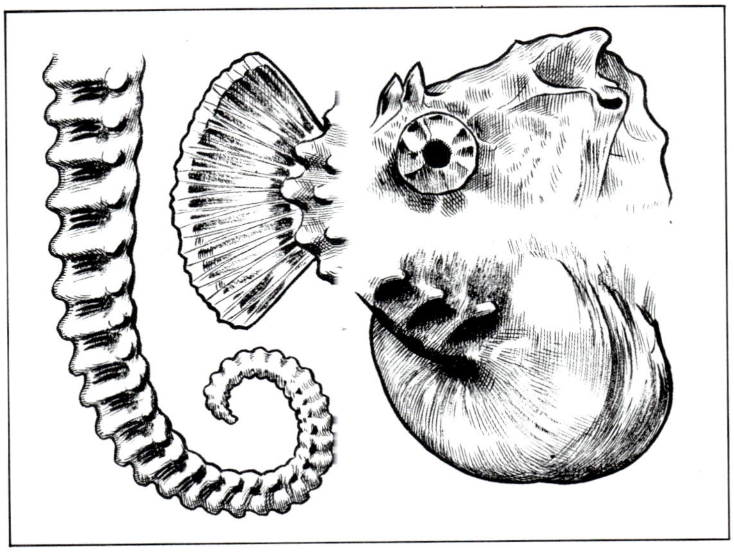

Die neugeborenen Seepferdchen ähneln den ausgewachsenen Tieren, aber Kopf und Rückenflosse sind noch übermäßig groß, im Verhältnis zum übrigen Körper. Sobald die Jungtiere aus der Bruttasche ausgestoßen werden, sind sie von ihren Eltern unabhängig.

Das Seepferdchen ist der einzige Fisch, der senkrecht schwimmt. Es gehört zur Familie der Seenadeln. Dieses kurzschnäuzige Seepferdchen ist braun und trägt keine Hautlappen, wie das auf der gegenüberliegenden Seite abgebildete Gefleckte Seepferdchen.

Die Sepia

Die Sepia gehört zu den zehnarmigen Tintenfischen. Neben den verhältnismäßig kurzen Mundarmen sind noch zwei weitere, sehr lange Fangarme vorhanden, die nur an ihrer Spitze Saugnäpfe tragen. Beim ruhigen Schwimmen der Tiere werden sie zwischen den Mundarmen verborgen gehalten. Beim Beutefang schnellen sie blitzartig hervor. Der Körper der Sepia ist eher flach. An seinen Seiten befinden sich Flossensäume, mit deren schlängelnden Bewegungen sich die Sepia sowohl vorwärts als auch rückwärts bewegen kann. Auf dem Rücken, von der Haut überwachsen, liegt eine kalkige Schale. Sie ist bei Vogelhaltern als »Sepia« bekannt und stammt von toten Tintenfischen. Die Vögel decken ihren Kalkbedarf, wenn sie von der Schale fressen. Sepien leben auf Sand- oder Geröllgrund und in Seegraswiesen. Meist schwimmen sie frei im Wasser, zum Ausruhen gehen sie auf den Boden und graben sich ganz in den Sand ein. Zur Laichzeit wird besonders das Männchen auffallend schwarz-weiß gestreift. Es begleitet sein Weibchen überall hin, streichelt es mit seinen Mundarmen und vertreibt etwaige Nebenbuhler. Tintenfische können überhaupt schnell und häufig ihre Farbe wechseln. Teilweise passen sie sich damit ihrer Umgebung an, teilweise geschieht es aber auch bei Schreck, Gefahren oder anderen Ereignissen, die das Tier in Erregung versetzen. Die Nahrung der Sepien besteht aus Fischen und Weichtieren. Auch Krebse und Garneelen werden gefangen und verzehrt. Im Mund der Sepien stehen zwei harte Zähne, die wie die beiden Hälften eines Papageienschnabels gegeneinander wirken und die Beute zerteilen. Sepien können nicht nur mit ihrem Flossensaum schwimmen. Wenn es schnell gehen muß, wenn sie sich vor einem Feind in Sicherheit bringen wollen, benützen sie noch eine andere Schwimmtechnik. Auf der Unterseite, hinter der Mundöffnung, befindet sich eine Art Trichter, durch den ein Wasserstrahl aus dem Inneren des Tieres nach vorne-außen abgegeben werden kann. Durch diesen Rückstoß schießt die Sepia sehr schnell mit dem Hinterleib voran davon.

Tintenfische haben ausgezeichnete Augen, mit denen sie gut sehen können. Alles in ihrer Umgebung wird genau verfolgt und betrachtet. Die achtarmigen Tintenfische, deren Körper viel massiger ist als der der Sepien, verstecken sich tagsüber in Felsspalten oder zwischen Korallenstöcken. Die Sepien selbst suchen bei Gefahr ihr Heil in der Flucht oder entleeren ihren Tintenbeutel.

Länge des Männchens: 30 cm, Länge des Weibchens: 25 cm, Gewicht: etwa 1 kg, Lebenszeit: 3–4 Jahre.

Wie viele andere Weichtiere, so hat auch die Sepia Feinde: Seehunde, Rochen, Haie und große Fische stellen ihr nach. Die Sepia ist allerdings mit sehr guten Sehorganen ausgerüstet und hat einen Angreifer bald entdeckt. Dann stößt sie rechtzeitig den Inhalt ihres Tintenbeutels aus. Dies ist eine Enddarmdrüse, deren Sekret einen dunklen Farbstoff enthält. Wird diese Flüssigkeit ausgestoßen, dann bildet sie im Wasser eine dichte, undurchsichtige Wolke; sie verbirgt nun den Tintenfisch und gibt ihm die Möglichkeit, mit Hilfe seines »Rückstoßmotors« zu entkommen, während der Feind nichts sehen kann.

Längsschnitt durch eine Sepia: 1: Mundöffnung. 2 und 3: Gehirn. 4: Darmdrüse. 5: Kalkschale. 6: Eierstock. 7: Trichter. 8: Kiemen. 9: Magen. 10: Nieren und Harnsack. Das Auge ist durch Lider geschützt, die eine spaltförmige Öffnung freilassen.

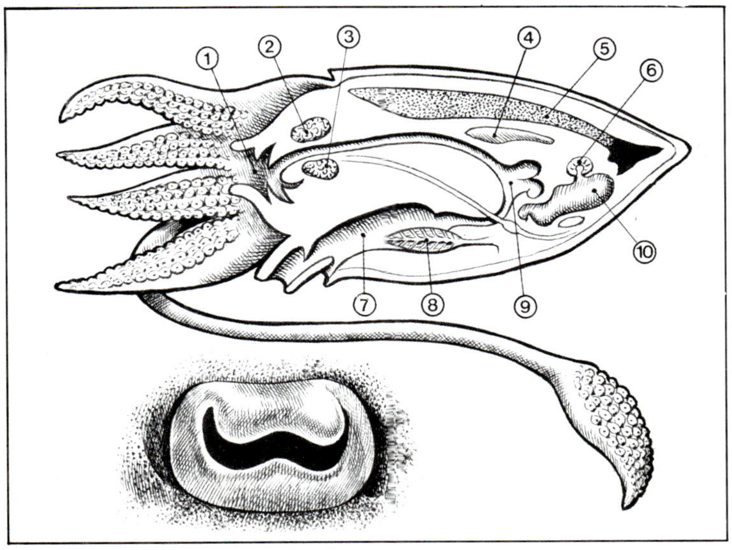

Diese Sepia hat gerade eine Garneele gefangen. Das Opfer wird mit den acht kleinen Tentakeln zum Mund geführt. Dann wird es mit Hilfe des »Papageienschnabels« verzehrt. Speicheldrüsen sondern ein Gift ab, das die Beute lähmt oder tötet.

Die Tintenfischeier werden als traubenartige Gebilde an Meerespflanzen angeheftet. Sie sind reich an Nährstoffen. Die Entwicklung dauert mehrere Monate. Dann schlüpft der junge, praktisch schon fertig geformte Tintenfisch aus dem Ei und macht sich selbständig.

Silbermöwen und Lachmöwen

Sobald ein Fischerboot auf See anfängt, seine Netze einzuholen, versammeln sich binnen kurzer Zeit zahlreiche Silbermöwen um das Schiff, um es bis zum Hafen zu begleiten. Möwen sind gesellige Vögel, die sich schon von weitem durch ihre schrillen und lauten Rufe bemerkbar machen. Es sind ausdauernde Flieger, die auch gut segeln können und dann ohne Flügelschlag, nur von der Luftströmung über dem Meer getragen, dahingleiten. Plötzlich, wenn sie etwas Fressbares an der Wasseroberfläche entdeckt haben, lassen sie sich fallen und schnappen den Futterbrocken mit dem Schnabel auf. Silbermöwen ernähren sich von Fischen, Muscheln, Schnecken, von Aas und menschlichen Abfällen, aber rauben auch Eier und Junge anderer Vögel. Größere Muscheln, die sie mit dem Schnabel nicht öffnen können, tragen sie hoch in die Luft, lassen sie auf Felsen fallen und verzehren dann den durch die splitternden Schalen freigelegten Inhalt.

In den letzten Jahren haben sich die Silbermöwen stark vermehrt. Auf den zahlreichen Müllkippen der Großstädte finden sie reichlich Nahrung und können damit auch Notzeiten überwinden, durch die es früher zu Verlusten unter den Vögeln kam.

Wesentlich kleiner als die Silbermöwe ist die Lachmöwe, die auch auf Seen und Teichen im Binnenland brütet. In kleineren oder größeren Kolonien baut sie ihre Nester auf Pflanzenbüscheln und kleinen Inseln im seichten Wasser. Sobald ein Feind auftaucht, ein Greifvogel, ein Fuchs oder ein Hund, fliegen alle Möwen auf und greifen ihn gemeinsam an. Allein schon das laute Geschrei der vielen Vögel kann den Feind zum Rückzug bewegen. Die gelblichen, braungefleckten Dunenjungen bleiben nach dem Schlüpfen zunächst noch im Nest und werden von den Altvögeln mit Futter versorgt. Nur bei Gefahr versuchen sie im Wasser und bei den dort wachsenden Pflanzen Schutz zu finden.

Zur Brutzeit haben die Lachmöwen einen braunen Kopf und dunkelrote Schnäbel und Beine. Im Winterkleid ist der Kopf weiß wie der übrige Körper, bis auf einen kleinen brauen Wangenfleck. Im Frühjahr und Herbst folgen die Lachmöwen gerne den pflügenden Landwirten, um die an die Oberfläche kommenden Regenwürmer, Engerlinge oder Mäuse zu fangen und zu fressen. Aber auch sie finden wie die Silbermöwen auf den Müllkippen zusätzliches Futter.

Silbermöwe. Länge: 56–61 cm, Spannweite: 1,32 m. Gewicht: 800 g – 1,3 kg, Lebenszeit: etwa 31 Jahre.
Lachmöwe. Länge: 40 cm, Spannweite: 92 cm. Gewicht: 200–300 g, Lebenszeit: etwa 32 Jahre.

Die Silbermöwen zeigen im Frühjahr, zur Zeit der Paarung, besondere Verhaltensweisen. In der Kolonie suchen die Vögel zunächst ein für den Nestbau geeignetes Gebiet, eine Sanddüne zum Beispiel, eine kleinere Insel oder auch eine felsige Kuppe an der Küste. Die Männchen werben mit hellen durchdringenden Rufen um die Weibchen. Einander gegenüberstehend nicken sich die Vögel zu. Sie nehmen Gras und Halme mit dem Schnabel auf und zeigen es sich gegenseitig. Dieses Verhalten bedeutet, daß nun ein Nest gebaut werden soll.

Im Sommergefieder (oben) trägt die Lachmöwe eine Maske aus braunen Federn. Im Winter ist der Kopf weiß; Füße und Schnabel sind rot. Der Kopf der Silbermöwe (unten) ist weiß, die Jungen sind am ganzen Körper grau gesprenkelt. Der starke gelbe, leicht gebogene Schnabel hat an der Unterseite einen roten Fleck. Die Füße sind mit Schwimmhäuten versehen.

Die Lachmöwe baut ihr Nest am Rande küstennaher Sümpfe oder an Süßwasserteichen. Die Küken (links) sind nach fünf bis sechs Wochen flügge. Die Silbermöwen brüten am Boden auf einem Nest aus Pflanzenstücken. Die Jungen (rechts) bleiben zunächst in der Nestmulde und schreien ständig nach Nahrung, die die Eltern herbeischaffen müssen.

Die Lachmöwen fliegen häufig in Gruppen auf Nahrungssuche. Sie sind keineswegs wählerisch und verschlingen lebende Beutetiere genauso wie alle Arten von Abfällen. Oft gibt es Auseinandersetzungen, wenn sie sich unter heftigen Schreien ein gutes Beutestück streitig machen.

Der Silberreiher

Unter allen weißen Reihern ist der Silberreiher die größte Art. Fast einen Meter wird er groß, wozu allerdings der lange, schlanke Hals einiges beiträgt.
Im Frühjahr, in der Zeit der Balz, tragen die Silberreiher wunderschöne Schmuckfedern, die in einer Länge bis zu 50 Zentimetern von den Schultern über den Rücken herabhängen. Jede Feder hat zahlreiche, locker angeordnete Seitenäste und sieht aus wie ein zarter Fächer. Bei der Balz, aber auch beim Drohen gegen einen Rivalen, können diese Schmuckfedern aufgerichtet werden. Sie waren es, die den Silberreiher zu Beginn unseres Jahrhunderts nahe an den Rand der Ausrottung brachten. Die weißen, seidigen und zarten Federn wurden zum Schmuck von Damenhüten und zur Dekoration aller möglichen Dinge verwendet. Allein in London wurden 1910 Reiherfedern im Gewicht von 1470 Kilo verkauft, was einer Zahl von 300 000 getöteten Vögeln entspricht. Überall, wo die Silberreiher ihre Brutkolonien im Schilf errichteten, drangen geldgierige Jäger ein und schossen die Vögel wahllos ab, auch wenn sie bereits Junge in den Nestern hatten, die dann jämmerlich verhungern mußten. Die Kadaver ließ man liegen, nachdem die Schmuckfedern ausgerupft worden waren.
Um 1920 waren die Silberreiher in Europa fast ausgestorben. Im letzten Augenblick wurden sie unter Schutz gestellt, und heute kann man die prächtigen Vögel hier und dort wieder sehen, zum Beispiel am Neusiedler See in Österreich. Selten sind sie immer noch.
Mit ihren langen Beinen und den gut ausgebildeten Zehen waten die Reiher im Wasser oder in sumpfigem Gelände auf der Suche nach Beute. Fische, Frösche, Molche und Schlangen, aber auch Insekten, wie Heuschrecken oder Libellen, stehen auf der Speisekarte der Silberreiher. Manchmal lauern die Reiher auch reglos, bis sich ein Beutetier nähert. Plötzlich schnellt dann der zuvor s-förmig gebogene Hals vor, der spitze Schnabel stößt zu und packt Fisch oder Frosch. Mit einem Ruck wird die Beute in den dehnbaren Schlund befördert und verschluckt.

Länge: bis 95 cm. Spannweite: bis 165 cm. Gewicht: um 1,3 kg. Lebenszeit in Gefangenschaft: 22 Jahre.

Im seichten Wasser stehend hat dieser Silberreiher eben einen Fisch erbeutet und hält ihn im Schnabel. Die schönen Schmuckfedern hängen von den Schultern über den Rücken herab. Nachdem der Reiher noch mehrere Fische und Frösche in seinem dehnbaren Hals aufgenommen hat, fliegt er zum Horst, um die Nahrung dort für seine Jungen wieder auszuwürgen.

Unten links der Kopf eines Silberreihers und rechts daneben der des kleineren Seidenreihers. Ihm wachsen lange Schmuckfedern am Hinterkopf, und auch er gehört zu den weißen Reiherarten. Darunter einzelne Schmuckfedern des Silberreihers.

Die Horste können bei langjähriger Wiederbenutzung ein stattliches Ausmaß erreichen. Im Mai oder Juni liegen in ihnen drei bis fünf Eier, die abwechselnd von den beiden Eltern bebrütet werden. Die Jungen tragen ein helles Dunenkleid und bleiben im Horst, bis sie fliegen können.

Männchen und Weibchen unterscheiden sich äußerlich nicht, sie sind gleich groß, tragen beide Schmuckfedern und verhalten sich auch sehr ähnlich. Zum Horstbau bringt das Männchen Nistmaterial herbei, das dann vom Weibchen eingebaut wird.

Die Singdrossel

Ende Februar, Anfang März, wenn die Singdrosseln zurückkommen, ist manchmal noch richtiger Winter. Und doch freue ich mich jedesmal, wenn die erste Singdrossel hinter unserem Haus am Waldrand zu singen anfängt. Irgendwie ist ihr Gesang wie ein Zeichen des Frühlings. Meistens sitzt die Singdrossel ganz oben in einer Fichte. Tadütatadü, tididi-tididi singt sie. Man kann aus dem Lied der Drossel auch Namen heraus hören: Philipp, Philipp, Brigitte-Brigitte sagt sie. Immer wird das gleiche Motiv einige Male wiederholt.

Den Winter über sind die Singdrosseln in Spanien oder in Nordafrika. Manche bleiben schon in Südfrankreich oder gar noch nördlicher und schlagen sich den Magen dort mit Beeren voll. Sie ernten Mistel- oder Vogelbeeren, was eben noch hängengeblieben ist.

Bei uns zu Hause können die Singdrosseln im Sommer aus dem Vollen schöpfen. Die Wildkirschen im Wald bieten sich an, später dann Waldhimbeeren, Blaubeeren, Brombeeren oder Holunder. Im Frühjahr und Sommer sind Regenwürmer die Hauptnahrung. Doch fressen sie auch Insekten und Schnecken. Zuweilen beginnen Singdrosseln schon ein Nest zu bauen, wenn noch Schnee liegt. Innen wird das Nest mit eingespeicheltem Holzmulm ausgekleidet. Ich habe schon Singdrosselnester gefunden, die so niedrig in einem Busch gebaut waren, daß ich hätte hineingreifen können. Gewiß, den jungen Drosseln hätte das nichts gemacht. Aber ich weiß, daß ich eine Duftspur gelegt, die vielleicht einen Marder zum Nest geleitet hätte.

Ende März legt das Weibchen vier oder fünf schöne grüne Eier mit scharf abgesetzten dunklen Flecken. Während das Weibchen brütet, mag das Männchen noch singen. Wenn aber die Jungen geschlüpft sind, dann hilft auch das Männchen mit. Immer wieder schleppen die Eltern Würmer und anderes Futter herbei. Aus den klitzekleinen Drosselküken, die bei der Geburt nur etwas Flaum am Körper haben und deren Augen noch geschlossen sind, müssen in zwei Wochen richtige Drosseln heranwachsen. Dann nämlich verlassen sie schon das Nest. Richtig fliegen können sie erst etwas später. Meistens brüten die Singdrosseln dann noch ein zweites Mal.

Länge: 21 cm.
Gewicht: 50 bis 90 g.
Spannweite: 35 cm.
Brutdauer: ca. 14 Tage.
Lebensdauer: 13 Jahre.

Wenn die Sonne den Schnee getaut hat und wenn das erste Gras sprießt, wachen auch die Gartenschnecken wieder auf. Da lohnt es sich für die Singdrossel, nach ihnen zu stöbern. Die Drossel ergreift die Schnecke mit dem Schnabel, geht zu einem Stein, einer Schneckenschmiede, und schlägt darauf, so lange bis das Schneckenhaus zerbricht. Dann kann sie ihre Beute verspeisen. Aber nicht nur Schnecken, sondern auch Insektenlarven und Würmer werden von der Singdrossel am Boden erbeutet.

Singdrosseleier sind unverwechselbar. Sie sind relativ groß und tief grünblau gefärbt. Die schwarzen Flecken sehen aus wie Inseln auf einem Globus. Wenn die junge Singdrossel schlüpft, ist sie noch ziemlich nackt und hat geschlossene Augen und Ohren. Aber zwölf bis vierzehn Tage später ist sie schon so weit entwickelt und befiedert, daß sie das Nest verlassen kann.

Im menschlichen Siedlungsbereich kommen Singdrosseln viel seltener vor als ihre Verwandten: die Schwarzdrosseln oder Amseln. Trotzdem sieht man auch gelegentlich eine Singdrossel auf einer Antenne sitzen und hört, wie sie von dort ihren Gesang vorträgt. Typisch für den Singdrosselgesang ist die Wiederholung gleichartiger Motive.

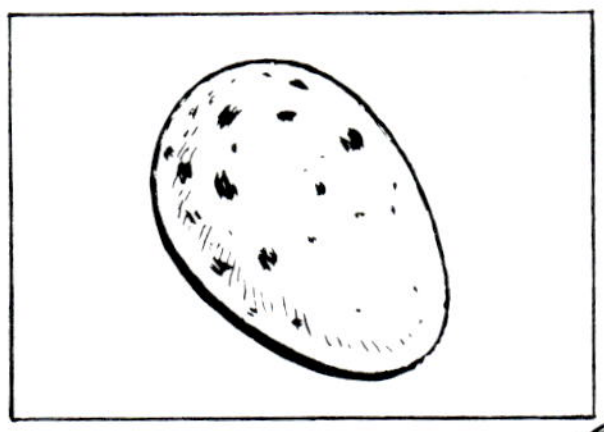

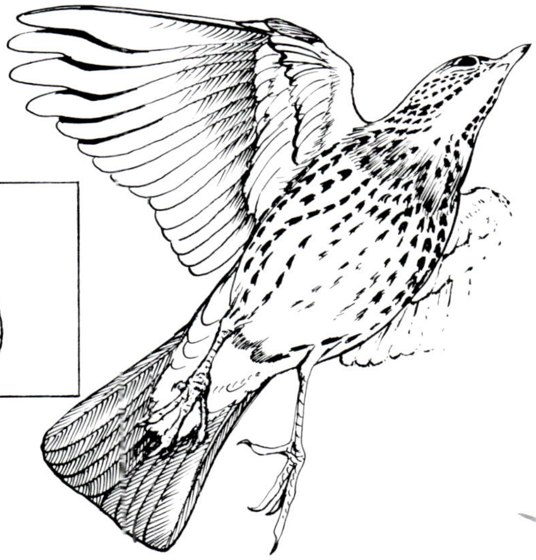

Die Nester der Singdrosseln befinden sich oft in Büschen oder niedrigen Bäumen. Das Nest ist napfförmig. Knapp zwei Wochen dauert es, bis aus den Eiern die Jungen schlüpfen.

Der Sperber

In seinem Körperbau, seinem Flugbild und auch in der Art zu jagen ähnelt der Sperber dem Habicht. Aber er ist kleiner. Die Männchen sind noch kleiner als die Weibchen und auch anders gefärbt. Ihre Brust ist rötlichbraun quergebändert und nicht grau wie bei den Weibchen. Sperber sind gewandte und wendige Jäger. Dicht über dem Boden im Schutz von Hecken und Gebäuden streichen sie heran, um die Beute im Überraschungsangriff zu schlagen. Bei den Männchen besteht sie aus Vögeln, die etwa so groß sind wie Sperlinge. Das Weibchen kann auch Tauben, Drosseln und Häher überwältigen. Besonders im Winter, wenn sich die Sperlingsscharen in den Dörfern an bestimmten Plätzen aufhalten, wo sie Futter finden, holen sich die Sperber hier ihren Anteil. Der Sperberhorst wird meist in dichten Nadelbaumbeständen gebaut. Er besteht aus Reisern und wird innen mit grünen Zweigen ausgelegt. Das Weibchen brütet alleine in etwa 33 Tagen die 3-7 Eier aus. Die Jungen sind nach weiteren 32 Tagen flügge. Sperber, die im Norden Europas leben, ziehen im Herbst nach Süden. In anderen Gegenden streifen sie nur wenig umher oder bleiben überhaupt in ihren Brutrevieren.

Sobald ein Kleinvogel einen Sperber entdeckt, beginnt er zu warnen. Daraufhin fliehen alle bedrohten Vögel sofort in die nächste Deckung. Sie schlüpfen in dichtes Gebüsch, unter Dachziegel und Dachbalken. Sperlinge stürzen manchmal panikartig zu Boden und verkriechen sich in einem Mauseloch oder unter einem Stein. Wenn ein Sperber das beobachtet hat, kommt er in aller Ruhe herbei, geht zu Fuß an die Stelle, an der sich der Sperling verkrochen hat und holt ihn mit seinen langen Fängen heraus.

Die kleinen Vögel scheinen in solchen Situationen wie gelähmt und versuchen gar nicht mehr zu fliehen.

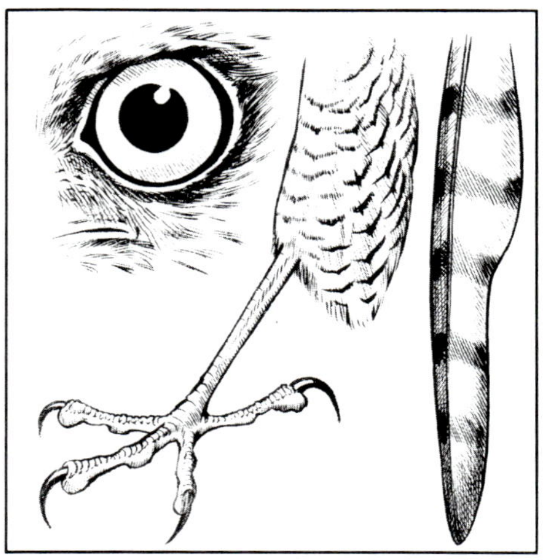

Links: Die Iris der Sperber hat bei den alten Vögeln eine gelbe oder orangegelbe Färbung. Die Beine sind dünn und ziemlich lang. Die Handschwingungen werden zur Spitze hin schmaler.

Rechts: Von unten erkennt man die Querbänderung an Bauch und Flügeln. Zu den Beutetieren gehören unter anderem Kohlmeisen, Feldsperlinge und Buchfinken.

Länge: 28-38 cm. Spannweite: 60-80 cm.
Gewicht: 108-297 g. Brutdauer: 33-35 Tage.
Verbreitung: Europa bis Mittelsibirien.
Wissenschaftlicher Name: *Accipiter nisus.*

Die Spinnen

Wie auch die Aufhängung des Netzes beschaffen sein mag, die Kreuzspinne vollbringt ein Wunder an Maßarbeit, das eine tödliche Falle für zahlreiche Insekten bildet.
Diese Radnetzspinne beginnt mit einem Rahmen, der aus mehreren Strahlen besteht, von denen aus dann die Fäden um die Netzmitte gezogen werden. Fliegen, Wespen und andere Insekten verfangen sich in den mit Klebtröpfchen versehenen Fäden. Um immer wirksam zu bleiben, muß diese Falle ständig ausgebessert werden, denn Staub setzt sich auf die Fäden, andere Fäden werden durch Wind oder Regen zerstört. Die Kreuzspinne spinnt sie neu, entfernt die alten Fäden, zerteilt sie und frißt sie auf. Wenn sich ein Insekt im Netz verfängt, erkennt die Spinne an den Erschütterungen der Fangfäden wie groß die Beute ist und an welcher Stelle des Netzes sie festhängt. Die Enden der Spinnenbeine sind mit erschütterungsempfindlichen Organen versehen, die das Tier über die Gegenwart der Beute informieren. Die Kreuzspinne ist eine der größten Spinnen unserer Breiten, sie hat ihren Namen von der kreuzförmigen weißen Zeichnung auf dem Rücken. Die Kreuzspinne, links, ist dabei, eine Wespe mit ihren Seidenfäden einzuspinnen, um sie endgültig bewegungslos zu machen, nachdem sie zugebissen hat, als das Opfer sich verteidigte. Eine eingegebene Flüssigkeit wird die Eingeweide der Wespe zersetzen, und die Spinne braucht sie nur auszusaugen.
Spinnen sind keine Insekten. Sie haben 8 Beine (Insekten 6), und ihr Körper ist in Kopf und Hinterleib gegliedert (Insekten: Kopf-Brust-Hinterleib). Die Kreuzspinne ist mit 8 Augen, davon 2 Hauptaugen, ausgestattet. Das ermöglicht es ihr, gleichzeitig in verschiedene Richtungen zu schauen. Die Seidenfäden, die von im Hinterleib gelegenen Drüsen produziert werden, kommen aus Spinnwarzen mit winzigen Öffnungen. Trotz ihres sehr geringen Durchmessers (der Bruchteil eines Millimeters) haben die Fäden eine erstaunliche Elastizität und Widerstandskraft. Jedes Bein hat zwei Klauen, die wie die Zinken eines Kammes geformt sind. Diese Klauen benutzt die Spinne zum Halten der Fäden beim Spinnen des Netzes und auch zur Fortbewegung auf dem Netz.

Länge (Kreuzspinne):
die Weibchen erreichen 17 mm (Kopf und Körper)

Bau des Netzes einer Kreuzspinne. Die Spinne beginnt damit, daß sie einen Faden zwischen zwei Haltepunkten spannt. Von dieser Fadenbrücke aus spinnt sie einen senkrechten Faden nach unten. Diese drei ersten Strahlen bilden die Form eines Y. Dann baut sie den Rahmen, wobei sie in der Mitte anfängt. Schließlich legt sie die kreisförmigen Fäden, die klebrig sind und die Beutetiere festhalten sollen. Die Größe des Netzes hängt bis zu einem gewissen Grad vom Abstand der Haltepunkte ab.

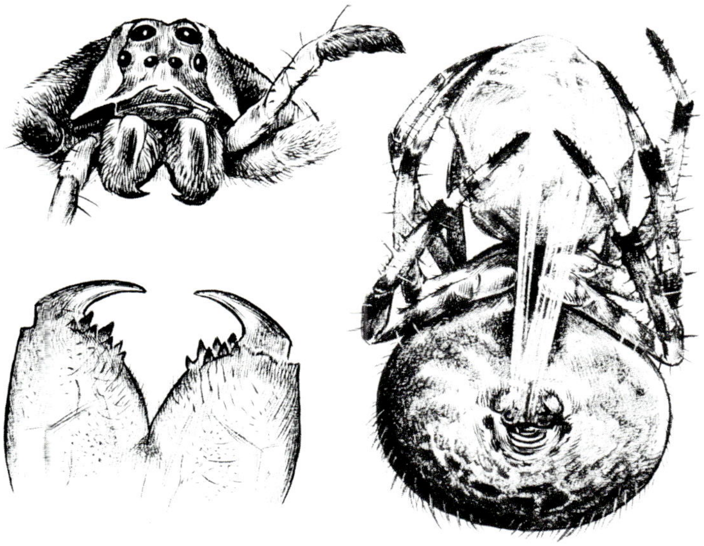

Oben links: Grobe Zeichnung des Kopfes einer Raubspinne, einer Ackerspinne; man sieht die sechs Augen. Unten links: Ausschnitt der Kieferfühler (Zangen, die zur Verteidigung dienen, zum Ergreifen der Beute, zum Zerschneiden der Fäden und Zerkleinern der Nahrung). Rechts: Kreuzspinne von unten gesehen. Sie ist dabei, ein Beutetier einzuspinnen.

Eine Spinne trägt ihre Jungen auf dem Rücken, das ist aber keineswegs immer so. Die Eier sind mit einem seidigen Kokon umgeben, den manche Spinnen an Pflanzen anbringen und zurücklassen, andere bleiben in der Nähe; manche tragen ihn auch bei sich bis zum Zeitpunkt des Schlüpfens. Die jungen Kreuzspinnen schlüpfen im Mai.

Bei den Spinnen ist das Männchen häufig kleiner als das Weibchen. Hier nähert sich eine männliche Kreuzspinne einem Weibchen, um sich zu paaren. Es ist sehr vorsichtig und zögert lange, denn das Weibchen könnte es bei Nichtgefallen als Beutetier ansehen, es töten und verzehren.

Das Spitzmaulnashorn

Nashörner sehen nicht sehr gut. Diese mächtigen Tiere, die praktisch außer dem Menschen keinen Feind haben, greifen oft unvermutet an, wenn sie etwas Verdächtiges in ihrer Nähe bemerken. Sie können es sich leisten, gegen alles anzustürmen, was sich ihnen in den Weg stellt. Obwohl die Tiere sehr plump aussehen, sind sie gar nicht so langsam, wie man das vermuten könnte. Sie wenden auf der Stelle, traben oder galoppieren. Ein anstürmendes Nashorn ist durch nichts aufzuhalten. Nashörner ernähren sich von Gräsern, Blättern, jungen Trieben, kleinen Zweigen und zarter Rinde. Außer dem Spitzmaulnashorn lebt in Afrika noch das Breitmaulnashorn. Es wird auch weißes Nashorn genannt, obwohl es gar nicht weiß ist. Seine Haut ist grau, und es verdankt seinen Namen dem niederländischen Wort wijd, das soviel wie groß bedeutet und das im Englischen zu white wurde. Das Breitmaulnashorn und das Spitzmaulnashorn unterscheiden sich durch die Größe des Kopfes und die Form des Maules. Beim Breitmaulnashorn sind die Lippen breit und abgerundet, beim Spitzmaulnashorn länglich und zugespitzt. Das Breitmaulnashorn ist auch größer. Nach dem Elefanten ist es das größte auf dem Lande lebende Säugetier. Das Spitzmaulnashorn ist weit verbreitet, obwohl die Zahl der lebenden Tiere nur noch auf etwa 12 000 geschätzt wird. Bedroht sind die Nashörner durch den Menschen, der sie jagt und wildert, obwohl sie in vielen Gebieten geschützt sind. Der Mensch vernichtet auch ihren Lebensraum, den Busch. Er braucht immer mehr Weideland für seine Haustiere. Regelmäßig durchstreifen die Nashörner ein Gebiet von etwa 20 km Durchmesser.

Länge: 3,6 m + 70 cm Schwanz
Schulterhöhe: 1,5 m
Gewicht: 900 bis 1500 kg, sogar bis zu 2 t
Lebenszeit: 50 Jahre (in Gefangenschaft)
Tragzeit: 17 bis 18 Monate

Auf dem Rücken der Nashörner halten sich häufig Kuhreiher oder andere Vögel auf, die Jagd auf Insekten machen. Nähert sich eine Gefahr, so fliegen diese Vögel ab oder warnen. Das Nashorn wird dann aufmerksam gemacht, daß etwas in seiner Umgebung nicht stimmt. Die Vögel, zu denen neben Reihern auch die den Staren verwandten Madenhacker zählen, machen sich also auf zweierlei Weise nützlich. Einmal warnen sie die Nashörner vor einer drohenden Gefahr, zum anderen befreien sie sie von lästigen Parasiten.

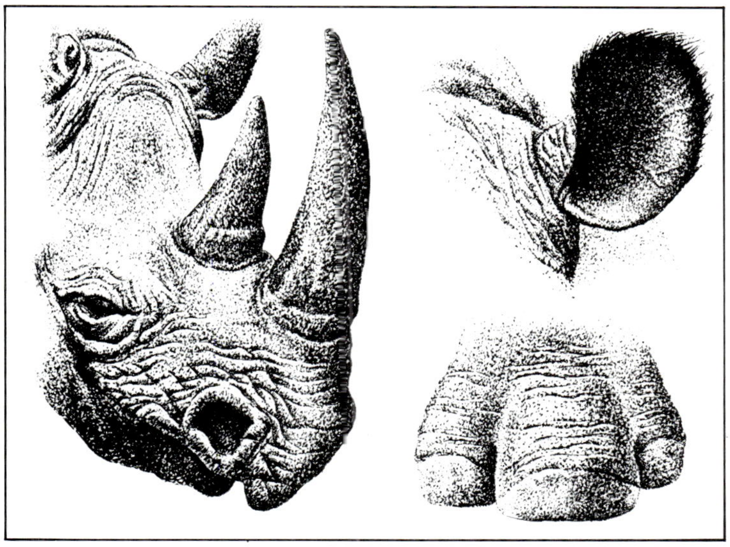

Das Spitzmaulnashorn hat zwei Hörner, von denen das vordere länger ist als das hintere. Die Hörner bestehen aus einer fest miteinander verklebten Masse von Haaren. Die Ohren sind größer als die des Breitmaulnashorns und leicht behaart. Die Beine, in Säulenform, enden in drei Zehen, die mit Nägeln versehen sind.

Das junge Nashorn wiegt bei der Geburt etwa 40 kg. Es hat noch kein Horn. Das Jungtier trinkt während der ersten 18 Monate bei der Mutter, fängt aber schon früh an, nebenher selbst zu grasen. Manchmal bleibt das junge Nashorn bei der Mutter, bis das nächste Jungtier geboren wird. Durchschnittlich bekommt ein Nashornweibchen alle drei Jahre ein Junges.

In der Dämmerung oder bei Nacht nähert sich das Spitzmaulnashorn den Sümpfen, um hier am Wasser seinen Durst zu löschen. Es nimmt auch gerne ein Schlammbad, bis der größte Teil seines Körpers mit Schlamm bedeckt ist. Dieser Schlamm schützt die nackte Haut der Nashörner gut gegen die Stiche von Insekten. Auch Staubbäder werden gerne genommen. Dabei wälzen sie sich dann wie Pferde auf dem Rükken. Werden sie bei ihrer Körperpflege gestört, etwa durch ein Auto, können sie unvermutet angreifen.

Der Star

Stare sind gesellige Vögel. Vor allem im Herbst sammeln sie sich in riesigen Scharen. Tausende von Vögeln fliegen jeden Abend zu bestimmten Schlafplätzen im Schilf, auf Baumgruppen oder Parkanlagen, manchmal mitten in einer Großstadt. Bevor die Stare zur Nachtruhe einfallen, führen sie in sich immer wieder verändernder Form abenteuerliche Flugmanöver aus.
Tagsüber verteilen sich diese Massen, und die Vögel begeben sich auf Nahrungssuche über Felder und Wiesen. Ein Star braucht täglich etwa 30 g Nahrung, etwas weniger als die Hälfte seines Körpergewichts. Im Frühling ernährt sich der Star vorwiegend von Insekten, deren Larven und von Würmern. Aber sobald es andere Nahrung gibt, nimmt er auch Früchte, besonders Kirschen, die so häufig schon vor der Ernte gänzlich verschwinden. Im Herbst haben sie eine Vorliebe für Trauben und sammeln sich häufig in Weinbaugebieten. Die Früchte jedoch sind nur ein kleiner Bestandteil ihrer Nahrung, da sie ja nur während einer kurzen Zeit im Jahr zur Verfügung stehen. Dazu kommen, je nach Jahreszeit, Insekten und Körner. Nachdem die Stare in Wäldern und Parks genistet haben, finden sie sich in Scharen zusammen. Nach dem Flüggewerden fliegen die jungen Vögel in alle Richtungen auseinander, ehe sie sich nach Süd- oder Südwesteuropa auf den Weg machen, um dort den Winter zu verbringen. Jedes Jahr kommen Millionen von Staren aus Deutschland, der Schweiz, der Tschechoslowakei, aus Polen und der UdSSR nach Frankreich, wo das Klima milder ist. Dort bleiben sie mehrere Monate. Zu Beginn des Frühlings kehren sie wieder zurück.

Länge: 17 cm
Gewicht: 60 – 80 g
Spannweite: 37 cm
Lebenszeit in der Natur: 19 – 20 Jahre (max.)

Links sind die Stare auf elektrischen Leitungen vor dem Abflug versammelt. Rechts: Ein Strarenschwarm sieht zunächst aus wie eine Kugel, dann zieht er sich auseinander zu einem Band. Wie können sich diese Vögel in einer solch großen Gruppe fortbewegen? Welche geheimnisvolle Verständigung verhindert Zusammenstöße? Man nimmt an, daß einige von ihnen maßgebend sind für Richtungsänderungen und die anderen Mitglieder der Schar ihnen folgen.

Der Schnabel des Stars ist etwa 25 mm lang, im Herbst ist er braun-grau, im Frühjahr gelb. Die Füße sind typisch für Sperlingsvögel: drei Zehen nach vorn und eine vierte Zehe nach hinten gerichtet. Unterseite des Schwanzes (rechts): Der Ansatzpunkt der großen Federn ist von kleineren, weichen Federn verdeckt.

Der Star legt gewöhnlich 4 – 6 hellblaue Eier in ein Nest aus trockenen Gräsern und Wurzeln, in einem Baum- oder Mauerloch. Die Brutzeit dauert 13 – 14 Tage, die Jungvögel verlassen etwa 20 Tage nach dem Schlüpfen das Nest. Hier füttert ein ausgewachsener Vogel seine Jungen.

Aus 20 bis 30 Kilometer Umkreis kommen Hunderttausende von Staren jeden Abend an ihrem Schlafplatz zusammen. Bei Nachteinbruch sind manchmal mehr als eine Million Vögel beisammen, die dann nebeneinander auf kleinen Bäumen sitzen, unter denen sich eine dichte Decke von Kot bildet. Die Pflanzen am Boden werden dadurch geschädigt.

Der Steinadler

Schon seit langer Zeit gilt der Adler als ein Symbol der Macht. So ist er auch auf dem Wappen vieler Länder abgebildet. Die Kraft, die man ihm zuschrieb, ist allerdings übertrieben. Lange Zeit gab es alle möglichen phantastischen Gerüchte über den Adler. So hat man behauptet, er könne Beute davontragen, die viel schwerer ist als er selbst. Doch das ist falsch. Ein Adler, der ein 4,4 kg schweres Lamm getötet hatte, mußte es wenig später fallen lassen. Ein anderer ließ einen 11 kg schweren Hund nach 100 m zu Boden stürzen. Eine Gruppe von schweizer Skifahrern beobachtete einen Adler, der eine junge Gemse in den Fängen hielt und mit ihr davonflog. Die Gemse lebte noch und wehrte sich. Als der Vogel an Höhe gewonnen hatte, ließ er plötzlich die Beute fallen. Möglicherweise war er auch durch die Schreie der Zuschauer erschrocken und verängstigt. Vielleicht konnte er aber die etwa 10 oder 11 kg schwere Gemse nicht weitertragen. Immerhin gehören junge Gemsen zur Beute des Steinadlers. Daneben schlägt er Murmeltiere, Schneehasen und Alpenschneehühner. Im Winter ernährt er sich auch von verendeten Tieren, die durch Nahrungsmangel oder Lawinen zu Tode gekommen sind. Der Adler spielt eine wesentliche Rolle im Haushalt der Alpenwelt.
Kranke und schwache Tiere fallen ihm zum Opfer und durch das Schlagen von Jungtieren wird eine Übervermehrung der einzelnen Arten verhindert.
Im Alter von 5 oder 6 Jahren schließen sich die Adler zu Paaren zusammen. Jedes Pärchen beansprucht ein großes Revier, in dem es regelmäßig jagt. Je nach Dichte der Beutetiere umfaßt dieses Gebiet 300 bis 600 km², manchmal auch noch mehr. Wenn die Jungen selbständig geworden sind, streifen sie weit umher. Man findet sie manchmal in großer Entfernung von den eigentlichen Nistgebieten der Adler.

Länge: 80 bis 95 cm
Gewicht: 3 bis 6,5 kg
Flügelspannweite: 2,30 m
Lebenszeit: bis 20 Jahre in der Natur
46 Jahre in Gefangenschaft

Stundenlang kreist der Adler hoch am Himmel, bis er einen jungen, im Gras liegenden Schneehasen auf große Entfernung entdeckt hat. Ein Sturzflug, der erst im letzten Augenblick abgebremst wird, und schon schlägt der Adler seine Fänge in den Junghasen.

Das Flugbild des Adlers gleicht etwas dem des Bussards, doch ist er wesentlich größer. Am Ende des Winters kreisen Männchen und Weibchen über den Bergen. Mit kühnen Flugspielen und lauten Rufen wirbt das Männchen um sein Weibchen.

Mit der Beute in den Fängen fliegt der Vogel zu seinem Horst, wo ihn seine Jungen erwarten. Meist schlägt der Adler seine Beute durch einen Überraschungsangriff. Er streift in einigen Metern Höhe über die Hänge und taucht plötzlich überraschend auf.

Neben anderen Merkmalen unterscheidet sich der Adler von den übrigen Greifvögeln durch die Form der Nacken- und Halsfedern. Sie sind beim Steinadler zugespitzt. Die Beine des Adlers sind bis zu den Zehen mit Federn bedeckt. Die Krallen des Steinadlers sind mehrere Zentimeter lang.

Das männliche Tier bringt die Nahrung zum Horst. Das Weibchen füttert die Jungen. Es zerlegt die Beute mit seinem Schnabel und hält die kleinen Stücke den Jungen vor. Wenn diese größer sind, gehen beide Eltern auf Jagd. Mit 7 oder 8 Wochen können die Jungen selbst ein Tier zerlegen. Der Jungadler wiegt beim Ausschlüpfen etwa 100 g und 75 Tage später bereits 4 kg.

Der Steinbock

Ende des vergangenen Jahrhunderts waren die Steinböcke in den europäischen Alpen fast ausgerottet. Im Mont Blanc-Massiv wurden die letzten Steinböcke bereits 1870 abgeschossen. Schließlich ordnete der damalige italienische König, beunruhigt durch die starke Abnahme dieser schönen Tiere, die Errichtung eines Reservates in Piemont an. Der Nationalpark Grand Paradiso, der sich an den Nationalpark La Vanoise anschließt, ist seit einigen Jahrzehnten der Zufluchtsort für den Steinbock. La Vanoise wurde 1968 gegründet. Nach seiner Rettung durch die Italiener wurde der Steinbock allmählich wieder in Gebieten ausgesetzt, in denen er früher heimisch war. Dazu gehören die Schweizer Alpen in der Umgebung von Bern und in Frankreich das Massif de la Vanoise. Jahrhunderte lang war der Steinbock verfolgt und gejagt worden. Heute sorgen Schutzmaßnahmen dafür, daß seine Bestände erhalten bleiben. Aber er gehört immer noch zu einem seltenen und längst nicht überall in den Alpen vorkommenden Wild.

Will man Steinböcke beobachten, muß man sich ihnen vorsichtig und langsam gegen den Wind nähern. Steinböcke können nicht sehr gut sehen. Bei allem, was sich in mehr als 50 m Entfernung abspielt, vertrauen sie vor allem auf ihren Geruchsinn. Sie unterscheiden sich von der Gemse nicht nur durch ihren Körperbau: Im Winter verläßt der Steinbock die Alpenregionen nicht und zieht sich nicht in die Wälder zurück. Er ist auch in der Wahl seiner Nahrungspflanzen nicht so wählerisch wie die Gemse. Steinbockmännchen und Steinbockweibchen, Bock und Geiß, lassen sich sehr leicht unterscheiden. Die Männchen wiegen fast doppelt soviel wie die Weibchen und tragen zwei lange Hörner, die auf der Vorderseite Wulste aufweisen. Die Hörner der Weibchen sind nicht länger als 25 cm und rundum mehr oder weniger glatt.

Länge: 1,30 bis 1,50 m (+ 12 cm Schwanz)
Gewicht: 75 bis 100 kg
Schulterhöhe: 68 bis 85 cm
Länge der Hörner: 70 bis 90 cm (beim Männchen)
Lebenszeit: mindestens 10 Jahre

Im Fels ist der Steinbock ein ebenso guter Kletterer wie die Gemse, obwohl er einen wesentlich schwereren Körperbau hat. Ein starkes männliches Tier wiegt gut doppelt soviel wie eine Gemse. Auf den ersten Blick macht der Steinbock einen schwerfälligen Eindruck. Seine Sprungsicherheit ist aber so groß, daß er praktisch niemals sein Ziel verfehlt.

Der Steinbock (links) hat verwandte Arten in eurasischen Gebirgen. Die Bezoarziege (Mitte) ist eine Steinbockart, die auf dem Balkan lebt. Das Markhornschaf (rechts) kommt aus dem Himalaya. Unten die Hufe des Steinbocks.

Wie die Ziegen haben die Steinböcke fast stets nur ein Junges pro Jahr. Die Geburt findet im Juni statt. Die Brunftzeit der Steinböcke liegt im Dezember oder Januar. Die Jungen leben in Rudeln mit ihren Müttern zusammen. Sie spielen miteinander und üben sich schon frühzeitig für spätere Kämpfe oder Fluchten.

Der Steinbock ist kein Tagtier wie die Gemse. Erst am Abend klettert er auf die Almen hinunter, um zu weiden. In der Morgendämmerung steigt er wieder zu den felsigen Gipfeln hinauf und verbringt den Tag mit Wiederkäuen und Schlafen.

Mit Vorliebe hält er sich auf grasbewachsenen Felsterrassen auf. Im Winter begibt er sich auf die Hänge, von denen der Wind den Schnee fortgeblasen hat.

Der Steinkauz

Die Sonne scheint vom wolkenlosen Himmel; herrliches Wetter und so helles Licht, daß man sicher ist, weder Kauz noch Eule zu treffen! Und dennoch, auf einem einzeln auf einer Wiese stehenden Apfelbaum sitzt ein kleiner brauner Kauz, der mit großen gelben Augen aufmerksam die Umgebung betrachtet. Plötzlich läßt er sich auf eine Heuschrecke fallen, die im Gras umherhüpft. Der Steinkauz meidet das Tageslicht keineswegs.

Vor mehr als 2000 Jahren haben die Griechen die Eule zum Symbol der Weisheit erwählt, die Göttin der Weisheit war Athene. Heute noch beinhaltet der wissenschaftliche Name Athene noctua diesen Glauben, der vielleicht von dem nachdenklichen Gesichtsausdruck des Vogels herrührt. Der Steinkauz stößt helle Rufe aus, die mit dem traurigen »Hu-hu« nichts gemeinsam haben. Seinen Ruf hört man ab Einbruch der Nacht, aber auch, besonders im Herbst, mitten am Nachmittag. Im leichten, kurvigen Flug, vergleichbar dem des Grünspechts, verläßt der Steinkauz seinen Zweig und verschwindet in einer ausgehöhlten Weide. Das Abholzen alter Obstbäume und die Entfernung der Hecken haben den Steinkauz seltener werden lassen, denn im Gegensatz zum Waldkauz nistet er nicht in Wäldern.

Der Steinkauz ist nicht furchtsam, und oft setzt er sich auf Hauskamine und Dächer, ehe er auf Jagd geht. Manchmal hält er sich zeitweilig in verlassenen Gebäuden auf, aber er ist nicht so zutraulich, wie die Schleiereule, die ihre Eier in Scheunen legt. Zum größten Teil ernährt sich der Steinkauz von Insekten, darum leidet er sehr unter harten Wintern. In der kalten Jahreszeit ernährt er sich gern von kleinen Nagetieren, die in Heuhaufen Schutz suchen.

Länge: 24 cm
Gewicht: 150 g
Spannweite: 59 cm
Lebenszeit in der Natur: etwa 9 Jahre
In Gefangenschaft: 18 Jahre

Auf Posten in einem Baum sitzend hat dieser Steinkauz eine junge Feldmaus ausfindig gemacht, die im Gras herumspaziert. Er fliegt auf und stößt dann lautlos auf die Beute herunter. Dann fliegt er mit dem geschlagenen Beutetier auf den Baum zurück und verschlingt es, ohne es zu zerlegen. Später, wenn die Verdauung beendet ist, spuckt er eine kleine Kugel aus, die aus den nicht verdaubaren Resten besteht (Knochen und Haare). Wenn man diese »Bällchen« untersucht, gewinnt man Erkenntnisse über die Nahrung des Steinkauzes.

Abb. unten:
Wie der Schnabel der anderen Nachtgreifvögel, ist auch der Schnabel des Steinkauzes teilweise von Federn verdeckt. Seine großen Augen erlauben es ihm, in der Dämmerung gut zu sehen. Die große Schwanzfeder (unten) ist etwa 8,8 cm lang und braun mit weißen Flecken.

Im April oder Mai legt der Steinkauz 3 – 6 weiße Eier in eine Baumhöhle, ein Mauerloch oder eine Felshöhlung. Er baut kein Nest, sondern legt die Eier direkt auf das Holz oder den Stein. Die Entwicklung des Kükens beginnt schon nach dem Legen des Eis, darum schlüpfen die Jungen nacheinander.

Die Regenwürmer bilden einen wichtigen Teil der Nahrung des Steinkauzes im Sommer. Dieser hier zieht gerade einen sehr großen Wurm aus der Erde (er sucht Würmer von 15 – 20 cm Länge). Man hat beobachtet, daß bei 200 Fütterungen von jungen Käuzchen mehr als die Hälfte der Nahrung aus Würmern bestand.

Der Steinmarder

Wenn nachts ein Heidenlärm auf dem Dachboden die Hausbewohner aus dem Schlaf reißt, ist nicht immer ein Einbrecher am Werk. Nicht selten ist der unerwünschte Störenfried ein Steinmarder, der sich mit seiner Familie im Durcheinander des Speichers pudelwohl fühlt. Solch einen Steinmarder etwa bei Mondschein in flagranti (obige Abbildung) zu erwischen, ist jedoch nicht eben leicht. In wenigen Sekunden macht er sich aus dem Staub und läßt im Winter lediglich seine Pfotenabdrücke im Schnee oder Kotspuren auf dem Speicher zurück. Der Steinmarder zählt zweifelsohne zu den geheimnisvollsten Tieren, die sich nahe menschlicher Behausungen (manchmal auch im Haus selber) wohl fühlen. Bisweilen lebt er auch im Wald, fernab jeglicher Siedlung, oder in Steinbrüchen. Regelmäßig nähert er sich jedoch Weilern und Dörfern und wagt sich sogar in die Wohngebiete der Städte, vorausgesetzt es gibt dort ausreichend Gärten und Parkanlagen, wo der Steinmarder Früchte finden und Vögel jagen kann. Tagsüber läßt nichts auf seine Anwesenheit schließen; nur Kothaufen, Eierschalen, Federn und Fellreste deuten darauf hin, daß dort der Steinmarder weilte. In Frühlingsnächten jedoch erzeugen junge und alte Tiere einen Höllenkrach. Dann hört man ein wildes Trampeln, begleitet von durchdringenden Schreien, worauf ebenso schlagartig wieder Stille eintreten kann. Die Steinmarder ziehen ruhige Orte vor, an denen sie sich ungestört bewegen können. So kommt es vor, daß sie bisweilen jahrelang die gleichen Speicher aufsuchen. Zwischen Strohballen, Kisten, Lumpen und Altpapier bauen die erwachsenen Tiere eine Art Nest, in dem auch die Jungen geboren werden.

Der Steinmarder steht im Ruf, sehr blutrünstig zu sein. Dies verdankt er sicherlich dem Umstand, daß er bisweilen in Hühnerställe einbricht und, durch das ängstliche Gegacker der Hühner in eine Art „Blutrausch“ versetzt, wesentlich mehr Tiere umbringt, als er überhaupt fressen kann. Der Steinmarder hat es jedoch nicht nur auf Geflügel abgesehen; er begnügt sich in der Regel mit Feldmäusen, Ratten, Wald- und Hausmäusen und frißt auch große Insekten und Vögel wie etwa Elstern, Krähen, Spatzen und Drosseln. In den Städten fängt er gern Tauben. Im Sommer frißt der Steinmarder Früchte, die dann die Hälfte seiner Nahrung ausmachen. Hinzu kommen noch die aus den Mülltonnen geborgenen Abfälle. Der Steinmarder gilt als ausgesprochen genügsames Lebewesen. Obwohl der Mensch immer stärker in die Umwelt eingreift und die Landschaft zersiedelt, fühlt sich der Steinmarder in seiner Nähe offenbar wohl.

Länge: Körper: 41 bis 49 cm. Schwanz: 23 bis 26 cm.
Gewicht: 1,3 bis 2,3 kg.

Ein Steinmarder bricht in den Hühnerstall ein (links). Die Bewohner, die durch einen Biß in den Nacken getötet werden, können ihm nicht ausweichen. Nach seiner Mahlzeit bleiben nur Federn übrig. Anschließend nimmt der Marder mit großem Geschick Hühnereier in die Schnauze und verläßt den Stall. Dann bohrt er mit den Zähnen ein Loch in die Schale und holt den Inhalt mit seiner Zunge heraus.

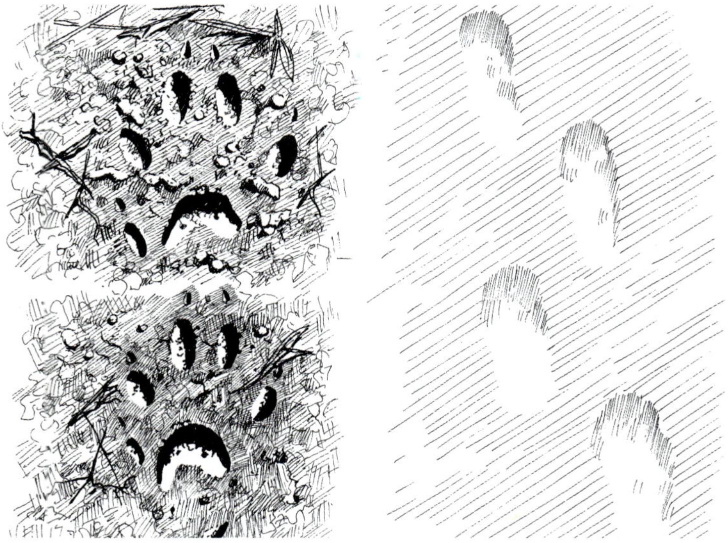

Die Pfotenabdrücke eines Steinmarders ähneln sehr stark denen des Edelmarders. Die Abdrücke des Edelmarders sind jedoch weniger deutlich umrissen, da der untere Teil der Pfote mit einer Winterbehaarung bedeckt ist.

Die jungen Steinmarder entwickeln sich sehr langsam: Erst nach fünf Wochen öffnen sie die Augen. Mit zwei Monaten wagen sie die ersten Schritte aus dem Nest.

Diese tote Ratte und einige Kotspuren zeugen davon, daß in der Scheune ein Marder war oder hier seine Behausung hat. Die Kotwürste des Steinmarders sind acht bis zehn Zentimeter lang und einen Zentimeter dick. Wenn der Steinmarder einen Vogel verschlungen hat, bleiben nur die Federn übrig. Dabei ist der Federkiel glatt durchgebissen. Wenn man mit äußerster Vorsicht in eine nicht mehr genutzte Scheune schleicht, kann man manchmal einen Steinmarder überraschen. Dann sieht man auch gut den Kontrast zwischen seinem braunen Rücken und dem weißen Kehlfleck, der sich bis in die Pfoten hinab gabelt.

Der Strauß

Der größte, heute auf der Erde lebende Vogel ist der afrikanische Strauß. Mit aufgerichtetem Hals erreicht er eine Höhe von 2,40 m. Das Gewicht liegt bei 150 kg. Seine Flügelfedern sind verkümmert, er kann nicht mehr fliegen. Ein einziges Straußenei entspricht etwa 20 Hühnereiern oder 4500 Eiern des winzigen Kolibris. Die Eischale wird bis zu 2 mm dick. Das Straußennest, eine flache, in die Erde gegrabene Mulde, ist 30 cm tief und etwa 1 bis 3 m im Durchmesser. Strauße leben in den afrikanischen Savannen. In vielen Gebieten sind sie selten geworden. Häufiger lassen sie sich nur mehr in der Sahelzone, im Norden Kameruns und im Osten und Südosten Afrikas beobachten. Aus Syrien und Arabien sind sie bereits seit 35 Jahren ganz verschwunden, ebenfalls aus dem Norden Afrikas, wo sie von Jägern abgeschossen wurden. Seit Ende des letzten Jahrhunderts werden Strauße auf Straußenfarmen gezüchtet. In regelmäßigen Abständen schneidet man ihnen dort die längsten Federn, aus denen dann verschiedene Dinge hergestellt werden. So wird wenigstens der Bestand der wild lebenden Strauße nicht gefährdet. Diese ernähren sich vor allem von Pflanzen, Samenkörnern, Früchten, aber auch kleinen Tieren. Um harte Nahrung im Magen zu zerkleinern, schlucken Strauße Steinchen, zwischen denen die Nahrung gerieben wird. In zoologischen Gärten nehmen sie bei diesem Verhalten öfter Knöpfe, Schrauben, Scharniere und Ringe auf, die sie mit Steinen verwechseln. Außerhalb der Paarungszeit, die in Südwestafrika im September und Oktober liegt, leben Strauße in mehr oder weniger großen Gruppen. Die männlichen Tiere haben ein oder mehrere Weibchen. Die Beine dieser großen Vögel sind muskulös und kräftig. An jedem Fuß haben Strauße nur zwei Zehen. So wird die Trittfläche verkleinert. Die Vögel können auf dem harten Steppenboden sehr schnell laufen.

Länge: 2 m
Höhe: 1,80 bis mehr als 2 m
Gewicht: 70 bis 150 kg
Brutzeit: 42 Tage

Das Straußenweibchen legt etwa 6 bis 8 Eier im Abstand von je zwei Tagen. Wenn ein Männchen zwei oder drei Weibchen hat, kann es also bis zu 15, manchmal sogar bis 20 Eier in einem Nest betreuen. Das Männchen brütet nachts, die Weibchen tagsüber. In der Dunkelheit kann man das Männchen mit seiner schwarzen Färbung kaum erkennen. Die bräunliche Färbung des Weibchens dagegen tarnt es am Tage gut. So ist das Gelege stets ausreichend geschützt.

Seine Feinde, vor allem Löwen, Schakale, Hyänen, Leoparden und Menschen, entdeckt der Strauß mit seinen Augen. Er sieht ausgezeichnet und nimmt alles auf weite Entfernung wahr. Der Kopf sowie 2/3 des Halses sind nur mit einem feinen Federflaum versehen. Die Haut darunter ist rosa, rötlich oder grau, manchmal etwas bläulich gefärbt. Als einziger lebender Vogel besitzt der afrikanische Strauß nur zwei Zehen. Die großen Flügel- und Schwanzfedern haben weiche aufgeschlissene Ränder.

Die Eier des Straußes sind 17 cm lang, 14 cm breit und wiegen maximal 1,5 kg. Die Eier der Weibchen, die zum ersten Mal legen, sind etwas kleiner. Die Vögel drehen und wenden ihre Eier täglich. Beim Schlüpfen tragen die Jungen einen gelb-braunen Flaum mit schwarzen Flecken. Schon im Alter von zwei Tagen beginnen sie, den Eltern in der Savanne zu folgen.

Mit einem Schritt kann der Strauß 1,50 bis 2 m zurücklegen. Bei schnellem Laufen erreicht er Geschwindigkeiten von etwa 45 Stundenkilometern. Sein ausgezeichnetes Seh- und Hörvermögen warnt ihn vor der geringsten Gefahr. Sobald er sich bedroht fühlt, ergreift er die Flucht und macht damit auch andere Tiere darauf aufmerksam, daß etwas nicht in Ordnung ist. In Tansania und in Kenia wird der Strauß in Nationalparks geschützt, und hier kann man ihn noch relativ häufig beobachten.

Die Termiten

Die Termiten gehören, wie auch die Ameisen und die Bienen, zu den staatenbildenden Insekten. Im Volksmund werden sie »Weiße Ameisen« genannt, da ihr Körper fast farblos ist. Es fehlen ihm dunkle Pigmente. Die Termiten leben fast ausschließlich unterirdisch und kommen so gut wie nie ans Tageslicht. Viele Arten bauen die bekannten Termitenhügel, in denen sie leben. Andere Arten bauen kleinere Kuppen, leben in der Erde oder in Bäumen. Im Termitenstaat gibt es verschiedene Kasten. Die Königin allein sorgt für Nachwuchs, indem sie ununterbrochen Eier legt: bis zu 30 000 an einem Tag. Ihr Körper ist mächtig angeschwollen durch die Mengen von Eiern, die in ihm heranreifen. Sie kann sich nicht mehr bewegen und wird ständig von Arbeiterinnen umsorgt. Sie bringen ihr Nahrung und tragen die Eier in besondere Brutkammern. Die Königin wird bis zu 12 cm lang und hat einen Durchmesser von etwa 2½ cm. Neben der Königin leben im Staat vor allem Arbeiterinnen und Soldaten. Die Arbeiterinnen bauen und schaffen Nahrung herbei, während die Soldaten mit ihren großen Beißzangen Wache halten und dafür sorgen, daß keine Feinde in den Bau eindringen. Im Innern eines Termitenhügels findet man ein gewaltiges System von Gängen und Kammern, in dem Temperatur, Feuchtigkeit und Lüftung reguliert werden.

Die Wände des Hügels bestehen aus Erde, die mit Speichel verklebt ist. Sie können bis zu 60 cm dick sein. Manchmal erreicht ein Termitenhügel die Höhe von 6 m. Die dicksten Hügel, die man gefunden hat, hatten einen Umfang von 12 und 15 m.

Termiten der Gattung Bellicositermes:
Länge: 1,5 bis 2 cm (großer Soldat)
0,6 bis 0,8 cm (kleiner Arbeiter)
Lebenszeit der Königin: wahrscheinlich mehrere Jahrzehnte.

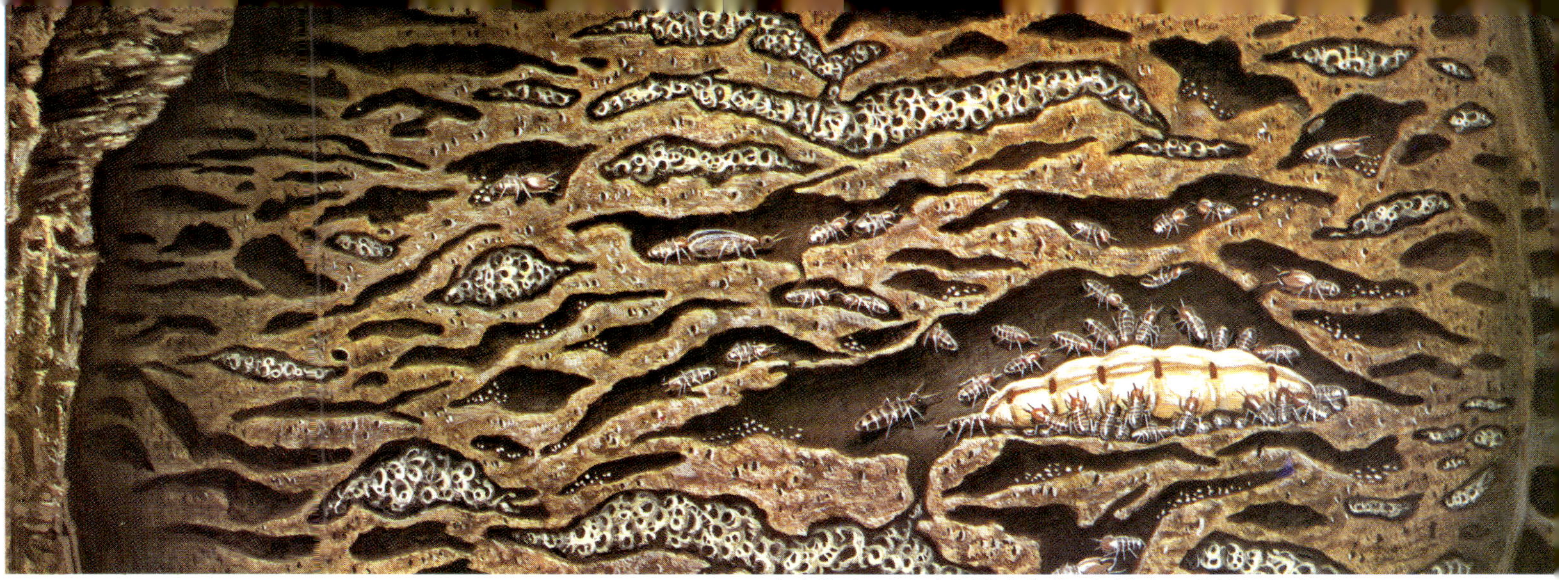

Im Hügel einer großen Termitenart leben König und Königin in einer Königszelle von der Größe einer Kokosnuß. Diese Kammer hat Verbindung zu dem Teil des Hügels, in dem die Arbeiter Pilzkulturen züchten. Diese Pilzkulturen gehören zur Nahrung der Termiten. Oberhalb des Wohnbereichs ist eine Höhlung, die den Luftaustausch durch die Wände des Termitenhügels gewährleistet. Es gibt Gänge, die viele Meter, manchmal sogar Hunderte von Metern lang sind. Sie führen zu den Futterplätzen. Andere, kürzere Gänge, führen zur unteridrischen Wasserstelle.

Viele Vögel ernähren sich von den geflügelten Termiten, wenn diese zum Hochzeitsflug den Bau verlassen müssen. Es sind unter anderem kleine Greifvögel, Bienenfresser, Schwalben, Trappen und Segler. Auch das Schuppentier und das Erdmännchen, eine kleine Mungoart, fressen Termiten.

Der Termitenstaat besteht aus mehreren Kasten, die sich nicht nur durch ihre Größe und ihr Aussehen unterscheiden, sondern auch durch ihre Aufgaben. Oben: eine Königin; links: ein Soldat, der den Bau gegen Feinde verteidigen muß; Mitte: ein Arbeiter; rechts: ein Männchen. Die Soldaten sind ganz auf ihre Aufgabe spezialisiert und können sich nicht selbst ernähren. Sie werden von den Arbeiterinnen gefüttert.

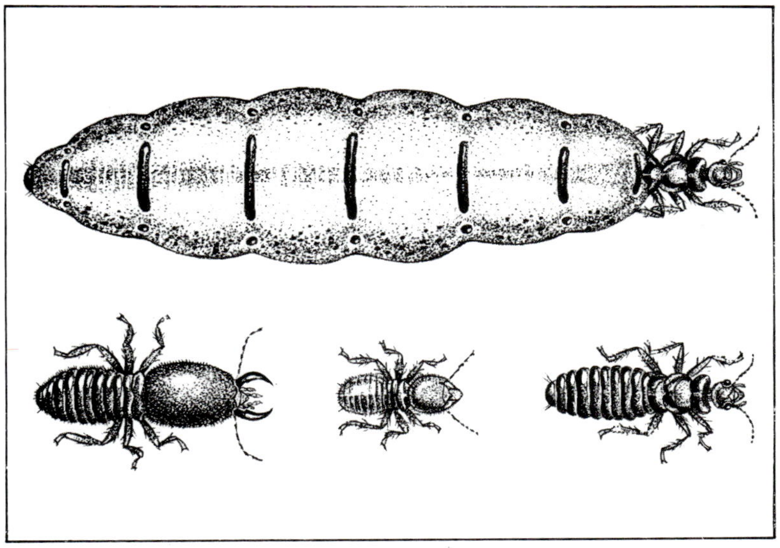

Die Termitenkönigin, hier von Arbeitern umringt, verbringt ihr Leben damit, Eier zu legen. Sie verläßt ihre Kammer nie. Die Termiten ernähren sich vor allem von Zellulose. Einige fressen den Pilz, den sie in Kulturen züchten; der Nährboden für diese Pilze wird aus Pflanzenteilen zubereitet.

Der Tiger

Diese große Raubkatze ist in mehreren Rassen im asiatischen Raum verbreitet und kommt sowohl in heißen Gebieten wie auch in den kalten Gegenden Nordostasiens vor. Hier lebt etwa der Sibirische Tiger, der größte von allen mit einer Kopf-Körperlänge bis zu drei Metern und einem Gewicht von etwa 250 Kilo.

Die schwarzen Fellstreifen auf rötlich-braunem Grund geben dem Tiger eine überaus gute Tarnung im hohen Gras, Bambuswald oder Dschungeldickicht. Er hält sich im Gegensatz zum Löwen, der die offene Buschsteppe bevorzugt, fast immer in der Deckung hoher Pflanzen auf. In Gefangenschaft lassen sich Tiger und Löwe auch kreuzen, und in vielen Zoos hat es schon Nachwuchs von den beiden äußerlich so unterschiedlichen Großkatzen gegeben.

Tiger sind schon immer vom Menschen gejagt worden, teils ihres Felles wegen, hauptsächlich aber aus Sensationslust und weil sie die Weidetiere als leichte Beute schlugen.

Heute sind sie geschützt, kommen aber fast nur noch in Schutzgebieten vor. Altersschwache oder verletzte Tiger können auch zu Menschenfressern werden. Die normale Beute der Katzen besteht aus Wildschweinen, Hirschen und Büffeln, die der Tiger meist in guter Deckung anschleicht, um sie dann mit wenigen kräftigen und weitausholenden Sprüngen zu erreichen.

Tiger leben als Einzelgänger und nur in der Paarungszeit sind Männchen und Weibchen eine kurze Zeit zusammen. Und die Jungen bleiben etwa eineinhalb Jahre bei der Mutter. Sie werden mit noch geschlossenen Augen geboren, öffnen sie mit acht Tagen und können im Alter von zehn Wochen die ersten kleinen Ausflüge machen. Die Tigerin sucht zur Geburt ein Versteck auf, eine Felshöhle oder einen umgestürzten Baum. Sobald die Jungen herangewachsen sind, folgen sie der Mutter auf den Jagdzügen und lernen allmählich selbst, Beute zu überlisten und zu schlagen. Meist genügt ein Beutetier von der Größe eines Hirsches, um einen Tiger für drei oder vier Tage mit Fleisch zu versorgen. Mit vollem Magen jagt der Tiger nicht. Er ruht dann an einem sicheren Platz und bewacht die Reste seiner Beute.

Gut getarnt durch hohes Gras beschleicht dieser Tiger einen Axishirsch, der ihn zu spät bemerkt und nicht mehr flüchten kann.

Die vier langen, dolchartigen Eckzähne sind die eigentlichen Tötungswaffen der Raubkatzen. Sie können bis zu sieben Zentimeter lang werden. Rechts eine Pfote und links unten eine Zehe mit der Kralle, die wie bei unseren Hauskatzen vorgestreckt oder zurückgezogen werden kann. Rechts daneben der Kopf eines Tigers von hinten mit den auffallenden weißen Ohrflekken.

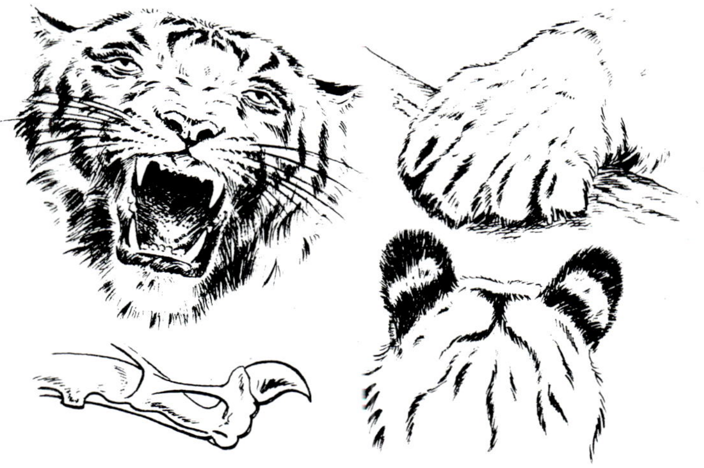

Junge können zu jeder Zeit des Jahres geboren werden. Die Tragzeit dauert rund einhundert Tage. Viele Jungtiger gehen schon im ersten halben Jahr zugrunde, durch Krankheiten, Feinde oder Unwetter.

Der Tiger springt, schlägt den Hirsch mit seinen Pranken zu Boden und tötet ihn durch einen Biß in die Kehle. Anschließend wird er die Beute in das Dickicht schleppen, um sie dort in Ruhe und ungestört durch Geier oder andere Aasfresser verzehren zu können.

Jeder Tiger besitzt sein Revier, in dem er zuhause ist, jagt und schläft. Fremde Tiger, die in das Revier einzudringen versuchen, werden bekämpft. Von den Männchen werden nur brünstige Weibchen geduldet.

Der Tigerhai

Bei fast allen Haien – es gibt etwa 250 Arten – besitzt der Körper eine schlanke, stromlinienförmige Gestalt, die dem Wasser wenig Widerstand bietet. Die Rückenflosse ist dreieckig und spitz, der obere Teil der Schwanzflosse verlängert. Im Maul sitzen viele Reihen scharfer Zähne, die immer wieder ersetzt werden können, wenn sie ausfallen oder ausbrechen. Das Maul steht bei den meisten Haien an der Unterseite des Schädels und wird von der Schnauzenspitze überragt. Der Tigerhai ist durch seine Fleckenzeichnung an den Flanken leicht erkennbar. Sie verblaßt jedoch mit zunehmendem Alter. Er kommt in allen tropischen und subtropischen Meeren vor, fehlt aber im Mittelmeer. Da Tigerhaie auch in flachste Küstengewässer vordringen, werden sie dort badenden Menschen gefährlich. Immerhin können sie eine Länge von 6 bis 8 Metern erreichen.
Die Nahrung besteht aus Fischen, anderen Haien, Krabben und Krebsen, Seeschildkröten und sogar Robben. In der Nachbarschaft von Küstenstädten verschlingt der Hai fast jeglichen ins Wasser geworfenen Abfall. In Mägen getöteter Haie wurden schon Pappkartons, Kohlensäcke und Konservendosen gefunden.
Tigerhaiweibchen können 10 bis 80 Junge austragen, die als fertige kleine Haie zur Welt kommen. Wegen der hohen Zahl sind die Jungen bei der Geburt recht klein und messen etwa 50 cm.
Haie finden ihre Beute auf verschiedene Weise. Vor allem nehmen sie Bewegungen im Wasser wahr und können über den Geruchsinn feinste Spuren von Blut wittern. Die Augen spielen beim Beuteerwerb eine untergeordnete Rolle. Doch sehen sie offenbar Gegenstände, die als dunkler Schattenriß auf der Wasserfläche treiben. So werden gar nicht selten Surfer auf ihren Surfbrettern angegriffen, wenn sie sich auf ihnen ausruhen.

Wie andere große, fleischfressende Fische wird auch der Tigerhai von Pilotfischen begleitet, die in der Nähe seines Kopfes schwimmen, um Reste seiner Mahlzeit zu erwischen. Der Schiffshalter saugt sich mit einer Haftplatte seines Kopfes am Bauch von Haien (und auch an Schiffsplanken) fest und läßt sich mittragen. Nicht selten plündern Haie die Netze von Fischdampfern und zerreißen die Maschen mit ihren scharfen Zähnen.

Das Gebiß eines Tigerhaies ist recht eindrucksvoll. Jeder Kiefer trägt eine Reihe von 20 bis 25 aufgerichteten und funktionsfähigen Zähnen, und hinter jedem Zahn liegen fünf oder sechs Ersatzzähne, die sich aufrichten, wenn der Zahn vor ihnen ausfällt.

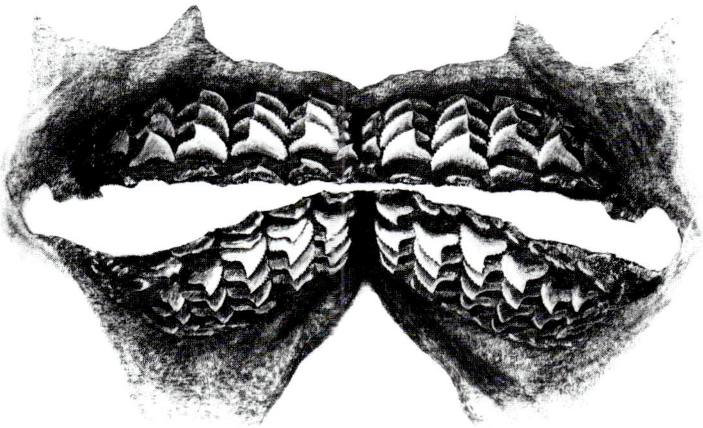

Die Eier des Tigerhaies entwickeln sich im Mutterleib, und die Jungen schlüpfen aus ihnen unmittelbar vor der eigentlichen Geburt.

An den Bauchflossen lassen sich beim Hai Männchen und Weibchen unterscheiden. Die Männchen (rechtes Tier) besitzen hier verlängerte Kopulationsorgane, die eine innere Befruchtung der Weibchen ermöglichen (linkes Tier).

Der Tukan

Der riesige, fast etwas unförmig wirkende Schnabel eines Tukan ist recht auffallend gefärbt. Die Farben sind von Art zu Art unterschiedlich und sind wahrscheinlich ein Erkennungsmerkmal für Vögel untereinander.
Obwohl der Schnabel so groß ist, hindert er seinen Besitzer nicht am Fliegen. Er ist fast völlig hohl im Inneren und dadurch ganz leicht.
Es ist nicht bekannt, was für einen Zweck diese Schnäbel haben. Die Nahrung, vor allem Früchte, wird jedenfalls mit der Schnabelspitze abgezupft und dann mit einem kleinen Schwung in den Rachen befördert. Es gibt rund vierzig verschiedene Tukanarten, die in den Wäldern Mittel- und Südamerikas vorkommen, und zwar sowohl in den Ebenen als auch bis dreitausend Meter Höhe.
Tukane fliegen nicht nur recht geschickt, sie hüpfen und springen auch im Geäst ohne Mühe. Die großen Arten leben meist paarweise, unter den kleineren gibt es auch Arten, die sich zu Trupps zusammenschließen, jedenfalls außerhalb der Brutzeit.
Tukane gehören in die Verwandtschaft der Spechte und sind, wie diese, Höhlenbrüter. Allerdings zimmern sie sich die Bruthöhlen nicht selbst, sondern legen ihre Eier in vorgefundene Höhlungen alter Bäume.
Auf dem Bild oben ist ein Toko-Paar zu sehen. Die Tokos kommen in Guayana, in Nord- und Ostbrasilien und im Süden bis Paraguay, Nordargentinien und Bolivien vor.
Mit Vorliebe halten sie sich hoch oben in den Baumwipfeln auf. Man sieht sie dort nicht, aber wenn sie von einem Baum zum nächsten fliegen und dabei oft eine Strecke gleiten, lassen sie sich beobachten. Auch durch ihre rauhen, kreischenden Rufe machen die Tokos auf sich aufmerksam.

Der Tukan hat einen Baum mit Früchten entdeckt, auf dem er landet. Mit der Schnabelspitze pflückt er eine rote Frucht und läßt sie in seinen Schlund fallen. Saftige, weiche Früchte liebt der Tukan besonders, und in seinen Waldrevieren findet er sie reichlich.

Am Fuß der Tukane zeigen zwei Zehen nach vorne und zwei nach hinten. Das ist auch so bei den verwandten Spechten. Die Vögel können dadurch einen Ast oder Zweig wie mit einer Zange umgreifen.

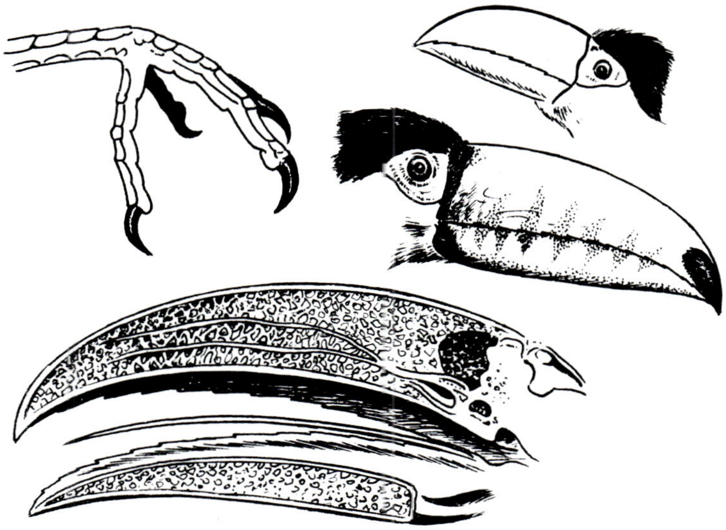

Der Schnabel ist innen weitgehend hohl. Im Längsschnitt sieht man, daß nur ein zartes Stützgewebe den Raum zwischen den Schnabelwänden ausfüllt. Auch die Jungvögel haben schon einen beachtlichen Schnabel, der aber noch wächst.

Tukane fressen nicht nur Früchte. Sie nehmen auch ab und zu Eier anderer Vogelarten, Jungvögel, Insekten, Eidechsen und andere kleinere Wirbeltiere.

In der Höhlung eines Baumes hat der Tukan sein Nest. Die zwei weißen Eier werden abwechselnd von Männchen und Weibchen bebrütet. Wenn die Jungen schlüpfen, sind sie zunächst noch nackt, ihre Augen und die Ohröffnungen sind noch durch Haut verschlossen.

Der Turmfalke

Der Turmfalke ist der einzige europäische Greifvogel, der sehr häufig den Rüttelflug zeigt. Er steht dabei gegen den Wind in der Luft, hält den Körper leicht nach vorne geneigt, sein Schwanz ist gespreizt. In dieser Haltung sucht er den Boden unter sich nach Beute ab, und wenn er ein Nagetier oder ein anderes kleines Tier erspäht, dann stößt er herunter. Häufig kommt es vor, daß er seine Beute verpaßt. In diesem Fall fliegt er in flachem Bogen über dem Feld oder der Wiese weiter und beginnt das Manöver noch einmal von vorn. Schon aus mehreren hundert Metern Entfernung kann man den Turmfalken erkennen, denn er sieht aus wie ein lebendiger Hubschrauber, der in der Luft steht.

Der Turmfalke kommt weder an die Schnelligkeit noch an die Stärke seines Verwandten, des Wanderfalken, heran. In Europa ist er einer der häufigsten Greifvögel, der in verschiedenen Landschaften vorkommt, solange dort der Baumbestand nicht zu dicht ist: auf bebauten und brach liegenden Feldern, auf Wiesen, in der Heide, auf Bergalmen und – und das ist vielleicht das überraschendste – in Städten. Das kommt daher, daß dieser kleine Raubvogel nicht nur Jagdgründe braucht, sondern auch geeignete Nistplätze; häufig findet er sie in Höhlen in Kirchtürmen und Schloßmauern. Auf dem Land legt er seine Eier in verlassene Nester von Rabenkrähen und Elstern, in Fels- oder Baumhöhlen.

Wie die anderen Falken baut auch der Turmfalke kein Nest. Die Eier werden also direkt auf den Stein, das Holz, trockene Gräser oder Wurzeln gelegt. In manchen Gebieten, wo es dem Turmfalken an geeigneten Brutplätzen fehlt, kann man ihn durch das Aufhängen von Nistkästen zum Brüten bringen. Diese Nistkästen sind denen für Meisen vergleichbar, nur sind sie größer.

Die Turmfalken, die in Städten leben, hausen auf Kirchtürmen, und ihre schrillen Rufe verhallen hoch oben über dem Lärm der Stadt. Einen Teil ihrer Nahrung suchen sie in der weiteren Umgebung, oft aber fangen sie auch Vögel, im Verhält-

Länge: 33-35 cm. Spannweite: 68-72 cm. Gewicht: 135-265 g.
Brutdauer: etwa 30 Tage.
Verbreitung: Mitteleuropa, Südostasien bis zum Pazifik, Nordafrika.
Wissenschaftlicher Name: *Falco tinnunculus*.

nis mehr, als ihre Artgenossen auf dem Lande. Am häufigsten fallen ihnen Haussperlinge und Stare zum Opfer.
Die Turmfalken auf dem Land fangen sehr häufig Feldmäuse, sie machen etwa 60-80% ihrer Beute aus. Die restlichen Prozente stellen Sperlingsvögel, die auf der Erde nisten (Lerchen und Ammern), Eidechsen (besonders im Süden) und große Insekten. Die Tagesration eines Turmfalken wird auf 40-50 g geschätzt, was im Durchschnitt zwei oder drei Feldmäusen, oder einem Haussperling und einem anderen kleinen Beutetier entspricht. Wenn der Winter hart und schneereich ist, dann greift der Turmfalke manchmal Tiere an, die als Beute viel zu groß für ihn sind. So hat man ihn schon bei der Jagd auf Grünspechte oder Wacholderdrosseln beobachtet.
Der Turmfalke Nord- und Nordost-Europas ist ein Zugvogel. Im Herbst zieht er in Länder mit milderem Klima, häufig überquert er sogar das Mittelmeer.
Beringte Vögel fand man in Algerien, Tunesien und Marokko. Seinen weiten Flug beginnt der Vogel im September, aber schon im August ziehen die Jungvögel, wenn sie flügge sind, in alle Richtungen und entfernen sich mehrere hundert Kilometer von ihrem Geburtsort. Einen Monat später dann lenken sie ihren Flug nach Süden oder Südosten wie die ausgewachsenen Zugvögel. Der Turmfalke lebt im Flachland wie auch im Gebirge. Dort nistet er bis in einer Höhe von 2000 m (in den Alpen), man sah ihn aber auch schon in größeren Höhen jagen, sogar oberhalb von 3000 m. Die Vögel, die in Felsüberhängen in den Bergen nisten, kommen im Winter in die Täler und Ebenen, da sie dort leichter Nahrung finden. Dort, wo die Turmfalken an den Menschen und den Autoverkehr gewöhnt sind, lassen sie sich leicht bei ihrem Rüttelflug und Beutefang beobachten. Oft sieht man sie unmittelbar an den Rändern der Autobahnen in der Luft stehen, vor allem dort, wo es steile Böschungen gibt. An solchen Stellen begünstigen die Aufwinde das Jagdverhalten.

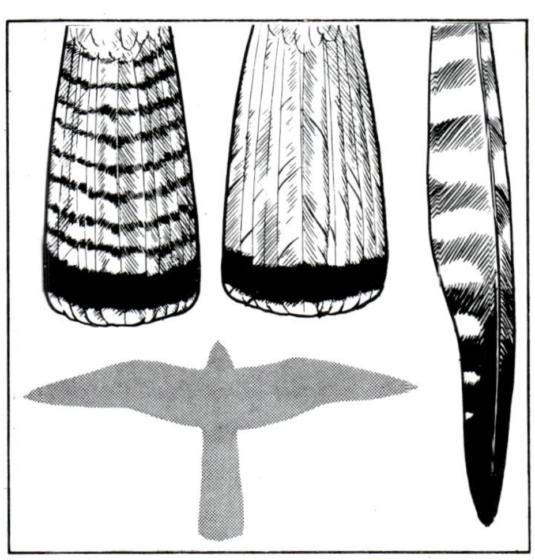

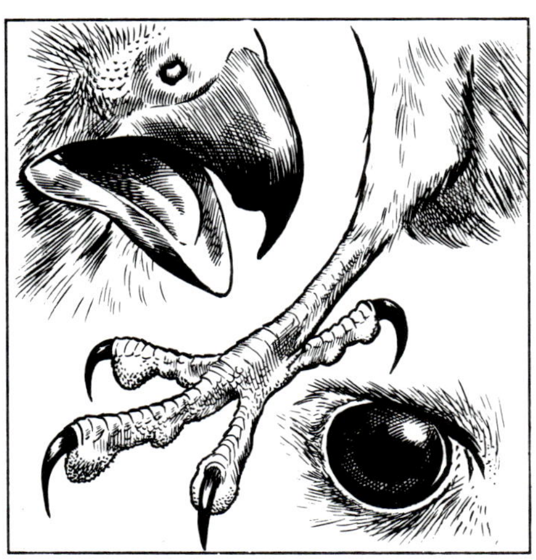

Links: Der Turmfalke hat ein schlankes Flugbild. Männchen und Weibchen kann man anhand der Färbung und der Flecken auf dem Federkleid unterscheiden. Der Schwanz des Männchens ist grau mit einem dunklen Streifen, der des Weibchens rostbraun und quergebändert (mit mehreren Streifen). Außerdem ist der Kopf des Männchens grau, der Rücken und die Flügel sind rotbraun. Das Federkleid des Weibchens ist mehr gefleckt. Eine Schwungfeder (rechts).
Rechts: Der Turmfalke hat recht kurze und nicht sehr kräftige Beine. Seine obere Schnabelhälfte endet in einem Haken, vor dem auf beiden Seiten ein Zacken, der sogenannte „Falkenzahn" liegt. Er dient zum Töten der Beute. Seine Augen sind dunkelbraun.
Oben: Auf dem Land und in der Stadt sucht sich der Turmfalke immer hoch gelegene Nistplätze wie Kirchtürme oder Schloßruinen.

Der Uhu

Der Uhu ist der größte Nachtgreifvogel. Mit 66 bis 71 cm Körperlänge übertrifft er noch die Schneeule, die im hohen Norden zu Hause ist. Sie wird nur bis 66 cm groß.

Seiner Größe und Stärke entsprechend jagt der Uhu auch recht große Beute. Dabei schlägt er auch Taggreife, wie den Bussard oder den Habicht, obwohl dies selten vorkommt. Seine Hauptbeutetiere sind Ratten, Igel, Hamster, Kaninchen, Hasen und unter den Vögeln Krähen, Eichelhäher, Tauben, Wildhühner und Enten. Er jagt in der Dämmerung und nachts. In Deutschland zählt der Uhu zu den vom Aussterben bedrohten Vogelarten. Strenge Schutzmaßnahmen und die Bewachung seiner Horste zur Brutzeit lassen seinen Bestand jetzt langsam ansteigen. In Gefangenschaft läßt sich der Uhu verhältnismäßig leicht züchten, die Jungen können dann, wenn sie gelernt haben, selbst Beute zu schlagen, in die Freiheit entlassen werden.

Uhus leben sowohl in der Ebene als auch im Gebirge. Ihre Horste bauen sie am liebsten in unzugänglichen Felswänden. Ein Uhupaar, das sich einmal gefunden hat, bleibt meist das ganze Leben über zusammen in seinem Revier, das es auch im Winter nicht verläßt. Tagsüber sitzt der Uhu gut gedeckt und still in den Felsen oder auf alten Bäumen. Sein rindenfarbenes Federkleid tarnt ihn vorzüglich. Früh im Jahr beginnt der Uhu mit dem Nestbau und der Eiablage, in Südeuropa schon im Januar oder Februar, weiter im Norden erst im März oder April, aber doch noch früher als die meisten anderen Vögel. In dieser Zeit sind die Vögel sehr ruffreudig. Das Männchen balzt und läßt seine tiefen, wie bu-hu klingenden Rufe hören, auf die das Weibchen mit etwas höherer Stimme antwortet. Das Weibchen legt 2 bis 4 ganz weiße Eier und brütet sie alleine aus. In der Brutzeit wird es vom Männchen mit Nahrung versorgt, die dieses zum Horst trägt und dem Weibchen übergibt. Auch nach dem Schlüpfen der Jungen bleibt das Weibchen noch etwa vier Wochen am Horst, um die Kleinen zu bewachen und zu wärmen. Das Männchen hat

Länge: 66-71 cm. Spannweite: 1,50-1,80 m. Gewicht: 2-3,2 kg.
Brutdauer: etwa 35 Tage.
Verbreitung: Europa, Nordafrika, Asien.
Wissenschaftlicher Name: *Bubo bubo*.

jetzt viel zu tun, um für die ganze Familie und sich selbst Beute herbeizuschaffen. Schließlich beteiligt sich aber auch das Weibchen an der Jagd, denn die Jungen wachsen heran und brauchen immer mehr Nahrung. Da die Eier im Abstand von etwa 2 Tagen gelegt werden, schlüpfen auch die Jungen nicht gleichzeitig, sondern im Abstand von zwei bis drei Tagen. So sind sie von Anfang an unterschiedlich groß. Wie viele Greifvögel spucken auch die Uhus unverdauliche Nahrungsreste wie Federn, Haare oder Knochen wieder aus. Diese etwa 10-14 cm langen länglich-ovalen Speiballen enthalten oft die ganzen Schädel-, Bein- und Flügelknochen der Beutetiere. Zerlegt man die Speiballen sorgfältig, so gewinnt man einen Einblick in den Speisezettel der Greife.

Zu den meistgejagten Beutetieren in Zentral- und Südeuropa gehören das Wildkaninchen, die Rabenkrähe, der Igel, das Eichhörnchen, verschiedene Nagetiere und ganz besonders die Wanderratte, die der Uhu sehr einfach erbeuten kann, nämlich auf den Mülldeponien am Rande der menschlichen Siedlungen! In Schweden nehmen die Stockente, die Knäkente und das Auerhuhn die ersten Plätze auf der Speisekarte ein, aber auch dort sind die Nagetiere so etwas wie ein Grundnahrungsmittel.

Die vier Zehen an jedem Fuß haben besonders lange, gekrümmte und außerordentlich spitze Krallen. Der Griff eines Uhus um ein Beutetier ist fest, die Krallen dringen tief ein und lassen erst locker, wenn der Tod der Beute eingetreten ist. Eine Eigenart der Eulen ist die sogenannte Wendezehe, die auch der Uhu besitzt. Die äußere Zehe an jedem Fuß kann nämlich sowohl nach vorne gestellt werden, zur Mittelzehe und der inneren also, als auch nach rückwärts zu der stets nach hinten weisenden 4. Zehe. Aus dieser zangenartigen Stellung der Zehen – zwei vorne, zwei hinten – ergibt sich beim Zupacken ein besonders fester und sicherer Griff. Unter den Greifvögeln besitzt sonst nur noch der Fischadler eine Wendezehe. Auch ihm hilft sie, die schlüpfrige und glatte Beute sicher zu halten, aus dem Wasser zu heben und durch die Luft davonzutragen.

Links: Von vorne gesehen kann man den Uhu an seinen Ohrbüscheln (etwa 8 cm lang) und an seinen leuchtend orangefarbenen Augen erkennen. Im Vergleich zum Waldkauz ist der Uhu sehr viel größer: der Waldkauz erreicht nur eine Spannweite von 1 m.

Rechts: Das Kaninchen, die Rabenkrähe und die Waldmaus werden vom Uhu erbeutet. Die weißen Eier sind etwa 57 x 45 mm groß. Sie werden häufig an sonnigen Plätzen gelegt. Ihre Schale ist zunächst körnig, sie wird im Laufe der Brutzeit glatter.

Der Vielfraß

Hinter diesem Namen verbirgt sich zwar ein recht großer Vertreter der Marderfamilie und damit ein Raubtier, aber seine Freßlust ist nicht größer oder geringer als die anderer Fleischfresser auch. Immerhin kann ein Vielfraß mit seiner Kraft nicht nur unter kleinen Tierarten seine Beute machen, sondern er schlägt auch junge oder kranke Rentiere, Schneehasen und Auerhühner. Beutereste kann er im Schnee vergraben oder er versteckt sie, da er sehr gut klettern kann, in einem Baum. In ihrem arktischen Lebensraum sind die Vielfraße nicht sehr zahlreich. Ein Männchen braucht ein Revier, das bis zu 2000 Quadratkilometer umfaßt, und das es ständig durchstreift und markiert, um fremde Männchen abzuwehren. Innerhalb dieses großen Gebiets liegen die Reviere von zwei oder drei Weibchen, die entsprechend kleiner sind. Ein Weibchen bringt zwischen Februar und April in einem sicheren Versteck zwei bis drei Junge zur Welt. Die Kleinen sind zunächst noch blind und sehr hilflos. Drei Monate lang werden sie gesäugt, bis sie dann auch mehr und mehr Fleisch fressen. Doch es dauert fast zwei Jahre, bis sie sich selbst versorgen können und sich vom Muttertier lösen, um ihre eigenen Wege zu gehen. Der Vielfraß ist ein ausdauernder Läufer, der sich meist im Trab oder im langsamen Galopp durch das Gelände bewegt. Im Winter vermag er 20 bis 30 Kilometer in einer Nacht zurückzulegen. Sein Lebensraum ist die Tundra und Taiga von Skandinavien, Sibirien und Nordamerika. Das dichte, schöne Fell des Vielfraßes ist bei Trappern und Jägern sehr beliebt und eine begehrte Beute. Aber vorsichtig und mißtrauisch, wie diese Marderart ist, geht ein Vielfraß nicht so leicht in eine Falle.

Länge: 70–105 cm. Gewicht 10–20 kg.
Lebensdauer: Etwa 13 Jahre, in Menschenhand 18 Jahre.

Im Herbst und Winter, wenn kleinere Beutetiere selten sind, weil sie unter dem Schnee leben oder einen Winterschlaf halten, greift der Vielfraß auch Rentiere an. Hier hat er ein schwaches Renkalb erbeutet und mit einem Biß in den Nacken getötet.

Der Vielfraß besitzt ein sehr kräftiges Gebiß und starke Nacken- und Kaumuskeln. Seine Eckzähne sind, wie bei allen Raubtieren, dolchartig verlängert. Die Ohren sind kurz, und die Ohrmuscheln ragen kaum über das Haarkleid hinaus. An den Zehen sitzen lange, gebogene Krallen.

Als geschickter Kletterer geht der Vielfraß nicht selten auf Bäume, um dort nach Vogelnestern oder jungen Eichhörnchen zu suchen.

Zur Zeit der Lachswanderung in den Flüssen, wenn die Fische aufsteigen, um zu laichen, holt sich der Vielfraß seine Beute auch unter diesen schnellen Fischen. Ähnlich wie die Bären schlägt er sie mit der Tatze aus dem Wasser und tötet sie mit einem Biß in den Kopf oder in den Rücken.

Die Waldohreule

Die Waldohreule mit ihren aufstellbaren Federbuschen über den Augen sieht wie ein kleiner Uhu aus. Sie mißt vom Kopf bis zur Schwanzspitze 36 cm und gehört zu unseren häufigsten Eulenarten. Auch sie ist nachtaktiv und verbringt den Tag ruhend an den Stamm eines Baumes gedrückt oder in den dichten Zweigen von Nadelbäumen. Im Winter entdeckt man manchmal mehrere Waldohreulen auf einem Baum, den sie zur Tagesruhe immer wieder aufsuchen. Sobald es Frühling wird, beginnen die Männchen zu balzen und fliegen in der Dämmerung an Waldrändern entlang und über die angrenzenden Wiesen und Felder. Jetzt hört man ihre Rufe, sie klingen wie u – u – u, und ein helles Flügelklatschen.

Die Waldohreulen bauen selbst keine Nester. Sie benutzen vor allem alte Nester der Krähen oder Elstern als Kinderstube. Ende März, Anfang April legt das Weibchen seine weißen Eier. In Zeiten eines reichen Nahrungsangebotes, wenn etwa überall auf den Feldern die Wühlmäuse in großen Scharen leben, findet man 4 oder 5 Eier im Nest. Gibt es wenig Nahrung, werden auch weniger Eier gelegt. Zur Aufzucht der Jungen muß ja genügend Beute herbeigeschafft werden können. Diese Jungen haben nach dem Schlüpfen einen weißlichen Flaum, ihre Augen sind zunächst noch geschlossen. Sie öffnen sich nach ein paar Tagen, und im Alter von etwa 4 Wochen verlassen die jungen Eulen das Nest und klettern auf die umliegenden Bäume. Bei Gefahr machen sie sich so groß wie möglich, plustern die Federn auf und stellen die Flügel ab. Dabei knappen sie mit dem Schnabel und fauchen. Dieses Verhalten des Sich-größermachens als man tatsächlich ist, findet man bei vielen Tieren, um Feinde abzuschrecken. Eine Katze, die einen Buckel macht, ein Hund, der die Haare sträubt oder eine Kröte, die sich aufbläht: alle erreichen damit das Gleiche.

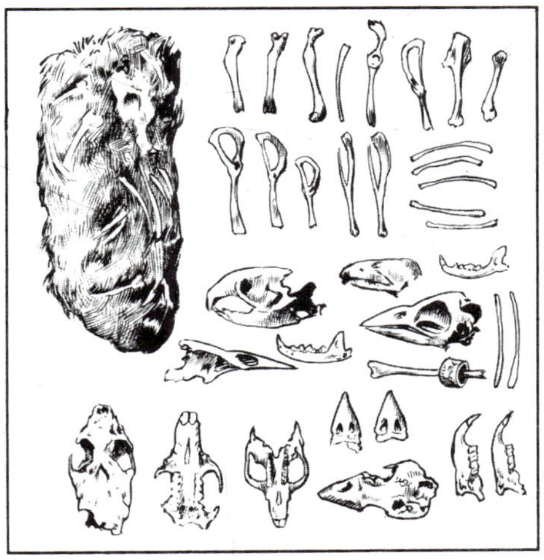

Links: Auch die Schleiereule spuckt unverdauliche Nahrungsreste als Speiballen oder Gewölle wieder aus. In ihnen findet man die kleinen Schädelreste und andere Knochen von Mäusen und Vögeln.

Rechts: Die Handschwingen sind am äußeren Rand „gezähnt", dadurch wird der Flug der Eulen lautlos. Daneben eine kleine Körperfeder und darunter der Kopf und das Flugbild der Waldohreule.

Länge: 36 cm. Spannweite: 87-100 cm.
Gewicht: 250-300 g. Brutdauer: um 27 Tage.
Verbreitung: Europa, Nordasien, Nordamerika.
Wissenschaftlicher Name: *Asio otus.*

Das Walroß

Die Walrosse sind neben den großen Walarten sicherlich die eindrucksvollsten Säugetiere der arktischen Meere. Männchen wiegen bis 1500, Weibchen bis 800 kg. Eine Fettschicht unter der Haut von etwa 7 cm Dicke schützt den Körper der Tiere gegen die Kälte im Wasser und an Land. Als Nahrung nutzen die Walrosse vor allem Weichtiere und Schalentiere, die sie am Meeresboden mit ihren Barthaaren aufspüren und wohl auch mit den verlängerten, weit aus dem Maul ragenden Eckzähnen aus dem Sand ausgraben. Dieses Verhalten ist jedoch unter Fachleuten umstritten. Während sie sich an Land nur mühsam fortbewegen können, sind sie im Wasser geschickte Schwimmer und Taucher. Das Wasser verlassen sie gewöhnlich nur, um sich auf einer Eisscholle auszuruhen. Man weiß von den Eskimos, die das Walroß als eines ihrer Beutetiere gut kennen, daß die Paarungszeit in den Monaten April bis Juni liegt. Die Paarung und auch die Geburt der Jungen findet im Wasser statt. Wenn die Jungen nach einer Tragzeit von 12 Monaten geboren werden, haben sie ein dichtes weiches Haarkleid, und erst den halbwüchsigen Tieren gehen die Haare allmählich aus. Eine Walroßfamilie setzt sich meist aus einem Männchen, dem Bullen, mehreren Weibchen und Jungtieren zusammen. Wird eine Familie bei ihrem Aufenthalt auf dem Eis gestört, gehen zuerst die Weibchen mit ihren Jungen ins Wasser, und der alte Bulle hält die Stellung bis zuletzt. Die Eckzähne, die bei einem Bullen bis 75 cm aus dem Maul herausragen können, sind gefährliche Waffen, die gegen Feinde aber auch bei Auseinandersetzungen untereinander eingesetzt werden.

In früheren Zeiten gab es ungeheure Herden der Walrosse, aber durch starke Bejagung und durch den Handel mit dem Elfenbein der Zähne ist von ihnen nicht mehr viel übriggeblieben. Unter den Mitbewohnern der arktischen Region, soweit es sich um andere Tiere handelt, hat das Walroß kaum Feinde. Selbst einem Eisbären gelingt es nur selten, aus einer großen Herde ein Jungtier zu schlagen. Eher schon greift sich ein Schwertwal einmal ein Junges im Wasser, aber auch er muß sich vor den Eckzähnen der alten Tiere in acht nehmen.

Länge: 4,5 m. Gewicht: Um 1200 kg. Lebensdauer: Etwa 40 Jahre.

Das Walroß taucht, um seine Nahrung am Meeresboden zu suchen und Weichtiere oder Krabben aus dem Sand zu wühlen. Es schwimmt auch gerne und oft in Rückenlage und taucht unter Eisschollen hindurch. Größere Eisfelder, die es am Auftauchen hindern, meidet es allerdings. An Land stützt es sich mit seinen Vorderflossen ab und schiebt sich mit den Hinterflossen voran.

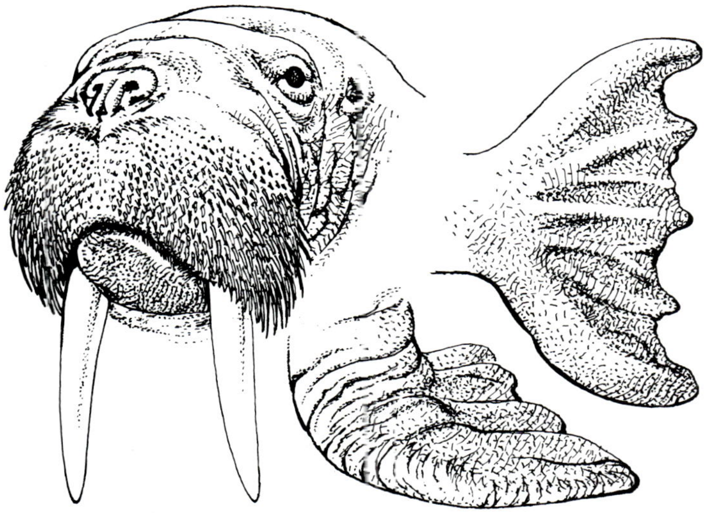

Um das Maul steht ein Feld dichter, starker Borsten, die als Tastorgane dienen. Die verlängerten Eckzähne stehen nach unten aus dem Maul. Rechts ist eine Fußflosse abgebildet, darunter eine Vorderflosse, die Hand. Beide sind zu Ruderorganen ausgebildet.

Zwischen April und Juni bringt ein Weibchen sein Junges zur Welt. Es wird im Wasser geboren, kann schon schwimmen, wird aber von der auf dem Rükken schwimmenden Mutter oft auf ihrem Bauch getragen. Ein Weibchen bekommt nur alle 2 bis 3 Jahre ein Junges.

Selten gelingt es einem Schwertwal, ein schwaches oder bereits totes Jungtier zu erbeuten.

Der Wanderalbatros

Mit einer Flügelspannweite von 3 bis 3,5 Metern und einer Körpergröße bis zu 134 Zentimetern ist der Wanderalbatros der größte Seevogel. Die langen, schmalen Schwingen machen ihn und auch seine Verwandten zu einem ausgezeichneten Segler, der stundenlang ohne Flügelschlag die Luft über den Ozeanen durchgleitet. Er nutzt dazu die Windströmung über den Wellen, die nahe der Wasseroberfläche am schwächsten ist und in der Höhe stetig zunimmt.

Albatrosse, von denen 13 Arten bekannt sind, bewohnen besonders die Meere der südlichen Erdhalbkugel. Ihr Leib ist kräftig, der Hals kurz und dick. Der starke, mit einem Haken versehene Schnabel hat scharfe Schneiden und ist seitlich zusammengedrückt. Die getrennten Nasenlöcher laufen seitlich des Schnabels in kurzen Röhren aus. Die Nahrung der Albatrosse besteht aus Fischen, Tintenfischen, Quallen und Krebsen, die sie von der Wasseroberfläche aufnehmen. Tauchen können sie nicht, wenn sie auch auf dem Wasser schwimmen wie ein Kork. Die verhältnismäßig kleinen Beine mit den breiten Schwimmhäuten zwischen den Vorderzehen erlauben dem Vogel nur einen schwerfälligen, watschelnden Gang. Zum Starten von ebener Erde aus braucht ein Albatros den Gegenwind, der ihn vom Boden abhebt. Am sichersten fliegt er von Klippen und anderen erhöhten Orten auf.

Seefahrer hielten den Albatros lange Zeit für einen Unglücksboten, der einen nahenden Sturm ankündigt. In Wirklichkeit brauchen diese Vögel aber kräftige Windströmungen, um ihre fliegerische Leistung voll ausnutzen zu können.

Alle zwei Jahre suchen die Wanderalbatrosse die kleinen Inseln der Antarktischen Gewässer auf, um dort in großen Brutkolonien ihre Eier auszubrüten und die Jungen aufzuziehen. Ein Albatrospaar hat stets nur ein Junges, das vor Erreichen der Flugfähigkeit mehr wiegt als ein erwachsener Vogel. Es hat sich Fettreserven angefressen, um die erste Zeit seines selbständigen Lebens besser überstehen zu können.

Wenn die Wanderalbatrosse im Brutgebiet eingetroffen sind, werben Männchen und Weibchen mit einem eigenartigen Tanz umeinander. Sie stehen sich gegenüber, recken Hals und Schnabel gegen den Himmel und breiten die Flügel aus. Dann reiben und schlagen sie die Schnäbel aneinander, was ein klapperndes Geräusch erzeugt.

Hier ist der kräftige Schnabel zu erkennen und der röhrenförmige Nasenansatz seitlich an ihm. Mit der gebogenen Schnabelspitze kann die glatte und glitschige Beute gut gefaßt werden. Die Füße tragen Schwimmhäute.

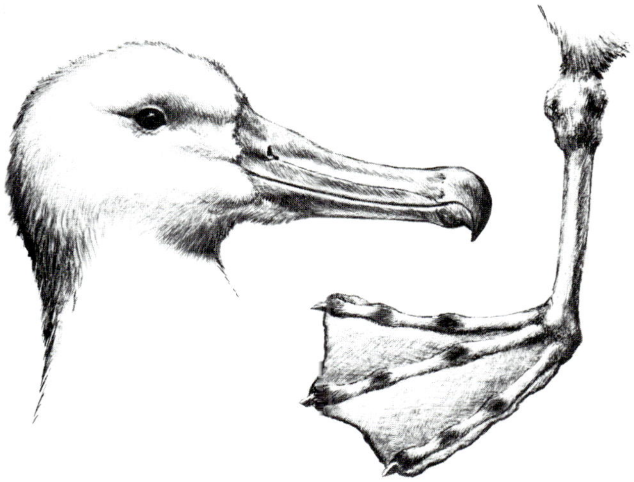

Nach einer Brutzeit von rund drei Monaten schlüpft der Jungvogel aus dem Ei. Er wächst schnell heran und besitzt ein dichtes, weißliches Dunenkleid, bevor ihm die Konturfedern wachsen. Nach etwa sechs Monaten wird er selbständig und flugfähig.

Albatrosse jagen an der Wasseroberfläche nach Fischen und Tintenfischen. Manchmal begleiten sie auch Schiffe, um ins Wasser geworfene Abfälle zu erbeuten.

Der Wasserfrosch

Jedes Jahr im Mai legen die Weibchen der Wasserfrösche ihre Eier in Teiche, Tümpel und Gräben. Ein einziges Weibchen legt 1000 bis 6000 Eier. Trotz dieser enormen Eierzahl wachsen nur sehr wenige Frösche heran. Eiern, Kaulquappen und Jungfröschen drohen viele Gefahren. Fleischfressende Tiere stellen ihnen nach und ernähren sich von ihnen. Andernfalls würde auch die Zahl der Frösche sehr bald gewaltig zunehmen. Wasserfrösche müssen sich immer im oder am Wasser aufhalten oder zumindest an feuchten Plätzen. Das Quaken der Frösche kann man bis in 1 km Entfernung hören. Es wird verstärkt durch die beiden Schallblasen, die sich seitlich an seinem Maul ausstülpen. Das Froschkonzert lockt im Frühsommer die Weibchen an. Im März und April erwacht der Wasserfrosch aus seinem Winterschlaf. Er ist im Flachland, am Fuß der Gebirge, in Teichen, Seen, Sümpfen und an den Ufern ruhig fließender Gewässer verbreitet. Seine Haut, die sehr dünn und drüsenreich ist, bleibt ständig feucht. Durch die dünne Haut kann auch Sauerstoff in das Blut aufgenommen werden. Seine Jugendzeit verbringt der Frosch als Larve. Diese Kaulquappe, die aus dem Ei schlüpft, besitzt noch keine Füße. Sie trägt einen Schwanz, der seitlich abgeflacht ist und sie im Wasser vorantreibt. Sie atmet mit Kiemen und ernährt sich von Algen und anderen Wasserpflanzen.

Die Kaulquappe kann das Wasser nicht verlassen. Auf dem Trockenen würde sie sofort eingehen. Innerhalb einiger Monate verändert sich das Aussehen dieser kleinen Tiere. Die Kiemen verschwinden und werden durch Lungen ersetzt, die Füße wachsen, der Schwanz wird zurückgebildet. Auch der Verdauungsapparat verändert sich, denn der kleine Frosch und später auch der heranwachsende Frosch ernährt sich von tierischer Kost.

Den Winter verbringt der Wasserfrosch im Schlamm der Gewässer eingegraben und ruht. Erst im Frühjahr, wenn die Sonne das Wasser langsam wieder erwärmt, erwachen die Frösche und lassen sich nun auch an der Wasseroberfläche sehen. Dort sitzen sie gerne am Uferrand oder auf den Blättern der Seerosen.

Länge: 9 bis 10 cm maximal (selten mehr)
Lebenszeit: 6 Jahre

Der Wasserfrosch entfernt sich niemals weit vom Wasser. Er schwimmt mit Hilfe seiner langen Hinterbeine, deren Zehen mit Schwimmhäuten versehen sind und den Frosch kräftig vorantreiben. Nähert man sich einem Frosch, so macht er sofort einen großen Satz und versucht ins Wasser zu entkommen. Mit Hilfe der langen Sprungbeine und der kräftigen Muskulatur kann er recht ansehnliche Sprünge machen. Der Springfrosch, ein kleiner Verwandter des Wasserfrosches, springt mit einem Satz ca. 1 1/2 oder 2 m.

Hinter dem Auge des Frosches ist ein kleiner kreisförmiger Bereich zu erkennen, das Trommelfell, der äußere Teil des Ohres. Mit den Augen an der Oberseite des Kopfes kann der Frosch sehen, was an Land passiert, während er selbst fast vollständig im Wasser bleibt. Ähnlich hoch am Kopf angesetzte Augen findet man auch bei Krokodilen, Flußpferden oder Fischen, die an der Wasseroberfläche leben.

Die Eier sind von einer schützenden, gallertartigen Hülle umgeben. Nach 8 bis 15 Tagen schlüpfen die kleinen Kaulquappen. Die Metamorphose zum Frosch dauert drei bis vier Monate. Die Jungfrösche, die im August oder September fertig entwickelt sind, messen 2 cm. Da ihnen der Schwanz fehlt, sind sie etwa um die Hälfte kürzer als die Kaulquappen, aus denen sie sich entwickelt haben.

Der Wasserfrosch ist ein Fleischfresser, der vor allem auf Insekten Jagd macht. Auch Regenwürmer, Schnecken und Fischbrut stehen auf seinem Speisezettel. Die Zunge, die aus dem Maul herausschnellt, packt die Beute und befördert sie in das Maul zurück. Jungfrösche machen sich vor allem durch das Vertilgen zahlreicher Mückenlarven nützlich.

Der Weißstorch

Fast 20 Jahre lang haben wir einen Weißstorch gepflegt. Von den Eltern war er als ganz kleines Junges aus dem Nest geworfen worden. Irgend jemand brachte ihn dann zu uns, und wir haben ihn mit Fleisch, Küken und Heuschrecken gepäppelt. Storchi hat sogar ein Nest gebaut. Dicke Zweige hat er im Garten zusammengesammelt und zweimal hatte Storchi ein Männchen. Vier große weiße Eier hat Storchi gelegt, aber beide Male schlüpften keine Jungen.
Früher, vor 30, 40 Jahren sah man überall in den Flußniederungen Störche. Überall gab es auch Wiesen, meistens sogar feuchte Wiesen. Von Fröschen wimmelte es da nur so. Der Weißstorch hatte immer genügend Frösche zu essen. Nebenbei ergänzte er seinen Speisezettel. Er fing Mäuse, suchte Heuschrecken, nahm auch dann und wann ein Ei oder einen jungen Vogel. Wenn er kleine Junge im Nest hatte, suchte er große Mengen Regenwürmer.
Wiesen sind heute über weite Flächen zu Ackerland, nicht selten sogar zu Bauland geworden. Darum finden Weißstörche bei uns zu wenig Nahrung. Sie können nicht mehr genug Junge aufziehen und sterben bei uns allmählich aus. In Westdeutschland leben heute gerade noch ein paar hundert Weißstörche. Hinzu kommt, daß Weißstörche im Winterquartier mit den Heuschrecken auch Gift fressen, so viel, daß manche gleich sterben, viel mehr aber daran leiden.
Störche zu züchten und auszusetzen hat keinen Sinn, wenn wir nicht mehr Wiesenflächen für Störche bereithalten. Eigentlich sind Störche Kulturfolger: Sie brüten auf Wohnhäusern, auf Scheunen und Kirchen. Der Storch auf dem Haus soll sogar Glück bedeuten. Es heißt, wo ein Storch sein Nest baut, bricht kein Feuer aus. Als der Mensch anfing den Wald zu roden, Wiesen für sein Vieh oder Getreidefelder anzulegen, da folgte ihm der Weißstorch. In der Landschaft von heute jedoch, ohne Wiesen, ohne Feuchtbereiche und Tümpel, kann uns der Weißstorch nicht mehr folgen.

Länge: 1 m.
Gewicht: 2,7 bis 4 kg.
Spannweite: 1,85 m.
Brutdauer: 34 Tage.
Lebensdauer: 15 bis 25 Jahre.

Wenn die Weißstörche von ihrer winterlichen Reise aus Afrika zurückkommen, erleben sie nicht selten böse Überraschungen. Unwetter, Sturm und Schnee haben ihre Nester beschädigt, manchmal sogar von den Dächern gekippt. Also müssen sie in die Wiesen fliegen, Äste und Zweige sammeln und damit ihr Nest flicken. Oftmals sind die Männchen vor den Weibchen zurück. Trifft das Weibchen ein, wird es mit freudigem Klappern begrüßt, und bald darauf machen sich beide an die Arbeit. Die Storchennester werden oft viele Jahrzehnte benutzt. In Esslingen bei Stuttgart soll auf dem Rathaus bis 1907 ein Nest gewesen sein, das über 400 Jahre alt war. Nester, die lange Zeit in Gebrauch sind, werden immer größer. Auch wenn das Nest nur wenig beschädigt ist, schichten die Störche immer ein paar Zweige neu auf. Solch ein Nest kann dann am Ende mehrere Tonnen wiegen. Es kann so hoch sein, daß ein Mensch nicht mal über den Nestrand schauen kann.

Feuchte Wiesen sind die wichtigsten Nahrungsbereiche der Weißstörche. Dort suchen sie Heuschrecken, Käfer, Mäuse und Spitzmäuse, Frösche und Schnecken. Auch Schlangen und Eidechsen sowie Fische gehören zu ihrer Beute.

Wenn Störche durch Pfützen gehen oder am schlammigen Ufersaum eines Flusses oder Baches entlangschreiten, hinterlassen sie ganz bezeichnende Abdrücke. Sie haben ein wenig Ähnlichkeit mit einem Anker.

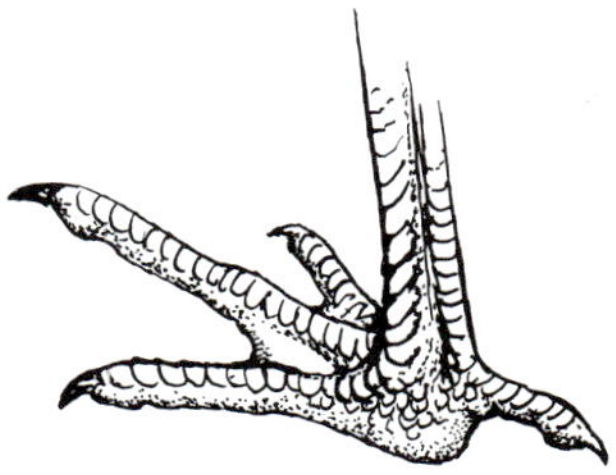

Der geschlossene Storchenschnabel sieht wie eine Schere aus. Erwachsene Störche haben rote Schnäbel und rote Beine, bei den Jungstörchen sind Schnabel und Beine noch dunkel.

Im Flug ist der Weißstorch vom Reiher leicht zu unterscheiden. Weißstörche nämlich fliegen mit weit ausgestrecktem Hals, Graureiher haben ihre Hälse im Flug s-förmig gekrümmt. Störche sind faule Flieger, wenn es irgendwie möglich ist, segeln sie im Aufwind.

Die Wildkatze

Ein dichtes Fell schützt die Wildkatze auch im Winter vor Kälte und Nässe. Auf 25 mm^2 Haut wachsen 1 600 bis 2 000 Haare. Im Sommer dagegen sind es nur 500 bis 1 000. Im Winter sind die Haare auch länger. Sie halten den Körper auch bei starkem Frost warm. Zweimal im Jahr wechselt die Wildkatze ihr Fell. Im Mai bekommt sie ein leichtes Sommerfell, im Herbst, etwa Mitte November, umgibt sie sich wieder mit einem dickeren Pelz. Die Wildkatze ist die einzige Katzenart, die noch in den europäischen Wäldern lebt. Obwohl sie unseren Hauskatzen sehr ähnlich sieht, ist sie nicht deren Stammform. Alle Hauskatzen stammen von der afrikanischen Falbkatze ab, einer Unterart der europäischen Wildkatze. Hauskatzen können sich allerdings auch mit Wildkatzen verpaaren. Die Wildkatzen unterscheiden sich von den Hauskatzen durch einen größeren Körper, kräftigere Pfoten, durch einen dicken Kopf und einen dicken Schwanz, dessen Ende fast wie abgehackt erscheint. Der Schwanz der Hauskatze ist länger und wird zum Ende hin dünner. Nicht immer ist es leicht, zwischen einer verwilderten Hauskatze und einer echten Wildkatze zu unterscheiden.

Wildkatzen leben in großen Waldgebieten, und dort halten sie sich bevorzugt im felsigen Gelände auf oder in Gebieten, die noch einem Urwald gleichen. Selten wagen sie sich in stark kultivierte Landschaften vor.

Als Wohnung wählt die Wildkatze einen verlassenen Fuchs- oder Dachsbau, eine Höhle im Fels oder einen hohlen Baum. Wildkatzen sind, wie auch die Hauskatzen, Einzelgänger. Nur in der Paarungszeit finden sich Männchen und Weibchen zusammen. Der größte Teil ihres Lebens spielt sich auf dem Boden ab, obwohl Wildkatzen ausgesprochen gut klettern können. Vor allem bei Gefahr fliehen sie hoch in die Bäume. Den Tag verbringen sie schlafend in einem Versteck, und in der Dämmerung beginnen sie auf Beutefang zu gehen.

Länge: 50 bis 95 cm (+ 23 bis 40 cm Schwanz)
Gewicht: 5 bis 7 kg
Lebenszeit: 12 bis 15 Jahre.

Die Nahrung der Wildkatze besteht zu 90 % aus kleinen Nagetieren wie Feldmäusen, Waldmäusen oder Siebenschläfern. Sie frißt auch Maulwürfe, Spitzmäuse, Junghasen und Jungvögel, Insekten und Fische. Meist lauert die Wildkatze ihrer Beute auf, um sie dann in einem Überraschungsangriff zu fangen. Die ausgewachsene Wildkatze hat außer dem Menschen heute keinen Feind mehr. Den Jungkatzen allerdings kann der Uhu gefährlich werden, doch er ist sehr selten.

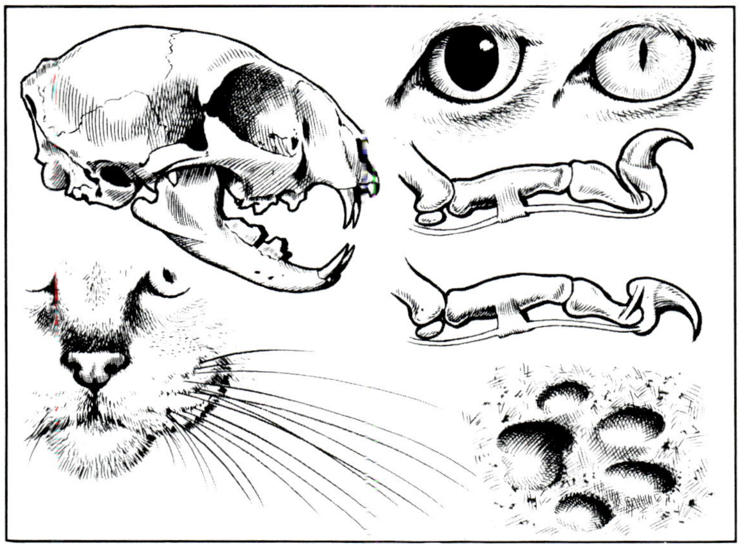

Die Wildkatze hat 30 Zähne. Die Krallen kann sie einziehen, ihre Barthaare sind lang und kräftig. Form und Größe der Pupillen ändert sich je nach Beleuchtung. Bei Dunkelheit sind die Pupillen rund, in vollem Licht nur ein schmaler Strich.

Die Katzenjungen werden im Februar oder März geboren. Die Trächtigkeit dauert etwa 63 Tage, und in einem Wurf werden 2 bis 4 Junge zur Welt gebracht. Die Jungen wiegen bei der Geburt 40 g, ihre Augen öffnen sich um den 13. Tag.

Zur Zeit der Paarung bekämpfen sich die Kater vor allem dann, wenn es nur wenige Weibchen in einem Gebiet gibt. Beim Kampf verhalten sich die Wildkater wie die Hauskater. Auch ihr Fauchen ist ähnlich. Wie die Hauskater sträuben sie das Fell und legen die Ohren an. In Farbe und Zeichnung erinnert die Wildkatze sehr an eine tigergezeichnete Hauskatze: gelblich graues Fell mit schwarzen Streifen durchsetzt.

Das Wildschwein

In unseren Wäldern wird das Wildschwein nur mehr selten besonders groß. Das ist in Osteuropa und Asien anders. Mitte des letzten Jahrhunderts lebten die größten Keiler, wie die männlichen Wildschweine genannt werden, nördlich vom Kaspischen Meer. Sie wogen 320 kg und erreichten eine Länge von 2,30 m. Heute sind solche Riesen nur noch sehr selten. Die Eckzähne der Wildschweine stehen nach außen und ragen vor allem bei alten Tieren aus dem Maul heraus. Sie sind aufwärts gebogen und können 10 bis 12 cm lang werden. Die größten erreichen sogar eine Länge von 25 cm, wenn man die Wurzeln im Kieferknochen mitrechnet. Diese dolchartig gebogenen Zähne dienen den Wildschweinen als Waffe, aber auch zum Nahrungserwerb. Mit den Zähnen können Wurzeln und andere freßbare Dinge aus dem Boden herausgehebelt werden. Wildschweine sind Allesfresser und entwickeln einen guten Appetit. In einem Magen hat man 5 kg Bucheckern gefunden, in dem Magen eines anderen Wildschweines 900 Maikäfer oder 1,5 kg Heuschrecken.

Obwohl Wildschweine recht groß und gar nicht so selten sind, bemerkt man sie oft gar nicht. Sie sind aufmerksam und scheu. Tagsüber halten sie sich meist in guter Deckung auf. Zur Nahrungssuche in der Nacht legen sie weite Entfernungen zurück. Das Wildschwein lebt in den Wäldern der Ebenen und in den Bergen bis zu 2500 m Höhe. Es liebt Wälder, die nicht weit von Feldern oder Grasflächen entfernt sind. Auch in den dichten Schilfbeständen großer Seen sind Wildschweine zu Hause. Sie nehmen gerne ein Schlammbad in einer sogenannten Suhle. Das ist eine natürliche, mit Schlamm gefüllte Vertiefung, die sich das Wildschwein selbst aushöhlt.

Länge: 1,60 bis 1,80 m + 30 bis 45 cm Schwanz
Gewicht: 150 bis 200 kg
Lebenszeit: (in Gefangenschaft) 30 Jahre.

Bei Nacht finden sich die Wildschweine auf einer Waldlichtung ein, wo sie den Boden nach Nahrung durchwühlen. Tagsüber ruhen sie sich in einer flachen Mulde zwischen Dickicht oder zwischen Farnen aus. Die Nahrung des Wildschweins besteht aus tierischer und pflanzlicher Kost aller Art. Besonders liebt es Eicheln, Pilze, Bucheckern und Kastanien, Regenwürmer, Knollen und Wurzeln oder Insektenlarven. Aber auch größere verendete Tiere werden aufgefressen.

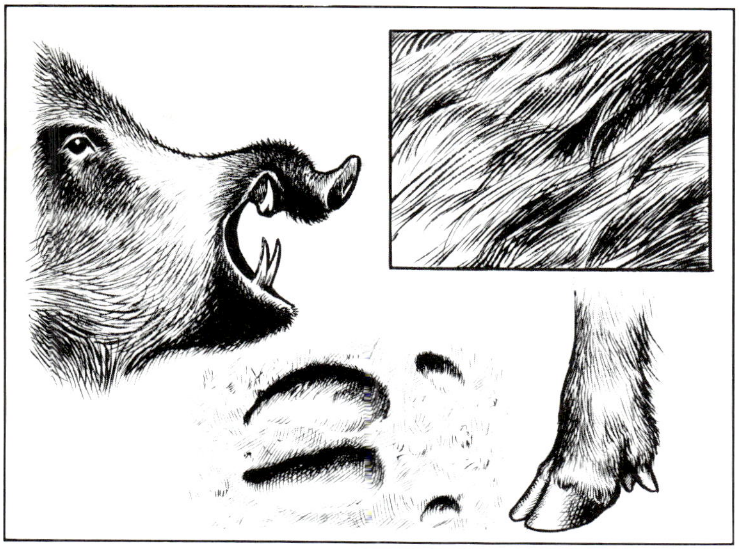

Die spitze Schnauze nennt man Rüssel, die stachligen Haare Borsten. Die Augen des Wildschweins sind klein, die Beine enden in vier Zehen. Die beiden Vorderzehen hinterlassen sehr klare Abdrücke, die hinteren Zehen, die kürzer sind, sieht man nur im feuchten und schlammigen Boden.

Das Wildschweinweibchen (die Bache) bereitet für die Jungen (die Frischlinge) ein Nest. Es besteht aus Blättern, Gräsern und Zweigen. In diesem Haufen, der bis zu 1 m Höhe erreichen kann, werden im Frühjahr 4 bis 8 Junge geboren.

Wildschweine gehen meist im Schritt oder Trab. Sie können auch springen, um etwa einen Graben oder ein anderes Hindernis zu überqueren. Kein noch so dichtes Buschwerk kann sie hindern hindurchzubrechen. Verletzte Wildschweine oder Bachen, die mit ihren Frischlingen überrascht werden, können sehr gefährlich werden. Sie greifen auch Menschen an, um sich selbst oder die Jungen zu verteidigen. Dabei werden die gefährlichen Hauer eingesetzt. Schon manchem Hund, der sich einem verletzten Wildschwein zu unvorsichtig näherte, wurde damit der Bauch aufgeschlitzt.

Der Wolf

Das Heulen der Wölfe erklingt vor allem in den Winternächten zwischen Oktober und Dezember. Es dient dem Zusammenhalt des Rudels und der Verständigung mit anderen Wölfen in der Umgebung. Ein einsamer, alleine auf sich gestellter Wolf hat wenig Chancen in der kalten Jahreszeit, so dicht an Beute heranzukommen, daß er sie töten kann. Im Rudel gelingt dies leichter. Ein Beutetier, ein Ren etwa oder ein schwacher Elch, wird dann von allen Seiten eingekreist und umstellt, die Wölfe greifen zu mehreren an und kommen über kurz oder lang ans Ziel. Oft müssen die Wölfe viele Kilometer durch die Schneelandschaft streifen, im zügigen Trab zumeist, um ein Beutetier auszumachen. Im Sommer ist auch für die Wölfe der Tisch reicher gedeckt, und sie fressen dann auch kleinere Tiere, wie Lemminge, Mäuse, allerlei Vögel und Fische. Seit Jahrhunderten werden die Wölfe vom Menschen verfolgt und gejagt. In Mitteleuropa sind sie daher längst verschwunden. Nur ganz wenige Wölfe kommen wahrscheinlich noch in den französischen und italienischen Alpen vor. Etwa die Hälfte aller heute lebenden Wölfe gibt es in der Sowjetunion. Hier reicht das Verbreitungsgebiet bis an die Grenze der Polarzone, und in den endlosen Weiten der Tundren und der Taiga sind die Wölfe kaum gefährdet.

Die Berichte, in denen Wölfe Menschen angegriffen haben sollen, wurden fast immer erfunden, und bei genauer Nachprüfung stellten sie sich in den meisten Fällen als Schwindel heraus. Aber Wölfe holen sich ihre Beute unter den Haustieren der Menschen. Schafe, Ziegen, Schweine und die Jungen von Rindern oder Pferden können im Sommer und erst recht in winterlichen Notzeiten von Wölfen gerissen werden. Das dürfte ein Hauptgrund dafür sein, daß gerade in entlegenen Gegenden die Menschen nie gut auf Wölfe zu sprechen waren. Die grauen Räuber können eine ganze Zeit lang ohne Nahrung auskommen, und, wenn es sein muß, zwei Wochen hungern. Haben sie dann Beute gemacht, verschlingen sie Fleisch, so viel sie können. So haben 15 Wölfe innerhalb von 3 Stunden die Hälfte eines ausgewachsenen Elches aufgefressen.

Länge: 1 bis 1,60 m. Schwanzlänge: 30 bis 50 cm. Gewicht: 27 bis 54 kg. Lebensdauer: Um 13 Jahre.

Ein Wolf nähert sich von rückwärts einem jungen Elch, aber die Elchkuh ist aufmerksam geworden und schlägt mit ihren Hinterläufen aus. Das kann einen unerfahrenen Wolf durchaus das Leben kosten. Dieser hier kann eben noch ausweichen.

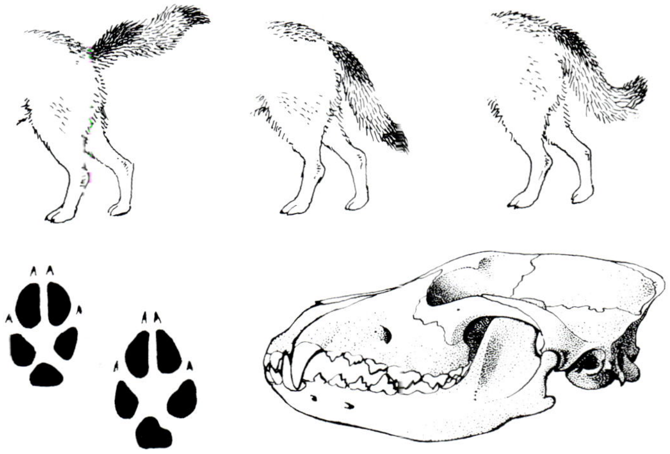

Durch die Haltung seines Schwanzes, der Rute, zeigt ein Wolf an, in welcher Stimmung er ist: ganz links „angriffslustig“, Mitte „ruhig“, rechts „aufmerksam“. Links unten der Abdruck einer Vorder- und einer Hinterpfote (rechts) und daneben ein Wolfsschädel mit den dolchartigen Eckzähnen.

In einer Felshöhle oder in einem gefallenen Stamm bringt die Wölfin ihre Jungen zur Welt. 4–7 Junge werden im Mai oder Juni geboren. Ihr Fell ist dunkler als das der alten Wölfe. Die Augen öffnen sich im Alter von etwa 10 Tagen. Ab der dritten Lebenswoche werden sie neben der Muttermilch zusätzlich mit vorverdautem Fleisch gefüttert.

In einem Wolfsrudel herrscht eine strenge Rangordnung. Dominant ist eine alte Wölfin. Hier legt sich ein unterlegener Wolf auf den Rücken und zeigt damit seine Unterwürfigkeit. Der stärkere Wolf droht zwar noch, läßt den Gegner aber dann in Ruhe.

Die Wühlmaus

Da sie das Tageslicht scheut, wartet die Wühlmaus auf den Einbruch der Dämmerung, um ihren unterirdischen Bau zu verlassen. Da der Nager den überwiegenden Teil seines Lebens im Dunkeln verbringt, gilt er als Musterbeispiel eines verborgen lebenden Tieres. Lediglich die kleinen Erdhaufen, mit denen manche Wiesen im Gebirge übersät sind, deuten auf seine unermüdliche Wühlarbeit hin. Auf diese Technik versteht sich das oben auf einer Wiesenlandschaft abgebildete Hermelin ganz vorzüglich. Das bewegliche Tier bricht in die nicht allzu tief liegenden Wühlmausgänge ein und setzt dem Nager selbst im unterirdischen Tunnelsystem nach. Zum Wohnbereich einer jeden Wühlmaus gehört neben dem Nest mindestens ein Gang, der im Mittel 40 Meter lang ist. Man findet Wühlmäuse vornehmlich in alpinen Regionen und im Jura.

Die Zahl der Wühlmäuse fällt von Jahr zu Jahr unterschiedlich hoch aus; man kann jedoch davon ausgehen, daß auf einem Hektar Wiesenfläche in aller Regel zwischen 12 und 20 Nager leben. Sind die Fortpflanzungsbedingungen gut, dann kann ihre Bevölkerungszahl auf der gleichen Fläche schon einmal auf bis zu 1000 Tiere ansteigen. Unter diesen Umständen entsteht unter den mit Maulwurfshügeln bedeckten Wiesen ein regelrechtes Labyrinth. Dabei kann es vorkommen, daß die oberirdische Vegetation regelrecht „kahlgefressen" wird. Während die in Freiheit lebenden Wühlmäuse selten älter als zwei Jahre werden, leben Wühlmäuse in Gefangenschaft doppelt so lang. Der Wühlmausnachwuchs kommt im Februar bis März auf die Welt. Die Fortpflanzungszeit beginnt im Sommer und dauert bis in den September hinein. Wenn sie sich in einer dicken Schneeschicht vor Kälte schützen kann und genug Nahrung vorhanden ist, wirft das Wühlmausweibchen bisweilen sogar mitten im Winter. Im Oktober erreicht die Wühlmauspopulation ihren höchsten Wert. In der Folgezeit sterben viele der erwachsenen Tiere. Nur jene Wühlmäuse, die noch vor der Fortpflanzung stehen, leben weiter. Auf diese Weise normalisiert sich der Wühlmausbestand regelmäßig. Wühlmausweibchen werfen pro Jahr zwei- bis viermal je drei bis fünf Junge. Sie sind damit in ihrem Bestand heutzutage nicht gefährdet.

Wühlmaus. Körper: 13 bis 20 cm. Schwanz: 7,5 bis 12 cm.
Gewicht: 60 bis 180 g.

Schnitt durch eine Wühlmausbehausung. Beim Anlegen der Gänge gräbt die Wühlmaus mit ihren Pfoten und nimmt dabei auch ihre großen Zähne zu Hilfe. Ihre Schneidezähne, die durch diese Tätigkeit stark abgenützt werden, wachsen ständig nach (links). Wenn der Nager seinen Gang im Erdreich vorwärtsgetrieben hat, arbeitet er sich an die Oberfläche und stößt das Erdmaterial mit Pfoten und Schnauze nach außen. Dabei schiebt er die Erde seitlich weg. Der Maulwurf stößt das Aushubmaterial senkrecht aus dem Bau. Wühlmaushügel sind viel flacher und in ihrer Struktur unregelmäßiger als Maulwurfshaufen, und ihre Öffnung ist geschlossen.

Die Abbildung zeigt keine Zwergform der Wühlmaus, sondern eine Kurzohrmaus, die wesentlich kleiner und leichter ist (Länge: 7 bis 11 Zentimeter, Schwanzlänge: 8 Zentimeter, Gewicht: 14 bis 13 Gramm). Dieses Lebewesen ist mit seinen ausgesprochen kleinen Augen, dem Schwanz und den kurzen Ohren für eine unterirdische Lebensweise noch besser geeignet als die Wühlmaus.

Als Wurzelfresser hält sich die Wühlmaus vorzugsweise auf den Wiesen und in Obst- und Gemüsegärten auf. Man findet das Tier sowohl auf den ebenen Flächen als auch in der Hügellandschaft bis auf 1200 Meter Höhe. Treten Wühlmäuse in großen Mengen auf, wird dadurch häufig die Vegetation der Wiesen fast völlig kahlgefressen. In den Gärten hält sich die Wühlmaus an gelbe Rüben und rote Bete.

Wenn eine Wühlmaus im Untergrund auf Wurzeln stößt, so beißt sie das Hindernis kurzerhand durch. Wenn sich diese Tiere einen Obstgarten aussuchen, hat der Besitzer nichts mehr zu lachen: Selbst die dicken Wurzeln eines jungen Apfelbaumes durchtrennt das Nagetier. Bläst dann der Wind, so liegt das Ergebnis der unterirdischen Bemühungen auf der Wiese.

Der Yak

Auch wenn bei 30° unter Null der Schneesturm wütet, macht dies dem Yak nichts aus. Kein anderes Tier würde sich in diesen Sturm hinauswagen. Er ist geschützt durch seine langen Haare, die beinahe die Erde berühren. Auf schneefreien Abhängen sucht er nach Flechten und Gräsern. Fast unberührt von der entfesselten Natur weidet er friedlich. Dann sucht er gesättigt einen geschützten Ort auf, um dort zu ruhen.
Der Yak ist gekennzeichnet durch eine niedrige, lange und massive Gestalt. Auf den ersten Eindruck wirkt er schwerfällig, das ist jedoch ein Irrtum. Er ist ein ausgezeichneter Kletterer und hält sich meist auf Höhen zwischen 3000 und 5000 m auf. Auch über 6000 m wurde er schon beobachtet. Sein ganzes Leben spielt sich in einer öden und einsamen Umgebung ab: auf Hochebenen mit Seen und Sümpfen, die von Abhängen unterbrochen werden.
Der Yak hat – wie der Moschusochse der arktischen Länder – lange Haare auf den Schultern und am Bauch, die bis zu 60 cm Länge erreichen. Seine Hufe sind hart und breit und ermöglichen ihm auch das Laufen auf sumpfigem Gelände. Die Hörner des männlichen Tieres sind etwa 90 cm lang, und ihr Umfang beträgt am Kopf bis zu 40 cm. Die Anzahl der wilden Yaks ist durch Jagd beträchtlich verringert worden. 1964 schätzte man die Zahl der Yaks im Norden von Tibet auf 3000 bis 8000 Stück. Schon seit dem 19. Jahrhundert wurde der Yak von den Hirten, die Nahrung für ihre Herden brauchten, zurückgedrängt. Heute lebt er zwischen dem Pamir und dem Baikalsee. Weitere Tiere findet man zwischen dem Karakorum und dem Osten Tibets. Die männlichen Yaks leben in Gruppen von zwei bis drei Tieren. Die Weibchen und die Jungen bilden Herden von 20 bis 200 Stück.

Länge: 3,65 m — Schulterhöhe: 1,60 m
Gewicht: 500 kg — Lebenszeit: 32 Jahre

Ständig muß der Yak auf der Wanderschaft sein. Die Pflanzen, von denen er lebt, Gräser und Flechten, wachsen auf großer Höhe nur sehr spärlich. Im Juli kommt der Yak in die Täler, um das Sumpfgras zu weiden. Im August und September, den heißesten und regenreichsten Monaten, steigt er hinauf bis zur Schneegrenze, wo es kühler ist. Er trinkt aus Bächen und Torflöchern. Wenn er genug Nahrung aufgenommen hat, legt er sich nieder, um zu ruhen und wiederzukäuen.

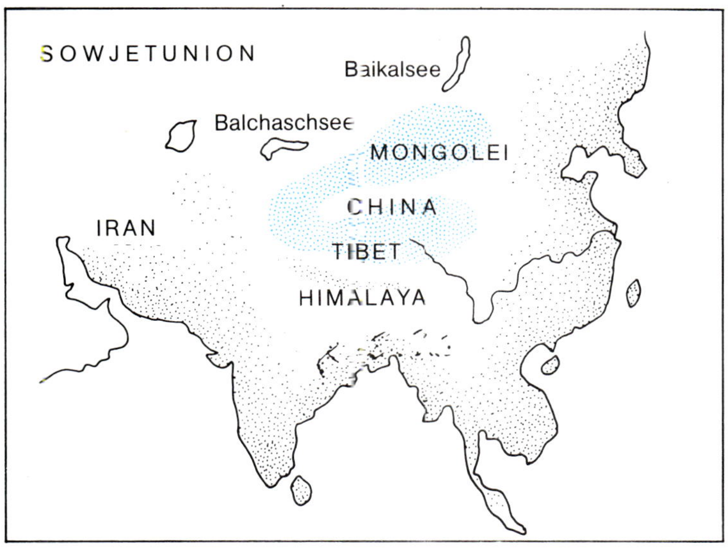

Der Yak ist nur in Zentralasien verbreitet. Bis vor kurzem glaubte man noch, er habe niemals außerhalb der UdSSR existiert. Aber vorgeschichtliche Knochenfunde zeigten, daß er einst auch weiter verbreitet war.

In der Paarungszeit zwischen September und Oktober kommt es häufig zu Kämpfen zwischen den männlichen Tieren. Das Kalb wird im Juni des darauf folgenden Jahres geboren und bleibt ein Jahr bei der Mutter. So bringen die Yak-Weibchen nur alle zwei Jahre ein Junges zur Welt. Mit etwa acht Jahren ist der Yak ausgewachsen.

Schon seit vielen Jahrhunderten wird der Yak vom Menschen gezähmt. Besonders von den Tibetanern wird dieses Bergtier wegen seiner Widerstandsfähigkeit und seiner Folgsamkeit geschätzt.
Zur Zeit gibt es mehr zahme Yaks, die vom Menschen als Haustier genutzt werden, als wilde, freilebende Tiere.

Der Zaunkönig

Beim Zaunkönig helfen häufig die Jungen der ersten Brut bei der Aufzucht der Jungen der zweiten Brut. Dieses ungewöhnliche Verhalten gibt es auch bei anderen Waldvögeln, etwa beim Rotkehlchen, dem Trauerfliegenschnäpper oder der Schwanzmeise. Während der Brutzeit ist der Fütterungstrieb des Zaunkönigs so stark ausgeprägt, daß er manchmal sogar die Jungvögel anderer Vogelarten füttert. Oft bekommt der Zaunkönig ein Kuckucksei ins Nest gelegt. Der junge Kuckuck wird bald sehr viel größer als der kleine Zaunkönig. Dieser muß sich sehr hoch recken, um die mitgebrachte Nahrung in den Schnabel des Stiefkindes stecken zu können. Manchmal setzt er sich dazu sogar auf den Rücken oder auf den Kopf des jungen Kuckucks.

Zaunkönige wirken ausgesprochen herzig, weil sie so klein, lebendig und aufmerksam sind. Sitzt ein Zaunkönig auf einem Busch oder auf einem Zaunpfahl und singt, dann hält er den Schnabel weit offen und den Schwanz senkrecht nach oben gestellt. Sein Gesang ist rollend und weithin hörbar. Wenn er aber die Gegenwart des Beobachters bemerkt, wird er doch mit der Zeit unruhig, dreht sich nach links und rechts, macht knicksende Verbeugungen und fliegt schließlich davon. Wie das Rotkehlchen lebt der Zaunkönig außerhalb der Brutzeit als Einzelgänger.

Die meiste Zeit seines Lebens verbringt er allein. Er ist ein Vogel, der das Unterholz liebt und der im Flug nur kurze Entfernungen zurücklegt. Meist hüpft und schlüpft er durch die dichtesten Sträucher und Büsche. Klein und beweglich wie er ist, kann er sich überall durchzwängen und sehr schnell verschwinden.

Länge: 9,5 cm
Flügelspannweite: 14,5 cm
Gewicht: 8,5 g
Lebenszeit in der Natur: 2 bis 3 Jahre

Im Frühjahr baut das Männchen gleichzeitig mehrere Nester aus Moos, welken Blättern, einigen trockenen Grashalmen und dünnen Zweigen. Die Nester findet man in dichten Bäumen, in offenen Hütten oder Schuppen, in Mauerwinkeln, unter den Dächern oder zwischen den Zweigen eines Kletterefeus. Sie sehen wie Kugeln aus, mit einem Einschlupfloch an der Seite. Meist sind sie so gut im Bewuchs getarnt, daß man sie übersieht.

Mit seinen kurzen Flügeln kann der Zaunkönig nicht sehr schnell fliegen. Seine Füße sind im Verhältnis zum Körper recht groß. Er hat einen hellen Überaugenstreif und einen zierlichen und dünnen Schnabel, wie er für viele Insektenfresser typisch ist. Männchen und Weibchen haben die gleiche Färbung.

Oft verwechselt man den Zaunkönig mit dem Goldhähnchen. Dieses ist ein ebenso winziger Vogel. Die Goldhähnchen haben aber ein helles, grünliches Gefieder und auf dem Kopf eine gelbe und orangefarbene Zeichnung. Außerdem halten sie sich meist hoch oben in Nadelbäumen auf und sind nur schwer zu beobachten. Man hört dann nur ihre hohen Rufe. Zwei Arten gibt es bei uns, das Wintergoldhähnchen und das Sommergoldhähnchen.

Die Eier des Zaunkönigs sind 16,5 mal 12,5 mm groß und wiegen durchschnittlich 1,3 g. Das Weibchen brütet sie alleine aus und kümmert sich dann auch um die Ernährung der Jungen. Mit 2 bis 3 Wochen sind diese flügge. In der ersten Zeit nach dem Ausfliegen kann man sie gut an dem kürzeren Schwanz von den Eltern unterscheiden.

Das Zebra

Das Zebra ist das einzige große Säugetier mit einem so auffallenden schwarzweißen Streifenmuster. Die Streifung wirkt auf die Ferne körperauflösend und hat so eine gewisse Tarnwirkung. Jedes Zebra besitzt ein anderes Streifenmuster; man kann es daran sozusagen persönlich erkennen. Zebras lassen sich in drei Arten mit jeweils mehreren Unterarten einteilen. Alle leben ausschließlich in Afrika. Sie sind heute die einzigen Mitglieder der Pferdefamilie, die noch in großer Zahl wild leben. Andere, wie das Przewalskipferd, der Nubische Wildesel, der Onager und der Kulan sind sehr selten oder schon ausgerottet. Das Steppenzebra, das heute am weitesten verbreitet ist, lebt sehr gesellig in Herden von manchmal mehreren hundert Tieren, die sich aus einzelnen Familiengruppen zusammensetzen. Jede Familie hat einen Hengst und mehrere Stuten mit Fohlen. Etwa 15 Tiere bilden eine Familie. Sehr oft sieht man Zebras in Gemeinschaft mit Antilopen, vor allem mit Gnus. Zebras und Gnus haben eine ähnliche Ernährungsweise. Beide Arten fressen Gräser. Feinde der Zebras: Löwen, Hyänen und Hyänenhunde. Auf der Flucht vor den Raubtieren können sie weite Strecken im Galopp zurücklegen. Einen großen Teil des Jahres sind die Herden der Zebras, der Gnus und anderer Antilopenarten auf Wanderschaft.

Sie müssen dorthin ziehen, wo sie genügend Nahrung finden. Wenn in der Trockenzeit die Steppe verdorrt, müssen sie weite Wege wandern, um neue Nahrungsgründe zu finden. Die jungen Zebras bleiben ein oder zwei Jahre bei ihrer Mutter und ihrer Familie. Dann werden die heranwachsenden Hengste vom Leithengst verjagt.

Länge: 2,20 m + 75 cm Schwanz

Schulterhöhe: 1,25 bis 1,35 m   Tragzeit: 1 Jahr

Gewicht: 225 bis 420 kg je nach Art

Lebenszeit: 20 bis 40 Jahre (in Gefangenschaft) je nach Art

Zebras sind sehr widerstandsfähig. Sie leiden weniger unter der Trockenheit als manche anderen Tiere. Sie ernähren sich auch noch von harten Gräsern, die von Antilopen verschmäht werden. Jeden Tag suchen die Zebras eine Tränke auf, um ihren Durst zu stillen. Dort können sie besonders leicht vom Löwen überrascht werden.

Man unterscheidet die verschiedenen Zebraarten unter anderem nach der Anordnung der schwarzen Streifen. Das Grant-Zebra (links) hat breite schwarze Bänder. Das Grévy-Zebra (Mitte) hat schmale Streifen und das Berg-Zebra (rechts) ist wiederum anders gemustert. Diese Art lebt nur noch in kleinen Restbeständen in einem südafrikanischen Schutzgebiet.

In einer Zebrafamilie gibt es jedes Jahr Junge. Die Stute bringt ein Fohlen zur Welt, das mit einem weichen, flaumigen Fell bedeckt ist und dessen dunkle Streifen noch eine bräunliche Färbung haben. Nach zwei oder drei Wochen beginnt es neben der Muttermilch auch schon Pflanzen als Nahrung aufzunehmen. Im Alter von 6 Monaten wird es von der Mutter entwöhnt. Für die Jungen sind die ersten Lebenswochen die gefährlichste Zeit. Viele von ihnen werden eine Beute der Raubtiere.

Die Leithengste kämpfen gegen fremde Hengste, die sich ihrem Harem nähern. Dann gehen die Tiere mit den Hufen aufeinander los, keilen aus und versuchen sich in den Hals oder die Kehle zu beißen. Vor dem Kampf drohen sich die Hengste mit zurückgelegten Ohren und entblößten Zähnen an.

Die Ziege

Die Vielfalt der bäuerlichen Landschaft ist in vielen Bereichen geschwunden. Nicht nur die Kornrade und andere Unkräuter wurden seltener. Nicht nur den Storch, den Brachvogel und den Wachtelkönig hat unsere moderne Wirtschaft vertrieben. Auch auf dem Bauernhof selbst ist es eintöniger geworden. Da gibt es reine Schweinemastbetriebe und Rinderwirtschaften. Besonders Ziegen blieben bei uns auf der Strecke. Auf den guten, ertragreichen Böden waren sie nicht wirtschaftlich genug. Zwar ging der Ziegenbestand auch in anderen Ländern zurück, aber Norwegen, die Alpenländer und Frankreich haben ihre Ziegen nie so radikal abgeschafft wie wir. Vielleicht lag es daran, daß die Menschen jener Länder schon immer guten Käse schätzten? Bei uns haben nur die Roßhändler ihre Ziegen behalten. Eine Ziege im Stall, hieß es, würde keine Krankheiten hereinlassen. Erst in den letzten Jahren gibt es auch bei uns wieder mehr Ziegen. Ziegen sind uralte Haustiere. Funde deuten darauf hin, daß schon um 8000 v. Chr. Ziegen gehalten wurden. Die Forscher sind sich nicht sicher, welche Wildziegenart die Stammform unserer Hausziegen gewesen ist. Aber vermutlich war es die Bezoarziege, die zum Beispiel in den Bergen Kretas, in Kleinasien und Persien lebt. Darum können Ziegen so gut klettern und können sich von den spärlichen Kräutern und Gräsern zwischen den Felsen ernähren. Unübersehbar sind die verschiedenen Ziegenrassen. Bei Kindern sind vor allem die afrikanischen Zwergziegen beliebte Spielkameraden.

Saamenziege (Schweiz). Schulterhöhe: 80 – 100 cm.
Gewicht: Zicke 80 kg.

Ziegen sind Feinschmecker. Nicht jedes mastige Gras sagt ihnen zu. Sie bevorzugen Kräuter. Gern knabbern sie an Sträuchern oder Bäumen. Wo in trockenen Gebieten der Pflanzenwuchs karg ist, haben Sträucher und Bäume Schwierigkeiten, sich gegen den Verbiß zu behaupten – vor allem, wenn die Beweidung zu stark ist. Heute werden Ziegen auch in Koppeln gehalten. So werden Schäden an wildwachsenden Pflanzen vermieden. Der Mensch kann durch besondere Fütterung das Milchgeben und das Wachstum anregen.

Oben links: Kopf einer jungen Ziege noch ohne Hörner, rechts Kopf einer erwachsenen Ziege. Heute werden auch hornlose Rassen gezüchtet. Unten: Ziegen haben nur zwei Zitzen. Je nach Rasse gibt eine Ziege 300 – 1500 Liter Milch. Auf feuchtem Grund kann man die Fußabdrücke der Ziegen erkennen.

Wie alle Huftiere sind auch junge Ziegen vom ersten Lebenstag an quicklebendig. Ziegen bekommen ein oder zwei Junge – meistens werden nur die Geißkitze aufgezogen.

Sollen Ziegen die Gartenbüsche nicht fressen, tut man gut daran, die Tiere anzubinden. Manchmal werden ihnen auch Holzkreuze am Hals befestigt, damit sie sich nicht durch Hecken zwängen können.

Der Zitterrochen

In seiner Körperform erinnert der Zitterrochen an verwandte Rochenarten wie zum Beispiel den Stachelrochen. Alle Rochen gehören zu den Knorpelfischen. Ihr Körper ist abgeflacht und trägt an seinen Seiten Flossensäume, die sich beim Schwimmen wellenförmig bewegen. Die Kiemenöffnungen und das Maul befinden sich an der Unterseite des Körpers. Wenn sie ruhen, liegen die Rochen auf dem Grund, dem sie in ihrer Färbung meist gut angepaßt sind. Was den Zitterrochen von verwandten Arten unterscheidet, sind seine elektrischen Organe, mit denen er Spannungen von etwa 200 Volt erzeugen kann. Die elektrischen Ladungen werden in umgebildeten Muskelsträngen des Rumpfes gebildet, über deren genauen Bau und Funktion noch nicht alles bekannt ist. Neben dem Zitterrochen gibt es noch etwa dreißig andere Fischarten, die mehr oder weniger hohe Spannungen erzeugen können. Am bekanntesten ist wohl der Zitteraal aus dem Amazonasgebiet, der es auf 600 Volt bringen kann. Mit Hilfe der Stromstöße lähmen oder töten die Fische kleinere Beutetiere, wehren Feinde ab und orientieren sich vermutlich auch im trüben Wasser, da sie Hindernisse im Spannungsfeld, das ihren Körper umgibt, wahrnehmen. Wenn ein Zitterrochen einmal eine volle Entladung abgefeuert hat, dann werden die nachfolgenden schwächer. Die Tiere brauchen nämlich einige Zeit, um die Ausgangsenergie wieder herzustellen.

Hält man Zitterrochen oder andere elektrische Fische in einem Aquarium, so lassen sich mit Hilfe von Elektroden, die im Wasser hängen, die Stromstöße hörbar und sichtbar machen. Dazu müssen die Elektroden nur an entsprechende Geräte angeschlossen werden.

Zitterrochen verhalten sich meist sehr ruhig und schwimmen wenig umher. Nur die Augen an der Oberseite des Kopfes beobachten die Umgebung auf sich nähernde Beute. Oft graben sich die Tiere mit dem ganzen Körper in den sandigen Untergrund ein, so daß nur noch die vorgewölbten Augen herausschauen. Es ist praktisch unmöglich, sie dann zu entdecken, und nur, wenn man ihnen zu nahe kommt, schwimmen sie plötzlich in einer Sandwolke davon, lassen sich aber bald wieder nieder und graben sich erneut ein. Zwei Arten von Zitterrochen sind in unseren Breiten recht häufig: Der Augenfleck-Zitterrochen und der Marmorrochen.

Augenfleck-Zitterrochen. Länge: 34 cm, Gewicht: 630 g, Lebenszeit: unbekannt.
Marmorrochen. Länge: 43 cm, Gewicht: 2 kg, Lebenszeit: unbekannt.

Die Zitterrochen können lange Zeit flach auf dem Meeresgrund liegen oder sich sogar in den Grundschlamm eingraben. Nur die Augen und die Atemlöcher, die direkt daneben liegen, sind frei. Wenn ein Fisch in die Nähe kommt, taucht der Zitterrochen plötzlich auf, schlägt die Brustflossen nach innen, als wolle er die erspähte Beute einfangen, und stößt eine Stromladung aus, um das Beutetier zu lähmen. Sofort bemächtigt er sich seines Opfers und verschlingt es; das Maul des Zitterrochens scheint sehr klein, es kann sich aber sehr weit ausdehnen.

Die elektrischen Organe der Zitterrochen bestehen aus der Zusammenschaltung zahlreicher Zellen, die wie eine elektrische Batterie funktionieren. Jede Zelle ist mit einem der vier Nerven (2) verbunden, die direkt vom Hirn (3) herkommen und jedes Organ an das Nervensystem anschließen.

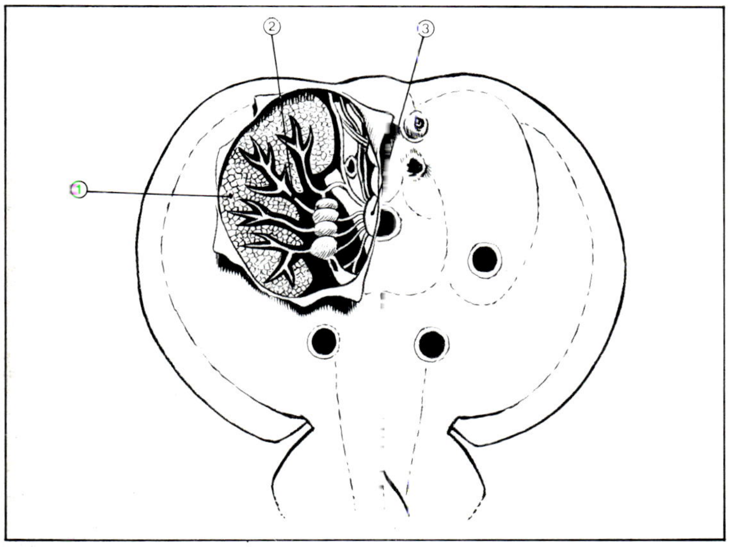

Bis die Jungen schlüpfen, bleiben sie in den Eiern im Körper der Mutter. Die unten abgebildeten Embryos wurden von einem sterbenden Zitterrochen zu früh geboren. Man sieht noch den Dottersack, der den Embryo ernährt.

Der Marmorrochen ist einer der häufigsten im Mittelmeer. Er wird ungefähr 43 cm lang. Hier sieht man ganz gut, wie klein die Augen sind. 10 Monate lang entwickeln sich die Eier im Körper der Mutter, ehe die jungen Zitterrochen zur Welt kommen.